城市轨道交通新技术及安全管理

吴其玉　张　章　于小军　主编

中国石化出版社

图书在版编目(CIP)数据

城市轨道交通新技术及安全管理 / 吴其玉，张章，于小军主编．—北京：中国石化出版社，2021.12(2024.1 重印)
ISBN 978-7-5114-6210-7

Ⅰ．①城… Ⅱ．①吴… ②张… ③于… Ⅲ．①城市铁路-轨道交通-安全管理 Ⅳ．①U239.5

中国版本图书馆 CIP 数据核字(2021)第 239094 号

中国石化出版社出版发行
地址:北京市东城区安定门外大街 58 号
邮编:100011　电话:(010)57512500
发行部电话:(010)57512575
http://www.sinopec-press.com
E-mail:press@sinopec.com
北京艾普海德印刷有限公司印刷
全国各地新华书店经销
*
787 毫米×1092 毫米 16 开本 15.25 印张 328 千字
2021 年 12 月第 1 版　2024 年 1 月第 2 次印刷
定价:98.00 元

《城市轨道交通新技术及安全管理》
编 委 会

主　编　吴其玉　南昌轨道交通集团有限公司

张　章　南昌轨道交通集团有限公司地铁项目管理分公司

于小军　中铁电气化局集团有限公司上海电气化工程分公司

副主编　田海军　中铁电气化局集团有限公司上海电气化工程分公司

白　华　中铁电气化局集团有限公司上海电气化工程分公司

夏　斌　新誉庞巴迪信号系统有限公司

胡　成　南昌轨道交通集团有限公司地铁项目管理分公司

编　委　呼艳焘　中铁电气化局集团有限公司上海电气化工程分公司

宋　斌　新誉庞巴迪信号系统有限公司

王　超　石家庄市轨道交通集团有限责任公司运营分公司

朱英杰　杭州市地铁集团有限责任公司运营分公司

占礼辉　杭州市地铁集团有限责任公司运营分公司

前言

PREFACE

城市轨道交通是城市基础设施中公共交通系统的重要组成部分。在其发展历程中，涌现了很多创新技术及先进施工、管理方法，这不仅有效地解决了城市轨道交通规划建设、运营和管理中的实际问题，还很大程度地推动了我国城市轨道交通政策、法规和标准体系的建立。但是，我国城市轨道交通在给人们提供方便、快捷、舒适、经济、环保服务的同时，也因发展历史较短、经验不足等问题而面临着越来越多挑战。由于城市轨道交通运营安全直接关系到乘客的人身安全和财产安全，因此要实现城市轨道交通运营安全有序，就必须把安全管理放在首要位置。

鉴于此，本书从城市轨道交通工程建设及运营管理实践中概括、归纳、提炼城市轨道交通新技术。按照城市轨道交通发展概述、规划与设计新技术、施工管理新技术、机电设备系统新技术、运营组织管理新技术、智能化及其他前沿新技术等板块，介绍了城市轨道交通新技术各个方面的发展。同时系统地阐述城市轨道交通安全管理的基本知识，力求从不同角度解析城市轨道交通所需要解决的安全问题，尽可能适应我国各地城市轨道交通安全管理的实际需要。本书在编写过程中参考引用了国内外专家学者的大量文献著作、论文研究成果，在此向有关作者表示感谢。

本书可供交通运输行业的工作人员学习参考，同时也可供高等院校交通运输类城市轨道交通类专业学生作教材使用。由于编写人员水平有限，在全书内容结构的组织及文献材料的取舍方面，难免有不妥之处，敬请国内外同行、专家及各位读者批评指正。

目 录

CONTENTS

第一章 绪论

第一节　城市轨道交通概述

一、城市轨道交通的概念

（一）城市轨道交通的定义

城市轨道交通通常是指具有固定线路，铺设固定轨道，配备运输车辆及服务设施等的公共交通设施。在国家标准 GB 5655《城市公共交通常用名词术语》中，将城市轨道交通定义为“通常以电能为动力，采取轮轨运转方式的快速大运量公共交通的总称”，但城市轨道交通是一个包含范围较广的概念，在国际上没有统一的定义。

一般而言，广义的城市轨道交通是指以轨道运输方式为主要技术特征的城市公共客运交通系统中具有中等以上运量的轨道交通系统（有别于道路交通），主要为城市内（有别于城际铁路，但可涵盖郊区及城市圈范围）公共客运服务，是一种在城市公共客运交通中起骨干作用的现代化立体交通系统。城市轨道交通具有运量大、速度快、安全、准点、保护环境、节约能源和用地等特点。目前，世界各国普遍认识到解决城市的交通问题的根本出路在于优先发展以轨道交通为骨干的城市公共交通系统。

（二）城市轨道交通在城市公共交通的地位与作用

（1）城市轨道交通是城市公共交通的主干线、客流运送的大动脉，是城市的生命线工程。建成运营后，将直接关系到城市居民的出行、工作、购物和生活。

（2）城市轨道交通是世界公认的低能耗、少污染的绿色交通，是解决“城市病”的一把“金钥匙”，对于实现城市的可持续发展具有非常重要的意义。

（3）城市轨道交通是城市建设史上最大的公益性基础设施，对城市的全局和发展模式将产生深远的影响。城市轨道交通的建设可以缓解城市中心人口密集、住房紧张、绿化面积小、空气污染严重等城市通病。

（4）城市轨道交通的建设与发展有利于提高市民出行的效率，节省时间，改善生活质量。

二、城市轨道交通的类型

城市轨道交通种类繁多，技术指标差异较大，世界各国评价标准不一，并无严格的分类。

城市轨道交通在世界范围内发展较快，由于国家、城市、地区的不同，服务对象的不同等，使城市轨道交通发展成为多种类型，尚无十分统一的分类标准。不同的分类方法可以分出不同的结果：

(1) 若按容量(运送能力)分类，可分为高容量、大容量、中容量和小容量。

(2) 若按导向方式分类，可分为轮轨导向和导向轨导向。

(3) 若按线路架设方式分类，可分为地下、高架和地面。

(4) 若按线路隔离程度分类，可分为全隔离、半隔离和不隔离。

(5) 若按轨道材料分类，可分为钢轮钢轨系统和橡胶轮混凝土轨道梁系统。

(6) 若按牵引方式不同，可分为旋转式直流、交流电机牵引和直线电机牵引。

(7) 若按运营组织不同，可分为传统城市轨道交通、区域快速轨道交通和城市(市郊)铁路。

城市轨道交通按运能范围、车辆类型及主要技术特征可分为有轨电车、地下铁道、轻轨道交通、市郊铁路、单轨道交通、新交通系统、磁悬浮交通七类，现分述如下。

(一) 有轨电车

有轨电车(Tram 或 Street car)是采用电力驱动并在轨道上行驶的轻型小编组轨道交通车辆，是使用电车牵引、轻轨导向、1~3 辆编组运行在城市路面线路上的低运量轨道交通系统。

有轨电车是最早发展的城市轨道交通之一，一般设在城市中心穿街走巷运行，具有上下车方便的特点。

改造后的现代有轨电车与性能较差的轻轨道交通已很接近，只是车辆尺寸稍小一些，运营速度接近 20km/h，单向运能可达 2 万人次/h。

优点：

(1) 对于中型城市来说，路面电车是适宜的选择。1km 路面电车线所需的投资只是 1km 地下铁道的 1/3。

(2) 无需在地下挖掘隧道。

(3) 相较其他路面交通工具，路面电车能更有效地减少交通意外的比例。

(4) 路面电车以电力推动，车辆不会排放废气，是一种无污染的环保交通工具。

缺点：

(1) 成本不及公共汽车低，对小型城市来说财政负担颇重。

(2) 效率比地下铁道低。

(3) 路面电车的速度一般较地下铁路慢，除非路面电车行驶的大部分路段是专用的(主要行驶专用路段的路面电车一般称为轻便铁路)。

(4) 路面电车每小时可载客约 7000 人，地下铁道每小时载客可达 12000 人。

(5) 路面电车路轨占用路面，路面交通要为路面电车改道，并让出行车线。

(6) 需要设置架空电缆。

(二) 地下铁道

地下铁道简称地铁(Metro 或 Underground Railway 或 Subway 或 Tube),是由电力牵引、轮轨导向、轴重相对较重、具有一定规模运量、按运行图行车、车辆编组运行在地下隧道内,或根据城市的具体条件,运行在地面或高架线路上的快速轨道交通系统。

地铁是城市快速轨道交通的先驱。地铁的运能单向在 3 万人次/h,最高可达 6~8 万人次/h。最高速度可达 160km/h,运行速度可达 40km/h 以上,可 4~10 辆编组,车辆运行最小间隔可低于 1.5min,驱动方式有直流电机、交流电机、直线电机等。地铁系统与国家干线铁路一样,主要由线网、轨道、车站、车辆、通信信号等设备构成。

优点:

(1) 运量大、速度快。地铁的运输能力要比地面公共汽车大 7~10 倍,行驶的速度可超过 100km/h。地铁适用于出行距离较长、客运量需求大的城市中心区域。一般认为,人口超过百万的大城市就应该考虑修建地铁。

(2) 可以节省地面空间,令地面地皮可以做其他用途。

(3) 可以减少地面的噪声。

(4) 行车受到的交通干扰较少,可节省大量通勤时间。

(5) 节约能源,减少污染。

缺点:

(1) 建造成本高。由于要钻挖地底,地下建造成本比建于地面高,每公里投资在 3~6 亿元人民币。

(2) 前期时间长。建设地铁的前期时间较长,由于需要规划和政府审批,甚至还需要试验。从开始酝酿到付诸行动破土动工需要非常长的时间。

(3) 地下铁道由于大部分线路在地下或高架通行,因此技术水平要求较高,可靠性和安全性要求也高。

(三) 轻轨交通

轻轨(Light Rail Transit,简称 LRT),原来的定义是指采用轻型轨道的城市交通系统。在《城市轨道交通工程项目建设标准》中,把每小时单向客流量为 0.6 万~3 万人次的轨道交通定义为中运量轨道交通,即轻轨。轻轨是在有轨电车的基础上改造发展起来的城市轨道交通系统。

轻轨一般采用地面和高架相结合的方法建设,路线可以从市区通往近郊。列车编组采用 3~6 辆铰接式车体。由于轻轨采用了线路隔离、自动化信号、调度指挥系统和高新技术车辆等措施,最高速度可达 80km/h,克服了有轨电车运能低、噪声大等问题。

优点:轻轨具有投资少(每公里造价在 0.6 亿~1.8 亿元人民币)、建设周期短、运能高、灵活等优点。

轻轨已形成三种主要类型:钢轮钢轨系统、线性电机牵引系统和橡胶轮轻轨系统。

(1) 钢轮钢轨系统即新型有轨电车,是应用地铁先进技术对老式有轨电车进行改造的成果。

(2) 线性电机牵引系统(Linear Motor Car)是曲线型电机牵引、轮轨导向、车辆编组运行在小断面隧道及地面和高架专用线路上的中运量轨道交通系统。线性电机列车具有车身矮、重量轻、噪声低、爬坡能力强和可通过小半径曲线等优点，可以轻便地钻入地下，爬上高架，是地下与高架接轨的理想车型。

(3) 橡胶轮轻轨系统采用全高架运行，不占用地面道路，具有振动小、噪声低、爬坡能力强、转弯半径小、投资较少等优点。

（四）市郊铁路

所谓市郊铁路，指的是建在城市内部或内外结合部，线路设施与干线铁路基本相同，服务对象以城市公共交通客流，即短途、通勤旅客为主的铁路。

市郊铁路一般和干线铁路设有联络线，设备与干线铁路相同，线路大多建在地面，部分建在地下或高架。其运行特点接近于干线铁路，只是服务对象不同。

市郊铁路是伴随着城市规模的扩大、卫星城的建设而发展起来的，通常使用电力牵引和内燃牵引，列车编组多在 4~10 辆，最高速度可达 100~120km/h。市郊铁路运能与地铁相同，但由于站距较地铁长，运行速度超过地铁，可达 80km/h 以上。

优点：与地铁相比具有站距长、速度高、运能大，以及投资省、造价低等优点，列车编组多、车体大，大部分线路可铺设在地上(高架或地面方式)，设站相对减少，车站结构较简单，建设费用较低；与干线铁路技术标准相兼容，可实现两者的功能衔接与设备共享。

（五）单轨交通

单轨也称作独轨(Monorail)，是指通过单一轨道梁支撑车厢并提供导引作用而运行的轨道交通系统，其最大特点是车体比承载轨道要宽。

根据支撑方式的不同，单轨通常分为跨座式和悬挂式两种。跨座式是车辆跨座在轨道梁上行驶，悬挂式是车辆悬挂在轨道梁下方行驶。

跨座式轨道由预应力混凝土制作，车辆运行时走行轮在轨道上平面滚动，导向轮在轨道侧面滚动。

悬挂式轨道大多由箱形断面钢梁制作，车辆运行时走形轮沿轨道走形面滚动，导向轮沿轨道导向面滚动。

单轨的车辆采用橡胶轮，电气牵引，最高速度可达 80km/h，运行速度 30~35km/h，列车可 4~6 辆编组，单向运送能力为 1 万~2.5 万人次/h。

中国首条跨座式单轨线路是在有“山城”之称的重庆修建的。跨座式单轨交通十分适合重庆市道路坡陡、弯急、路窄的地形特点，同时由于结构轻巧、简洁、易融于山城景色取得了较好的景观效果。

优点：

(1) 所占空间小。不单是所占的地面面积小，垂直空间亦较小。单轨铁路所需的宽度主要由车辆的宽度决定，与轨距无关。且单轨铁路多数以高架兴建，地面上只需很小的空间建造承托路轨的桥墩。

(2) 相比其他高架铁路，单轨所占的空间较小，亦不影响视线，能有效利用道路中央隔离带，适于建筑物密度大的狭窄街区。

(3) 单轨使用橡胶轮胎在混凝土或者在钢轨上行走，噪声污染小。

(4) 单轨铁路的爬坡能力强，拐弯半径小，一般正线最大坡度60°，最小曲线半径100m，适合复杂地形。

缺点：

(1) 跨座式单轨的道岔结构复杂，因而限制了列车的最短运行间隔。

(2) 存在橡胶轮与轨道梁摩擦产生橡胶粉尘的现象，对环境有轻度污染，且能源消耗较大。

(3) 如果出现紧急情况，单轨铁路上的乘客没有逃生的地方。车的两旁没有可站立的路轨，而且离地面很高。头尾两端的路轨亦很窄。有些单轨铁路因此在路轨的两旁建有可供人行的紧急通道。

(4) 单轨的速度及载客量通常及不上其他系统。不过，大型跨座式单轨通过加编组、缩短间隔等方式，客流量可以与地铁不相上下。

(六) 新交通系统 AGT

新交通系统(Automated Guideway Transit，简称 AGT)是一个模糊的概念，广义上的定义为，AGT 是那些所有现代化新型公共交通方式的总称。狭义上的定义为，AGT 由电气牵引，具有特殊导向、操作和转向方式胶轮车辆，单车或数辆编组运行在专用轨道梁上的中小运量轨道运输系统。

在新交通系统中车辆在线路上可无人驾驶自动运行，车站无人管理，完全由中央控制室的计算机集中控制，自动化水平高。新交通系统与独轨道交通有许多相同之处，最大的区别在于该系统除有走行轨外，还设有导向轨，故新交通系统也称为自动导向轨道交通。

新交通系统的导向系统可分为中央导向方式和侧面导向方式，每种方式又可分为单用型和两用型。所谓单用型是指车辆只能在导轨上运行，两用型则指车辆既可在导轨上运行，又可以在一般道路上行驶。

优点：具有高速、准点、舒适和污染小、自动化水平高，克服了现有交通方式在环境和经营上的缺陷，满足现有运输方式难以适应的运输需求。

天津市在滨海新区开通了全长7.6km的亚洲首条胶轮导轨线路，北京市开通了服务于首都机场T3航站楼的新交通系统，上海市也开通了胶轮导轨电车。

旅客捷运系统(Automated People Mover，简称 APM)，是一种无人自动驾驶、立体交叉的大众运输系统。这个铁路名词通常只形容在范围狭小的地区所运行的低载量铁路运输，例如机场、城市商业区或主题公园的铁路运输，但有时此名词亦能应用于自动运行但复杂的铁路运输。

旅客捷运系统并不是一种独立及特殊的铁路运输技术，它通常会应用到多种铁路运输技术，例如单轨铁路、轻轨运输或磁悬浮列车等。驱动系统方面可以采用传统的电动机、线型电动机或缆索拉动。有些复杂的旅客捷运系统采用多辆小型列车运行于多个下线站台上，为乘客提供全时间运作的服务。这种像出租车般的系统一般被称为个人捷运系统。其他复杂的旅客捷运系统则有着大型运输系统的特征，这类旅客捷运系统在定义上与自动化的大型运输系统并无明确区别。

珠江新城旅客自动输送系统是世界上首条地下无人驾驶旅客自动输送系统，将解决珠江新城核心区的交通疏导问题，它将是珠江新城中央商务区(Central Business District，简称

CBD）地区和天河商贸区内部的公交骨干线，同时也可加强与海珠区联系，满足其内部、珠江新城与天河商贸区、观光塔之间客流的交通需求，以及公众旅游观光购物的出行需要。该系统与轨道交通线路形成快捷方便的连接，促进了城市公共交通系统功能的充分发挥。

（七）磁悬浮交通

磁悬浮交通（Magnetic Levitation for Transportation，简称 MLT），是一种非轮轨黏着传动而悬浮于地面的交通运输系统。磁悬浮列车是利用常导磁铁或超导磁铁产生的吸力或斥力使车辆浮起，用以上的复合技术产生导向力，用直线电机产生牵引动力。

优点：具有高速、低噪声、环保、经济和舒适等特点，是目前最快速的地面交通工具。缺点：由于磁悬浮系统是凭借电磁力来进行悬浮、导向和驱动的，一旦断电，磁悬浮列车将发生严重的安全事故，目前，断电后磁悬浮的安全保障措施仍然没有得到完全解决。

三、城市轨道交通的技术特性

（一）城市轨道交通有较大的运输能力

城市轨道交通由于高密度运转，列车行车时间间隔短，行车速度高，列车编组辆数多而具有较大的运输能力。单向高峰每小时的运输能力最大可达到 6 万~8 万人次（市郊铁道）；地铁达到 3 万~6 万人次，甚至达到 8 万人次；轻轨 1 万~3 万人次，有轨电车能达到 1 万人次。城市轨道交通的运输能力远远超过公共汽车。

（二）城市轨道交通具有较高的准时性

城市轨道交通由于在专用行车道上运行，不受其他交通工具干扰，不产生线路堵塞现象并且不受气候影响，是全天候的交通工具，列车能按运行图运行，具有可信赖的准时性。

（三）城市轨道交通具有较高的速达性

与常规公共交通相比，城市轨道交通由于运行在专用行车道上，不受其他交通工具干扰，车辆有较高的运行速度，有较高的启、制动加速度，多数采用高站台，列车停站时间短，上下车迅速方便，而且换乘方便，从而可以使乘客较快地到达目的地，缩短出行时间。

（四）城市轨道交通具有较高的舒适性

与常规公共交通相比，城市轨道交通由于运行在不受其他交通工具干扰的线路上，城市轨道车辆具有较好的运行特性，车辆、车站等装有空调、引导装置、自动售票等直接为乘客服务的设备，城市轨道交通具有较好的乘车条件，其舒适性优于公共电车、公共汽车。

（五）城市轨道交通具有较高的安全性

城市轨道交通由于运行在专用轨道上，没有平交道口，不受其他交通工具干扰，并且有先进的通信信号设备，极少发生交通事故。

（六）节约空间

城市轨道交通能充分利用地下和地上空间。城市轨道交通由于充分利用了地下和地上空间的开发，不占用地面街道，能有效缓解由于汽车大量发展而造成的道路拥挤、堵塞，有利于城市空间合理利用，特别有利于缓解大城市中心区过于拥挤的状态，提高了土地利用价值，并能改善城市景观。

(七) 城市轨道交通的系统运营费用较低

城市轨道交通由于主要采用电气牵引，而且轮轨摩擦阻力较小，与公共电车、公共汽车相比节省能源，运营费用较低。

(八) 城市轨道交通对环境污染低

城市轨道交通由于采用电气牵引，与公共汽车相比不产生废气污染。城市轨道交通的发展，还能减少公共汽车的数量，进一步减少汽车的废气污染。同时，由于在线路和车辆上采用了各种降噪措施，一般不会对城市环境产生严重的噪声污染。

第二节 城市轨道交通的发展趋势

一、我国城市轨道交通的发展现状

(一) 项目建设进展顺利，施工水平不断提高

由于施工技术水平不断提高，市场竞争比较充分，建设中采取规范的招投标程序，轨道交通工程造价水平基本得到控制。目前在建项目中，一般以地下线路为主的地铁工程的平均每公里造价在4~5亿元，高架线路工程的平均每公里造价在1.5~2.5亿元左右。

(二) 采用先进技术，多种制式和系统并存

根据轨道交通技术发展趋势和不同的运能需求，从已建和规划建设项目的情况看，我国将形成类型众多的轨道交通系统来满足城市交通需求；并引入现代控制、现代通信和现代网络等技术，使轨道交通在城市交通中发挥更大的作用，安全更有保证，服务水平不断提高。我国轨道交通已拥有大运量的地铁系统、城市高架轨道交通系统、高架跨座式单轨系统和中低运量的地面轻轨系统，另外还有高速磁浮系统、快速市郊铁路系统等。

(三) 探索各种投融资方式，资金瓶颈有所突破

当前我国轨道交通建设的投融资主要是一种政府行为，政府起着主导的作用。正因为有城市政府的财政信用，国内银行对轨道交通项目贷款的积极性较高，对项目建设中所需的资金，国内银行积极予以支持。

银行主要对城市政府财政增长和土地收益进行考察，由于城市轨道项目本身建设资本金比例也较高，银行投资城市轨道交通项目的风险相对工业项目要小，因此放贷积极性较高。特别是财力状况比较好的上海、广州、深圳、杭州等城市，多家银行都积极争取给这些地铁项目贷款。正是由于各地政府的大力支持和国内银行的积极投入，推动了轨道交通的快速发展。同时各城市在积极探索新的投融资方式，探讨采用BOT(建造-运营-移交)、PPP(公共部门与私人企业合作)等方式进行轨道交通建设的可行性。

二、我国城市轨道交通的主要特点

(一) 政府主导型为主

当前主要由政府负责规划建设城市轨道交通，资金的筹措、工程的实施和建成后的运

营也是由政府组织负责的。但也逐渐在向“政府主导、市区共建、多元化运作、多渠道筹资”方向发展。城市轨道交通作为最主要的城市基础设施之一，具有部分公共产品和私人产品的特性，属于准公共产品。轨道交通的技术经济特征决定其具有明显的规模经济效应，而且会带来巨大的外部效应。经济学理论认为，准公共产品、外部效应和规模经济是导致市场失灵的最主要因素，必须在政府的有效干预下才有可能实现有效的配置。城市轨道交通产品可以由政府直接提供，也可以由私人部门通过市场提供，还可以在政府给予补助的条件下，由私人部门通过市场提供。但是政府主导作用的充分发挥，是解决地铁投融资问题的基本前提保证。

（二）单线路方式占主要

近年来新建的地铁、轻轨、市郊铁路、有轨电车以及悬浮列车等多种类型的城市轨道交通已成为中国大中城市的交通主动脉。根据未来区域和城市交通发展趋势，对城市交通和对外交通进行综合交通运输规划，需要重点将城市轨道交通与对外快速轨道交通及对外交通枢纽有机地衔接起来，实现轨道交通(内、外)的集约化、交通枢纽及场站布局的合理化、旅客运输高效化。

（三）新技术国产化率提高，轨道交通车辆方面有突破性进展

香港铁路有限公司已经落实采购 93 列、744 辆地铁列车，金额约 60 亿港元(约合 48.4 亿元人民币)，并决定委托中国中车股份有限公司青岛四方机车车辆股份有限公司负责生产。列车将于 2018—2023 年抵达香港，届时将全面取代当前运行于香港观塘线、荃湾线、港岛线和将军澳线的现有车辆。但仍需坚持由国家有关部门统一组织领导，通过引进技术、吸收消化、合作研制、集中力量自我开发等手段，发展我国轨道交通设备产业，对相关产业予以扶持和政策倾斜，逐步实现生产当地化，设备国产化，为今后轨道交通运营维修降低成本创造条件。

（四）建设资金来自政府财政的多

需要健全轨道交通建设的投融资评价体系，进一步完善轨道交通项目建设的经济政策、优惠条件、扶持政策等，对轨道交通项目的引进外资，应制定专项引资政策。投融资模式的市场化是当前地铁投融资改革的主要方向，市场化运作能使地铁投资人的投资管理职能真正就位，真正站在投资人的立场上，从项目盈亏角度考虑地铁的建设运营全过程管理事宜，而不是以政府代言人身份代理国有资本运作。投融资模式改革的实质就是还原轨道交通工程真实盈利机制，将政策性亏损与商业性盈亏明确分离，有效吸引社会资本投入，政府通过建立有效的调控手段来保障投资人获得的政策亏损补贴，并监督其建设运营符合法规规定，保证地铁发挥规划确定的骨干交通功能。

三、城市轨道交通的发展趋势

（一）城市轨道交通智能化趋势

城市轨道交通的智能化趋势主要体现在广佛地铁的应用。广佛地铁是内地首条城际地铁线路，也是广州亚运会的重要配套线路。其车站机电安装包括综合布线系统、通风空调、给水排水消防设施、智能建筑系统、屏蔽门、电梯等。地铁采用全新的智能化综合消防安全系统，其中包括防排烟、水消防、安全导向、防灾通信、防灾报警、综合监控等多个系统。一般地铁的综合布线系统应归属于通信传输系统部分。综合布线作为传输的信息通道是智能建筑的核心基础设施，因此传输系统是通信系统中最重要的子系统，其功能是为通信系统的各子系统以及其他机电系统提供控制中心至车站（车辆段/停车场）、车站至车站（车辆段/停车场）的信息传送平台，其重要性及安全可靠性要求高。

地铁安防系统主要有视频监控、门禁和报警三大部分，都具有重要性。其中地铁监控具体包括：行车监控（车辆进/出站、站台等）、营运环境监控（机电设备、供配电房、售票亭/柜等处）、公安治安监控（站内、外公共部位）、管理监控（内部监管）等。另外，用于监控列车运行状况的隧道轨道监控系统、车载监控系统随着诸多技术难题的解决，也在慢慢地进入到实际的应用。

（二）城市轨道交通集成化趋势

城市轨道交通的集成化趋势主要体现在集成化管理城市快速轨道交通系统。城市快速轨道交通系统（地下铁道、轻轨等）是属于集多工种、多专业于一身的复杂系统，只有采用快速轨道交通系统作为公共交通的骨干网络，才能有效地解决城市交通问题。

从单一的线路布置，发展到采用先进技术组成的复杂而通畅的轨道交通网络，为城市交通建设引入了立体布局的概念，给城市的可持续发展提供了条件。城市轨道交通提供了资源集约利用、环保舒适、安全快捷的大容量运输服务方式，它与城市其他交通工具互不干扰，具有强大的运输能力、较高的服务水平、显著的资源环境效益，是解决特大型城市交通问题和可持续发展的根本出路。城市轨道交通工程管理的特点就是必须考虑全寿命周期集成化管理，应该面向项目涉及的各种管理单元（要素），包括项目资源、组织、技术等，按照一定的集成模式进行整合，考虑项目的全过程、全方位、全系统管理，提高项目的整体功能和管理效应。

（三）城市轨道交通网络化趋势

城市轨道交通的网络化趋势主要体现在北京轨道交通网络化运营管理模式。北京轨道交通网络化运营管理模式创新与实践在建设过程中，对运营业务深入研究，提出适合北京轨道交通网络化运营管理的业务模式，例如提出了基于乘客旅行信息的“两阶段、双比例”清分方法模型，以乘客旅行时间最短作为决定出行路径的关键因素，通过各运营商承担的运营里程确定清分比例，从而实现4h内对1千万人次出行数据的清算处理。在工程设计阶段，通过多次设计联络会议，以轨道交通运营业务需求为主导，充分考虑系统的兼容性、可扩展性、资源共享性，统一于创建北京轨道交通网络化运营管理模式相关的技术标准、业务规则、服务规范，使不同制式和技术水平的专业系统得到充分衔接和整合，提高了运营管理的规范性及网络系统整体运行效率。

目前，我国轨道交通网络化建设的研究和实践还处于起步阶段，北京轨道交通网络化运营管理模式的创新与实践，将推动我国轨道交通等领域加快实现“四个转变”，即：①运营管理体系由单线运营管理向网络化运营管理的转变；②建设模式由传统分散建设向集约化、系统化建设的转变；③监管方式由粗放型向数字化、精细化管理的转变；④数据管理由信息孤岛向集中共享的转变。从而对加快基础设施“政府科学监管、适度竞争机制、投融资方式多元化”的格局形成，实现轨道交通路网“安全、高效、均衡”的运输提供了组织保障，奠定了技术基础。

（四）城市轨道交通多元化趋势

科学技术的进步，使不同类型的轨道交通进入了并行发展时期，呈现多元化发展态势，并开始注重轨道交通与城市环境的协调发展。不同运量等级的线路，有不同形式的交通系统适应，在同一等级线路上，有多种可供选择的交通形式以满足不同地区交通的发展。城市轨道交通建设主要着眼于解决大城市交通拥堵问题和环境污染问题。地铁建设标准规定，百万人口以上的大城市在主要客运通道上单方向高峰小时达 3.5 万人以上，远期单方向高峰小时要达 5 万人以上，允许建设地下铁道。实践证明此标准定得偏高，全世界几百条地铁线路，很少有这样大的运量。但按照城市发展的要求，迫切需要进行城市轨道交通建设。

因此，有的城市规划在次繁忙客运通道上，以及在居民住宅小区与主客运通道或客运枢纽间，建设轻轨系统，以形成合理的轨道交通网；有的城市正在探索建设直线电机轨道交通系统；还有的城市在旅游观光地区拟建磁悬浮试验线；上海、广州、北京建设近郊和远郊的市郊铁路，以促进城市规模效应和城市边缘和卫星城镇的发展。城市轨道交通的服务领域也将从单一走向多元，“服务就是软实力，服务就是生产力”。优质的服务是城市轨道交通相关企业塑造软实力的关键，在打造一流服务过程中，企业的品牌、文化、创新能力、团队意识等也都同步得到了加强和提高。这些都表明我国不同种类的轨道交通进入了多元化发展时期。

（五）城市轨道交通标准化趋势

标准化是一项综合的技术基础工作，是组织现代化大生产、提高生产效率的重要手段，是科学管理的重要组成部分，是实现资源共享、执行国家技术政策的基础措施。通过设计标准的编制和组织实施，可以有效地保证和提高产品质量、工程质量和服务质量，提高经济效益和社会效益。

工程建设标准设计，是指不针对特定工程项目而是按通用性条件编制的、供建设中大量重复使用的设计图纸。它是工程建设标准化的重要组成部分，对贯彻国家主要技术政策、保证和提高工程质量、加快建设进度、节约建设材料、降低工程造价、推广先进技术和提高劳动生产率等，都具有重要的作用。同时，它也是科技成果和先进技术转化为生产力的桥梁和纽带；是加快勘测设计的可靠手段；是完成工程建设的有效保证；是推行设计标准化、构件厂制化、施工机械化的主要设计文件。

1. 城市轨道交通推行标准设计的必要性

（1）我国城市轨道交通快速发展的需要。

（2）避免反复设计和重复研发。

（3）有利于装备制造业的标准化和模块化。

（4）有利于网络化管理。

2. 国内城市轨道交通标准设计现状

目前，我国城市轨道交通的标准化工作有序开展，逐步建立和正在完善行业技术规范和标准体系，在促进城市轨道交通行业规范化发展、实现行业技术标准的协调统一等方面发挥了重要作用。

由于城市轨道交通的建设管理和运营管理是以城市为单元等原因，尚未开展行业层面的行业标准设计工作。但是，为贯彻国家的技术政策和管理者意图，提高建设效率，方便运营维护，尤其是近期适应实现网络化管理的需要，标准设计工作正逐步展开，标准化分为以下 3 个层次：

(1) 第 1 层次是各城市轨道交通建设单位正在积极组织本城市的标准设计，以统一不同设计单位的设计技术标准，满足建设工程的实际需要。如上海地铁申通公司于 2006 年组织编制的上海城市轨道交通设计规范及通用图系列，已应用于上海地铁的新线设计中。北京地铁借 2007 年的 6 条新线同期开工建设的契机，以总体咨询单位为龙头，组织编制了部分专业的通用图。

(2) 第 2 层次是各设计单位将积累的设计、项目管理经验汇总进行标准化设计，编制了部分通用图，并已经应用于国内外的多个工程中。

(3) 第 3 层次是每个城市在轨道交通项目建设过程中，各条线路设计由总体总包设计单位牵头，编制了工程内部的技术规定和通用标准设计图纸，以统一各分包单位的技术标准，提高工效。

3. 国外及相关行业标准设计现状

国外城市轨道交通的标准化工作，主要参考国际铁路的标准化成果、设计、施工规范和产品标准编制，如 UIC、AREA、JR、DB 等，都是非常成熟和常用的。对于产品的标准设计，前苏联采用的是计划经济条件下的产品开发模式，即由设计和科研单位进行产品研发，经过全部试制、试验后形成产品的标准设计，由制造商进行生产加工。其他市场经济的国家多为产品制造商进行自有品牌产品的研发和更新换代，是以市场为主导的产品开发，产品可以应用于全球。

（六）轨道交通可持续化趋势

城市轨道交通建设一次性投资大、建设周期长、运营和管理成本高，这使得轨道交通建设和运营成为政府长期的财政包袱。城市轨道交通建设的融资问题，成为我国各城市地方政府和业界急需突破的瓶颈性难题。

香港制定的交通发展策略是“交通发展与土地发展一体化，并配合各卫星市镇的交通需要，优先发展铁路运输，建立以轨道交通为骨干的公共交通系统”。这是结合土地用途、运输及环境的科学化规划理念，符合现代化的工程管理策略。经过 30 多年的发展，香港地铁建立了“铁路+物业”(或称 R+P)综合发展的成功模式。香港的地铁系统被公认为是全球首屈一指的铁路系统，以其安全、可靠、卓越的客户服务及高成本效益见长，日均载客量逾 430 万人次，港铁公司成为全球少数有盈利能力的铁路运营公司。香港成为世界上交通费用最低、交通最方便的城市之一。公共交通便利性也成为香港社会整体竞争力突出的优势。港铁公司“铁路+物业”综合发展的成功经营模式，实质上是港铁公司与政府密切合作、共同规划，将地铁建设、运营和沿线物业开发科学地结合起来，实现了轨道交通的可持续发展。

近年来，内地一些城市结合实际情况，借鉴香港“铁路+物业”综合发展的经验，探索“以地养铁”等融资模式，即通过轨道交通站点和线路周边地块的商业开发，将收益用于支付和补贴轨道建设和运营的资金成本。然而，土地开发的收入只占地铁公司收入来源的小部分，还不足以满足地铁运营的成本，大多数城市的地铁公司依然承担很高的债务。

深圳轨道交通进入第三期的发展阶段，以地铁6号线作为试点性线路，采用TOD模式，探索PPP模式进行城市轨道交通的发展、建设和运营。以政府为主导，开创多元化和市场化融资的可持续发展道路：轨道带动新城镇发展和城镇发展反哺轨道建设。

（1）突破现有条块分割的管理机制，有效地整合资源，以轨道发展激发城市发展的正能级。

（2）整合多专业技术，同步开展轨道工程可行性研究、地铁沿线物业综合开发研究、轨道交通工程投融资策略研究等课题。

（3）采用精细化规划设计和量化市场经济分析，最大化地提升轨道沿线社区和站点物业发展的效益和价值。

（4）落实以人为本，构建经济发达、生态文明、便捷舒适的公交都市。

（5）开创市场化的可持续发展思路——轨道带动新型城镇发展和城镇发展反哺轨道建设。

中国的基本建设程序、城市规划、土地政策等制度具有自己的特点，城市轨道交通可持续发展的难题突破需进一步深入探索，其根本出路是创新体制、创新技术以优化资源，吸引民间资本参与轨道交通的投资、建设和运营，实现可持续的多赢目标。

第三节　城市轨道交通新技术

目前，我国城市轨道交通工程建设中研发出多项关键技术成果，这些成果来自生产一线，经过了实践的验证。新技术涵盖城市轨道交通系统各个组成部分的基础知识，并涉及多个与城市轨道交通相关的技术领域，内容包括线路及轨道结构、车站、载运工具、供电、通信信号及列车控制、系统设备、智能化系统以及规划设计、运营组织管理等各个方面。

自动可视系统使用高速摄像机来捕捉轨道图像，再利用软件分析采集信息；锁定轨温检测装置是由一个传感器元件和输出元件组成的，前者安装在轨腰上利用磁性检测锁定轨温，每隔一定时间采集钢轨应变和温度数据，并将其储存起来，输出元件由小型的接收器/全球卫星定位系统传感器组成，并与笔记本电脑相连，可从最大200英尺的距离外接收来自传感器的数据信息；GPSRTK定位技术是以载波相位观测值为根据的实时动态定位技术，它将GPS与数据传输技术相结合，实时坐标进行数据传输，能够实时提供流动站在指定坐标系中的三维定位结果，并达到厘米级精度；真空管井复合降水技术是在井管和填料及地层中形成一定的真空度，使含水层和井管及填料之间形成更大的压力差，一方面提高重力水流速，另一方面削弱毛细管作用力使更多毛细水被抽出，达到增加出水量和增大降深的目的。这些新技术的应用让城市轨道交通线路建设更能适应多种实际的地形条件。

盖挖法是由地面向下开挖至一定深度后，将顶部封闭，其余的下部工程在封闭的顶盖下进行施工，其主体结构可以顺作，也可以逆作；集中供冷技术是相对于每个车站设置制冷机房而言，是通过集中设置制冷机房，供应几个车站的冷冻水来实现空调的效果；集成闭式通风空调系统是利用传统系统中常规的通风空调设备，并采用成熟的风机变频技术以及在传统设备基础上改进而成的可自动开启表冷器，对传统闭式通风空调系统的各个子系统进行系统合并、集成，并重新组织系统布局；背散射技术是基于X射线技术的另一个应用发展，采用能量整形与“飞点”等技术。这些新技术的应用让城市轨道交通车站的运营管理更科学。中压网络是通过中压电缆，纵向把上级主变电所和下级牵引变电所、降压变电所连接起来，横向把全线的各个牵引变电所、降压变电所等联系起来，起分配和传输电能作用的网络；电力监控系统SCADA，被称作远动监控行业数据采集系统，其作用主要是对远方运行的电力设备进行监测与控制，从而保证电力运行的安全。这些新技术的应用让城市轨道交通供电技术更通用合理。

城市轨道交通通信系统是指挥列车运行、公务联络和传递各种信息的重要手段，是直接为轨道交通运营管理服务的，是保证列车及乘客安全、快速、高效运行的一种不可缺少的信息化、自动化、智能化的综合通信系统；列车控制系统中的CBTC是迄今为止使用效率比较高的车地通信方式，这种通信方式可以根据列车的状态确定列车之间的间隔距离，同时这种通信方式所需要的设备装置可以在一定程度上减少维修的投资，也可以及时地运行相关的信息，在很大程度上提高了列车控制系统的管理能力以及故障的诊断能力；基于移动闭塞方式的ATC系统主要是依靠漏缆、交叉感应电缆、扩频电台、裂缝波导管等方式传输数据。这些新技术的应用让城市轨道交通通信信号传输更及时稳定。

城市轨道交通车辆车门系统是与硬件部分关系密切的嵌入式系统软件；岩石棉具有绝热性能好、不可燃、优良的隔声和吸声性能和良好的防潮性能等优点，在城市轨道交通车辆设计中具有较好的应用前景。这些新技术的应用提高了城市轨道交通列车运行的安全性。城市轨道交通列车自动超速防护系统是采用目标距离速度控制方式构成的列控系统，是保证地铁列车运行安全，提高行车效率的重要设备；清分中心系统是一套建立在轨道交通各线路AFC中央计算机系统基础之上的适用于本城市轨道交通线网特点的、高效可靠灵活的、体现公平性原则的收益清分模型；地铁站的环境监控系统，利用分布式微机监控系统，对地铁车站及区间隧道内的空调通风、给排水、照明、电梯、自动扶梯、导向标志等机电设备进行全面的运行管理与控制；乘客信息系统是电力载波通信技术在地铁中的应用，主要由传输网络、媒体播放的软硬件系统及信息显示终端几部分组成，有一个中央控制系统及若干车站中继控制系统，信息发布范围包括下设的车站和正线行驶的所有载客列车两大部分。这些新技术的应用让城市轨道交通系统设备更能安全有效地运行。

综合监控系统以设备监控系统为主体，集成了火灾自动报警系统和电力监控系统，形成了统一的监控管理平台，做到了信息共享；城市轨道交通设备维修管理系统是针对城市轨道交通系统的组成、运行和维修特点，基于设备状态、维修过程建模和优化技术对城市轨道交通系统中的维修工作进行不断优化；软交换技术是一种针对与传统电话业务和新型多媒体业务相关的网络和业务问题的解决方案，它能够减少资本和运营支出，提高收入；计算机联锁系统，负责处理进路内的道岔、信号机、轨道电路之间安全联锁关系，接受ATS或者操作员的控制指令，向ATP、ATS输出联锁信息。这些新技术的应用提高了城市轨道交通系统的自动化水平和维修的效率。

轨道交通引导城市结构发展是通过大幅度提高交通供给，引导周边土地高强度利用而实现的；概念规划是把以时间期限为主导的规划模式转为以规模为主导，淡化规划期限；CARD/1 软件功能强大，包括线路纵横设计、互通立交设计、土石方调配、安全性评价等功能，新版本还增加了排水、挡墙、防护、边沟/排水沟工程量统计、加宽/超高段统计、路面加宽工程量统计、分离式路基处理和全面的断链解决方案。这些新技术的应用让城市轨道交通线路的总体规划设计更加科学合理。

城市轨道交通一体化运营组织是在协调各级管理部门、基础设施、管理措施、票价制定及土地利用等因素的基础上，以满足客流的高效、快捷、可持续出行需求为出发点，加强轨道交通线路间的无缝化衔接，发挥城市轨道交通线网的整体功能和规模效应，同时提高轨道交通运营企业经济效益的运输组织方法和经营行为；网络化运营的运营管理理念创新是逐级上升且持续改进的，理念可以适度超前，特别是网络层面运营理念的适度超前；运营安全管理是以总体和预防、预警及应急处置三个技术体系为对象全面开展运营安全性和可靠性关键技术研究及实施工作。这些新技术的应用让城市轨道交通营运组织管理理念有了新的发展和突破。

第二章
规划与设计新技术

为了适应全国城市轨道交通建设迅速发展的形势，贯彻国家中长期科学和技术发展规划纲要中“重点研究开发轨道交通”，“重点研究开发高速轨道交通控制和调速系统、车辆制造、线路建设和系统集成等关键技术”的精神，在城市轨道交通规划设计基本理论和理念的基础上，一批最新理念、理论及方法被提出。

中国城市轨道交通新技术内容涉及轨道交通安全、环保、节能、创新、国产化等各个方面，集中体现了节能、环保、安全、增效和创新的理念。为推动我国轨道交通的可持续发展，实现“资源节约、环境友好、技术创新和安全便捷”的总目标做出不懈努力。

城市轨道交通规划与设计最新理论、理念及方法可归纳为：城市轨道交通地下空间一体化、综合交通一体化；探索城市轨道交通可持续发展模式；推广资源节约型、环境友好型、技术创新型、安全便捷型城市轨道交通新方法、新设备和新技术。

第一节　规划与设计的理论与理念

一、规划与设计的基本理论与理念

（一）基本理论

城市轨道交通基本理论包括影响因素分析、规划范围、轨道交通系统的区域性、规划研究方法、设计方法。

1. 影响因素分析

城市轨道交通规划设计的影响因素分为城市和轨道交通系统特性两部分。其中城市的影响包括：城市自然地理条件，城市规模、性质，城市人口，城市发展潜力和发展趋势，城市经济，城市土地利用规模，城市交通状况；轨道交通特性包括：城市轨道交通系统的形式，运行方式，技术水平。

2. 规划范围

城市轨道交通制式多样，可以根据客流特点选择相适应的轨道交通系统。根据运输能力，城市轨道交通系统可分为大运量轨道交通系统、中运量轨道交通系统、低运量轨道交通系统。

城市轨道交通发展历史表明，城市发展不同阶段对应着不同的轨道交通类型，不同类型的轨道适合于不同城市不同区域的发展。

我国在进行轨道交通线网规划时，特别是一些大城市，轨道交通规划线网的规划范围应该是全市域，甚至覆盖整个城市群。轨道交通覆盖范围的扩大必然需要相应的市域内的或者城市群内的长距离快速轨道交通线路，在法国巴黎都市圈，大容量放射状的区域快线(ERE)把城市中心区域距离50~60km的远郊卫星城镇紧密联系起来，而日本东京都市圈半径已经达到65km。

研究范围内，还应进一步明确重点研究范围，即轨道交通线路最为集中、规划难点也最为集中的区域。重点研究范围应根据具体城市特点确定，但一般选择城市中心区域。

3. 轨道交通系统的区域性

城市轨道交通发展历史表明，城市发展不同阶段对应着不同的轨道交通类型，不同类型的轨道交通适合于不同城市不同区域的发展。

有轨电车服务于城市中心区；中运量轨道交通在市区范围内方便居民出行，扩大城市范围；地铁等快速大运量轨道交通联系外围郊区和市中心；市郊铁路为周围卫星城镇发展提供直达城市中心区的交通联系；城际轨道交通主要服务城市群内城市间交通，并兼顾沿线中小城镇。

在轨道交通线网规划中，要以城市发展的具体阶段和发展需求为依据，合理选择适合城市要求的轨道交通系统，根据城市不同的发展区域，如中心区、建成区、郊区等，结合不同区域范围的多样化需求，确定轨道交通的服务标准，选择相应的轨道交通系统技术参数。

4. 规划研究方法

规划研究方法包括城市交通发展前景判断、客运主流向分析、确定评价指标三方面。其中城市交通发展前景判断首先要把握城市总体规划的基本思想，确定远景城市人口用地布局。其次要把握城市交通发展战略，预计远景年公交出行比重与总量。

5. 设计方法

设计方法要做到以下三点：①做好客流预测；②做好沿线周边环境调查；③确定合理的车站形式和埋深。首先，要做好与各管线业主单位的配合和协调；其次，建设与运营应密切结合起来；最后，充分研究施工方法也十分重要。

（二）规划的理念

城市轨道交通规划的理念包括概念规划、轨道交通对城市格局的引导作用(TOD)、城市轨道交通的可持续性、兼顾交通疏堵的发展引导、规划的滚动性、线路功能分级和服务一体化。

1. 概念规划

概念性规划以城市的性质、基本职能、发展方向和城市体系等重大问题为研究内容。它对未来一定时段内可能进行的开发建设进行宏观的原则性指导，是城市未来空间发展的战略规划。

概念规划是把以时间期限为主导的规划模式转为以规模为主导，淡化规划期限。即在区域规划的指导下，在可预见的将来，对城市远景发展进行战略性的分析研究，提出城市发展战略的方针政策并作为城市发展的目标和总体规划的支撑和依据。

概念规划的主要内容包括：

(1) 社会经济环境发展战略和目标对策；

(2) 市域城镇体系规划，基础设施和重大项目的布局；

(3) 主城区在内的市域重点城镇的规模和布局形态、城市化促进区域和城市化控制区范围以及远景发展框架；

(4) 研究城市能源、交通、供水、供气等城市基础设施和生态绿地、水域系统开发的重大原则问题。

概念规划的战略特点是在充分满足社会经济发展需要的前提下，结合实际，创造性地找准每个城市发展的定位。

2. 轨道交通对城市格局的引导作用

轨道交通引导城市结构发展(TheRail Transit Oriented Development，简称 TOD)就是通过大幅度提高交通供给，引导周边土地高强度利用。一般整个过程分四个阶段：团状开发，波浪状开发、带状开发，面状开发。

轨道交通线网中的线路按照功能可分为两个类型：SOD(客流追随型)——为解决目前交通紧迫问题而发展轨道交通的大客流量功能；TOD(公共交通导向型)——通过修建轨道交通吸引客流，引导新城区的发展。

轨道交通采用 TOD 还是 SOD 模式，差异只是获得客流效益的时机有远近之分，而最终效益的体现都表现在客流效益。因此，从线网规划角度看，可采用两种模式并重，通过运营调节，力求使各线路同时具备客流追随和规划引导功能。

3. 城市轨道交通的可持续性

可持续发展的城市轨道交通是建立在可持续发展的理念基础之上，以可持续发展的观念分析、解决城市轨道交通中的各种问题，建立既有利于城市的交通发展需要，又同时保证环境、资源和子孙后代的轨道交通发展模式。

可持续发展包括交通与环境协和、交通与未来的协和、交通与社会的协和、交通与资源的协和。

从可持续发展的角度出发，城市交通各种运输方式都应当向高效节能型转变。纵观国内外城市交通发展史，最好的解决途径是优先发展以轨道交通为代表的中、大容量公共交通，限制私人机动交通发展。

4. 兼顾交通疏堵的发展引导

轨道交通作为一种面向大众的捷运工具，既能进一步促进多组团的网络式城市发展，又能有效制衡小汽车交通的过度膨胀。在密集区修建地铁、疏导交通仍是发展轨道交通的重要任务之一，而发展成熟地区拥有较好的客流基础，既能有效地缓解道路交通阻塞又能为日后营运提供财务保障。

5. 规划的滚动性

鉴于经济的迅速发展、城市空间布局规划的调整优化、城市建设重点和时序的调整以及对轨道交通认识和技术水平的不断提高，轨道交通线网规划工作不可能毕其功于一役，有必要每隔四五年进行一次修正。事实上，新的规划或多或少地会吸纳上一轮规划的内容和成果，并根据新的发展情况加以充实和提高。

6. 线路功能分级和服务一体化

随着轨道交通线路的增多，服务的一体化，包括票制的协同，换乘的衔接将变得越来越重要。尤其是客运枢纽站的设计需要从以人为本和方便转乘的角度给予更多的考虑。

地铁等快速轨道交通系统主要是联系外围郊区和市中心，这种联系的强弱与城市规模大小有很大的关系。

轻轨服务主城区中等发展密度和客流量的走廊，或主要服务新城区。

市郊铁路为周边卫星城镇的发展提供直达城市中心区的交通联系，促进都市圈的形成，是主城区和主要发展组团的联络线，服务市区及其市郊地区之间的交通。

城际铁路系统以其快速、安全、大容量、公交化的特点主要服务城市群城市间交通，兼顾沿线中小城镇，是服务较大规模城市间的直通交通。

二、规划与设计的新理论与理念

（一）城市轨道交通一体化理念

1. 一体化的必要性

当前正是我国城市轨道交通大发展时期，城市空间和功能的集约趋势越来越明显。商业是城市最基本的功能之一，交通是实现城市物流的动脉，在城市发展的历史中，二者从来都是密切关联的，它们的发达程度和整合水平反映了一座城市的活力与效率。

现代轨道交通带来的客流可以为聚集的商业增添更多活力，而商业发展到一定程度又可以反哺轨道交通相关的物业建设。所以，将轨道交通与商业空间的关系作为研究对象，进行二者的综合开发与设计，是未来我国城市空间集约化发展的重要方向之一。

结合轨道交通的建设，同步规划并实施周边地下空间，做好与其他交通方式的衔接换乘，形成以轨道交通为核心的各种交通换乘方便的一体化综合交通枢纽和一体化地下空间，是目前轨道交通建设新的发展趋势。

2. 一体化涉及的概念

（1）轨道交通综合枢纽。轨道交通综合枢纽往往与其周围城市空间的关联较为密切，轨道交通依靠沿线枢纽站点及枢纽建筑与城市联系起来，客流的汇聚及疏散都是通过这类建筑空间加以实现，它是城市与公共交通之间联系的纽带。由于其带来的大量客流，潜藏着巨大商业价值。商业对客流的聚集与交通建筑对客流的疏散这对基本功能又存在尖锐的矛盾，所以城市轨道交通综合枢纽区域是城市建设最重要节点空间之一。

（2）轨道交通。商业轨道交通综合枢纽中的商业空间的商业概念属于广义的商业，即空间中的商业信息传递、实体商品的买卖都属于轨道交通商业。轨道交通综合枢纽商业空间概念是：发生在轨道交通综合枢纽空间（包括集散广场、车站出入口空间、候车室、换乘大厅等）以及客站区域地块当中的商品买卖、服务交易、信息传媒发布等商业活动的空间。

（3）综合开发与一体化设计。“城市轨道交通枢纽站点的综合开发”是指在满足枢纽站点基本交通功能的要求下，通过车站周边上盖建筑物业的整体建设、统一规划，把不同类型的城市空间有机地融合于一个大的空间系统，以期互补互利以及实现对城市土地的集约化使用。城市轨道交通枢纽站点综合开发的重要意义，首先是引导土地开发，实现资本的良好循环；二是协调城市交通出行方式，减缓交通方式分配的结构性不合理带来的交通压力，提升城市生活环境质量。它是我国高速城镇化进程中，建筑快速更新和轨道交通快速发展的背景中诞生的新研究领域，具备极大的现实意义和研究价值。

3. 一体化设计的基本原则

（1）整体性与交互性。轨道交通综合枢纽与商业的整合空间系统是城市功能体的构成元素之一。故一体化设计要统筹建筑与城市的关系，从自身的空间形态、内外交通路线的组织、界面的围合程度等方面与所相关空间做到有机统一，共同构成一个动态的体系。轨道交通综合枢纽与商业空间一体化设计的交互性主要体现在交通功能与商业功能的相互融合和促进。商业功能和轨道交通功能在同一个空间中被整合，要首先保证两种功能具有共存的可能性，并且各个功能之间不会产生不良干扰。空间的非干扰性是实现交互性的基础，因为空间之间只有在不互相干扰的前提下，才能实现积极的交互。非干扰性具体指在原来的功能体中加入商业时，不会影响原来各自的运行效率，即所谓的兼容。在一体化设计中，不仅要使商业与交通功能单元之间相互渗透和兼容，同时要创造积极的环境秩序，促使各种功能在复合的过程中产生“集聚效应”，互相激发功能效率的提高。

（2）多样性与不定性。在建筑设计中，人是使用的主体，而人们在轨道交通综合枢纽的需求和行为方面又是多样性的，因此设计应以多样性的空间和人的心理需求相协调，为人们生活的多样性需求满足提供可能。一体化设计的不定性原则是与城市生活的多样性和个体行为的不定性相联系的。城市功能的运行充满了不可知因素，它的存在为开放的一体化设计带来了相当的复杂性和随机性。多种因素的交叉结合，导致了整合空间应具有模糊、不定、灵活的特性。不定性原则并不是无法给出精确的答案，而是用一种富于弹性的、可变化的方式来解决问题，给城市的发展留有更多空间。

（3）有机性与可持续性。为了突出一体化设计策略下的综合性优势，扭转活动方式单一化的不利局面，就必须从人的行为和环境的关系角度出发，将轨道交通综合枢纽看成容纳各种社会活动的公共场所，它能够满足人们对社会活动空间的各种需求。这属于场所精神的再创造，这种精神要求公共建筑可以为城市生活提供多种空间可能性创造条件。其中，最为重要的就是城市环境的可读性和辨识性，让人在活动中能把空间形式与普通生活紧密联系起来以满足使用者的心理诉求。城市是一个生命体，它的发展依赖于周边的环境，消耗资源以不断生长。在城市高速发展的进程里，以土地资源为代表的各种资源越来越紧缺，从威胁发展到威胁人类的生存。在轨道交通综合枢纽与商业空间设计中，可持续理念的应用范围非常广泛，从宏观到区域生态环境，从微观到各种主动式和被动式绿色建筑技术。

（4）安全性与人性化。对于轨道交通综合枢纽与商业空间一体化设计的安全性主要是指有目的、有计划的设计过程以及运行过程中的稳定性和畅通性。在相关条例、规范、法规的制约下，在设计中增加安全设计的比重，在设计的初期，将安全的隐患降到最低。在一体化设计中，必须从人性化的角度出发，使建筑为广大市民服务，使之符合大多数使用者的切实需求。人性化原则最根本就是追求在可能条件下的最高品质的城市物化环境，在我国当今急速形成和转型的城市问题中是一个非常值得重视的话题。

（二）城市轨道交通可持续发展理念

1. 可持续发展的必要性

人类社会发展正面临着人口膨胀、资源超前消耗、环境急剧恶化的空前挑战，可持续发展理念指导下的现代城市规划，决定了我国的大部分地区只能追求以公共交通为基础的高质量的可达性。具有多项显著优点的轨道交通（尤其是地铁运输模式），是解决大城市中心区域交通拥堵问题的最佳途径，但必须在依托改善既有公交系统、并通过优化网络便捷换乘而达到相互协调配合的前提下，注意降低它的建造运营成本。

自 1863 年世界第一条地铁在伦敦诞生以来，城市轨道交通的发展已经走过了 158 年的历程。我国虽然在 20 世纪 60 年代就开始规划建设地铁，但真正开始规模化建设城市轨道交通还只有十几年的时间。当前，我国已进入了城市轨道交通快速发展时期，根据中国城市轨道交通协会统计，2013 年末，中国累计有 19 个城市建成投运城市轨道交通线路 87 条，运营里程 2539 公里。如此大规模的建设力度，有必要从可持续发展角度来审视我国的城市轨道交通规划和设计。

2. 可持续发展的切入点

当前城市化加速背景下城市交通规划面临的重大选择是城市轨道交通可持续发展的切入点，可持续发展对如何解决轨道交通与现存城市公交系统的协调发展问题，特别是如何经济、优化地建造与运营城市轨道交通至关重要。

（1）轨道交通是我国城市交通规划的重大选择。城市交通规划面临的一切问题起源于三个基本因素：人口剧增、城市化加速与出行方式机动化。为此，规划者们必须在各种可能的决策方向之间慎重取舍。

一般而言，城市交通方式大致可分为步行、自行车、摩托助动车、小汽车与公共交通。

国内外的城市交通基本上都经历过从步行、自行车到摩托、小汽车大体相同的发展过程。随着社会经济持续、快速增长与人民物质文化水平不断提高，建立多层次、立体型多元化的交通体系，是我国数量迅速增长的大城市的唯一发展方向。在此目标之下，科学规划的轨道交通理论上提供了最大限度满足可持续发展要求的可能性。城市交通拥挤现状，决定了各级政府部门在宏观决策过程中，理当重点考虑规划在环境系统、资源系统、社会系统等多方面具有可持续发展优势的城市轨道交通公共交通系统。

（2）轨道交通需重视与城市公交系统的和谐。一般而言，轨道交通规划工作的核心内容是要充分实现路线选址与转乘配套两者的最优化，与现有的公交系统在各个环节上达到最大限度的互相补充协调运作。

首先，城市轨道交通是一项涉及面广泛复杂、需要许多专业协调配合的大型系统工程，必须与城市建设发展中长期规划密切结合起来进行。作为城市规划的有机构成部分，轨道交通的规划与整个城市交通的线网规划实为一体。为了避免客流稀少，线路走向应尽可能合理，否则，小客流低运量必然导致轨道交通无法发挥预期的骨干作用。

其次，在以轨道交通为主导编制城市公交综合规划时，要十分注意加强交通换乘枢纽的建设，将轨道交通与现有的常规公交体系统一安排、有序调整，保证轻轨、地铁等轨道交通与城市公共汽车、出租车、轮渡等多种交通工具的方便转接，以及与机场、火车站、港口等其他运输场所的顺利衔接。

最后，应充分注意轨道交通与整合改善城市常规公交之间的互动关系。世界上绝大多数国家的轨道交通都是在既有城市公交体系形成后逐渐发展起来的，在未来相当长一段时间内，公共汽车/电车仍将是人们出行使用较广泛的交通工具之一。根据我国许多城市目前的经济发展水平与人口规模及交通总量需求，常规公交的整体地位短期内变化不大。但是，常规公交系统效率低下的现状应该在逐步发展轨道交通的过程中加以综合整治与改善。

3. 基于可持续发展的轨道交通规划和设计

(1) 关于线网规模的判断。城市轨道交通线网规划是根据城市经济和社会发展规划，在规划城市人口规模及总体分布的基础上，以城市居民总出行量为依据提出城市轨道交通总承担量，并以此作为确定城市轨道交通线网规模的尺度。从可持续发展角度看，如果当前的线网没有在规划层面得到控制，由于城市建设的快速发展，将来很难再找到轨道交通加密线路的通道。而通道资源在城市中是非常有限的，也是特别宝贵的资源。因此，在城市轨道交通线网规划时要留有充分的余量并在规划上加以控制才能确保城市交通的可持续发展。

(2) 关于线路总体设计。与城市轨道交通规划线网规模相对应，对于线网中各条线路的总体设计规模也应该充分考虑城市发展的因素。与线路总体规模相关的因素主要涉及车辆制式的选择和车辆编组数量。在相同的线路通过能力前提下，这两个标准的确定直接决定了整条线路的运输能力。

(3) 关于换乘方式选择。随着各城市轨道交通建设步伐的加快，很多城市已经从单线建设步入网络化建设阶段，而网络化建设阶段必然面临线路之间的换乘问题。基于此，根据我国国情和城市发展的预期，建议在大客流的换乘车站应考虑采用近距离的通道换乘设计，可通过有效延长换乘客流的疏散距离的方式来缓解大客流对运营管理带来的问题，并在设计上考虑单向客流运营组织的条件，从而保障轨道交通运营期间的乘客安全。当然，在远期预测换乘客流不大的车站，换乘距离较近的十字换乘和T形换乘是比较好的选择，在我国轨道交通换乘车站规划设计中，不应有一个固化的换乘方式，更不能简单地以国外的换乘理念来指导我国的具体车站换乘设计，只能根据城市特点、换乘车站客流具体情况来确定。

(4) 关于车站建筑设计。针对我国城市轨道交通客流量大这一特点，轨道交通车站的建筑设计，必须采取必要的措施加以应对。为此车站设计中的站台宽度、楼扶梯宽度及数量、乘客疏散通道宽度以及售检票机布置方式等应符合可持续发展要求。对于换乘通道宽度，在有条件的换乘车站应尽量设计足够的宽度，以确保乘客换乘及客流疏散的要求。

(三) 资源节约型、环境友好型城市轨道理念

我国国民经济和社会发展"十一五"规划纲要明确指出，要把节约资源作为基本国策，加快建设资源节约型、环境友好型社会，促进经济发展与人口、资源、环境相协调。

如何建设资源节约型、环境友好型城市轨道交通应做到以下几点：

(1) 城市轨道交通是资源节约型、环境友好型的城市交通，应该作为城市交通优先发展领域。城市轨道交通与其他城市交通模式相比，具有节约土地、运量大、耗能少、快速、准时、环保等特点，是资源节约型、环境友好型的城市交通。

(2)“超前规划”是提高运营效率、降低城市轨道交通工程造价的首要措施。提高运营效率是建设资源节约型城市轨道交通的核心。要实现城市轨道交通快速、高密度运送旅客，提高服务水平，充分发挥固定设施和移动设施的使用效率，必须超前做好前期规划、设计工作。“超前规划”包括“线网规划”和“网络系统规划”等重要内容。

(3)“适时建设”是城市轨道交通线路发挥最大效益的重要举措。城市轨道交通线路中哪些区段先建、哪些区段后建，都有建设时序问题，应结合客流预测结果、城市土地开发利用等条件来确定。一条线路可以根据客流预测结果确定建设时序，初始建设客流量大的区段，在城市发展规模扩大的过程中，适当超前延长线路，以满足交通的需求和提高运营效率。

(4) 提高创新能力，加快轨道交通车辆、机电设备和施工机械的标准化、国产化和产业化。只有提高自主创新能力，拥有自主知识产权，才能真正降低城市轨道交通工程造价，降低运营设备更换和养护维修费用，实现城市轨道交通的可持续发展。而国产化进程中很重要的一个问题是标准化，完成技术创新，进入工程实践，经过实践检验之后就要进行标准化工作，才能形成产业化。

第二节　规划与设计的系统分析方法

一、系统分析的概念

系统分析主要从系统分析的概念、系统分析的要素、系统分析的内容、系统分析的步骤、系统分析的方法几个方面介绍。

(一) 含义

系统分析是系统工程在处理大型复杂系统的规划、研制和运用问题时，必须经过的逻辑步骤。轨道交通系统属于一类大型项目，其系统分析的目的在于：通过对系统的分析，认识各种替代方案的目的，比较各种替代方案的费用、效益、功能、可靠性以及与环境之间的关系等，得出决策者进行决策所需要的资料和信息，为最优决策提供科学可靠的依据。

系统分析的基本要素有：目标、可行方案、费用、模型、效果、准则和结论。

(二) 内容

系统分析的内容包括对现有系统的分析和对新开发系统的分析。

对现有系统分析又包括对系统外部和内部的分析。其中对系统外部的分析主要是：根据国内外政治经济形式，研究轨道交通系统在国民经济中的地位、当前国家对轨道交通系统的政策以及与经营活动有关的各方面现状，如轨道交通客流情况、技术水平等。对系统内部的分析，主要是：计划安排、运营组织、设备利用、劳动力状况、成本核算及财务收支等。

对新开发系统分析的内容可以是新系统的投资方向、建设规模、线网的设计、可行方案的确定、设备配套以及运营组织等。

系统分析的步骤为：①明确问题与确定目标；②搜集资料，探索可行方案；③建立模型；④综合评价；⑤检验和核实。

二、系统分析的方法

系统分析所遵循的原则有：外部条件与内部条件相结合的原则；当前利益和长远利益相结合的原则；局部效益与整体效益相结合的原则；定量分析与定性分析相结合的原则。

一般说来，系统分析的各种方法可分为定性和定量两大类。定量方法适用于系统结构清楚、收集到的信息准确、可建立数学模型等情况。定量的系统分析方法有投入产出分析法、效益成本分析法等。

如果要解决的问题涉及的系统结构不清，收集到的信息不太准确，或是由于评价者的偏好不一，对于所提方案评价不一致等，难以形成常规的数学模型时，可以采用定性的系统分析方法。

(1) 目标-手段分析方法。目标-手段分析方法，就是将轨道交通系统建设要实现的目标和所需要的手段按照系统展开，一级手段等于二级目标，二级手段等于三级目标，依此类推，便产生了层次分明、相互联系又逐渐具体化的分层目标系统。

(2) 因果分析法。利用因果分析图来分析影响轨道交通系统规划与建设的因素，并从中找出产生某种结果的主要原因的一种定性分析方法。

第三节　规划与设计常用软件工具

一、线路平纵断面辅助设计软件 ALCAD

城市轨道交通线路设计是轨道交通工程的一个组成部分，线路设计的快慢直接影响整个工程项目的设计进度。但线路设计除受相关专业的影响外，其本身的因素，如设计方案的多少和大量繁琐的计算及绘图工作，均影响设计进度。以往这些繁琐的工作，均由人工来完成使设计人员耗费大量的宝贵时间来从事相对较为简单的计算和绘图工作，工作效率较低。目前，许多设计部门都开始采用相关的计算机软件进行线路平纵断面辅助设计，大大提高了计算的效率，加快了设计进度。

线路平纵断面辅助设计(ALCAD)是我国较早和较为成熟的城市轨道交通线路辅助设计软件之一，它从实用角度出发，结合了大量工程设计的实践经验进行研制开发，在国内许多城市轨道交通线路设计上得到了广泛的应用，取得了很好的效果。

ALCAD 提供了一系列功能模块，包括平面计算、线间距计算、纵断面计算及绘图等设计功能。此外还提供了多个辅助功能模块，用以增强系统的性能。这些功能模块共享 ALCAD 的专用数据库，配合 ALCAD 的友好用户界面，协同构成线路平纵断面专用设计环境。

二、国际化线路设计专业软件 CARD/1

国际化线路设计专业软件 CARD/1 于 1995 年由德国 IB&T 有限公司研制，是世界上最早的线路勘测设计一体化软件。

CARD/1 涉及公路设计、铁路设计（含高速铁路、磁悬浮、地铁、轻轨）、测绘和市政管网设计，亦可用于垃圾处理场、机场、港口、码头的路线设计。CARD/1 可以完成从野外数据的勘测、精细的设计到设计图纸输出的全部工作，数据内部高度集成共享。

CARD/1 功能强大，包括线路平纵横设计、互通立交设计、土石方调配、安全性评价等功能，新版本还增加了排水、挡墙、防护、边沟/排水沟工程量统计、加宽/超高段统计、路面加宽工程量统计、分离式路基处理和全面的断链解决方案。

世界第一条商业化磁悬浮线（上海到浦东机场）及 F1 赛车道都是采用 CARD/1 做的设计。

CARD/1 可接受所有来源的数据（已有纵断面地面线、设计线；全站仪数据；航测数据；GPS 数据；既有图扫描数据；激光测量仪数据；其他软件数据），专注于设计，适时检查，设计参数可自由输入，不受国别及地区差异等任何限制，能够完成任意横断面、整体式、分离式、台阶式路基及截排水沟和挡墙等各种复杂特殊设计，且设计精准，绘图没有比例限制，可满足用户的个性化需求，并轻而易举地编制国际招标文件。

三、轨道交通工程造价软件

《全国城市轨道交通工程造价软件》是广州小超软件技术有限公司开发的一套用于交通行业的造价整体解决方案，是以《城市轨道交通工程预算定额》为编制依据，集预算计价、清单计价功能为一体的造价管理软件。适用于各级铁路部门、地铁单位、造价咨询单位、建设单位、设计单位、施工单位、监理单位等的工程预算和资金管理。

软件包括以下 10 项工程定额：路基、桩基础及围护结构工程、桥梁工程、隧道工程、地下结构工程、轨道工程、通信工程、信号工程、供电工程、智能与控制系统安装工程、机电设备安装工程。定额是指完成规定计量单位分部分项工程所需的人工、材料、施工机械台班的消耗量标准，是制定城市轨道交通工程地区单位估价表、工程量清单综合单价、招标标底和投标报价的基础。它广泛适应于城市轨道交通建设、地铁建设、隧道工程、地下结构工程、机电设备安装工程等。

四、城市列车运行计算系统

1997—1999 年间，北京交通大学与香港理工大学合作，在北京城建设计院、全路通讯信号公司、铁三院和铁四院等部门的配合下，采用面向对象的程序设计方法，开发了城市列车运行计算系统。

系统在传统铁路列车牵引计算规范的基础上，考虑了城市轨道交通及高速铁路牵引计算的特点，设计了可供用户选择的多种（节时、节能、定时）运行计算模式，包括移动闭塞方式在内的多种信号控制环境、有级与无级牵引多种机车（动车组）操纵方式。

系统提供的关于速度、时间、能耗等计算指标以及屏幕图形、电子文本与 AutoCaD 等多种结果输出方式，可以为轨道交通系统设计和运营优化提供手段。

五、Legion Studio 行人运动仿真软件

Legion 人流模拟软件的目前版本为 Legion Studio 2006，被业内认为是最有效的行人仿真与分析工具。由 Model builder，Simulator 和 Analyser 三个应用模块组成，可以实现行人在指定空间内运动过程的模拟。

Legion Studio 以行人运动步频为基本模拟机制，从定量分析的角度计算运动环境中行人间以及行人与障碍物之间的相互作用。因此，Legion studio 可以帮助研究人员建立空间设计或空间使用基础上的模拟试验，并分析评价不同空间条件或行人交通需求水平的影响程度。

此外，还可应用 Legion studio 分析变化事件的影响，例如出口关闭或列车晚点到达，以及测试不同疏散情景中的速度与安全指标。而后者恰恰与目前不断发展、日益严格的公共场所公众活动安全规则相适应。

显然，Legion Studio 是一种基于仿真、地图、图形和视频再现的具有很强吸引力的决策工具。

Legion Studio 主要包括模型构建模块、仿真模块、分析模块等三个应用模块，三个模块相结合可以实现行人在指定空间内运动过程的模拟。例如铁路车站、体育场馆、运动公园、机场、高层建筑、交通枢纽、城市中心等行人聚集与经过的场所。悉尼奥运会与香港地铁系统中的应用是两个较为成功案例。

Legion 公司在多地采集了大量的步行人流数据。2008 年公司研究报告称北京的行人步行速度为 5. 3km/h，香港为 4. 8km/h。

第三章

施工管理新技术

当前我国城市化处于高速发展时期，作为城市公共交通的重要组成部分，城市轨道交通以其大容量、准时快捷、安全高效、低碳环保等优势，成为当前及今后一段时期内我国城市交通发展的重点。一方面，轨道交通的修建对城市既有建筑环境也具有潜在威胁，其线路往往沿城市主干道方向布设，不可避免地将穿越大量地下管线、河湖及周边建构筑物；另一方面，轨道交通建设受线路限制往往难以避开富水的砂卵石、粉细砂等不良地层，这使得施工更具复杂性。

第一节　线路施工管理新技术

一、线路勘测新技术

（一）轨道部件检测技术

目前国外的轨道检测技术都是基于轨道无损检测技术(简称 NDE)，此研究开始于 1877 年。1928 年，Sperry 开发了世界上第一台高速磁感应传感器钢轨检测车，1960 年超声传感器首次安装在 Sperry 测试车上。纵观 NDE 技术，主要包括视觉检测、超声、磁感应、放射技术、交变电流场、电磁声学和涡流感应技术等。

1. 可视轨道检测系统

以前视觉检测只能靠有经验的技师进行巡道目测，最近几年，以摄像机为基础的可视系统得到了广泛的应用。这些系统根据功能可分为四大类：①轨道检测系统；②车辆检测系统；③维修和运营系统；④与乘客相关的系统。

自动可视系统就是使用高速摄像机来捕捉轨道图像，再利用软件分析采集信息。该系统用于测量轨头形状、钢轨磨耗率、轨缝、轨枕、道砟缺失、道砟脱空时的轨下垫层状态、螺栓缺失和表面伤损，包括滚动接触疲劳(RCF)和钢轨波磨等，该系统的运行速度为 60~320km/h。

2. 超声技术

超声技术的物理学原理是：在用普通超声探头检测钢轨时，压电体发射一能量束到钢轨上，能量束被反射或者散射，再利用若干传感器对其进行捕捉。利用这一原理开发出许多超声技术检测设备：人工检测小车、高速钢轨测试车和车载钢轨测试车。

近年来，又开发出无接触式的激光超声检测技术，改变了传统的超声设备必须同被测物体表面接触进行检测的限制，通过在距被检测物体表面一定距离内发射激光束，然后利用摄像机捕捉反射或者是散射后的激光束，从而获得被测物体的信息，使检测的灵敏性和可靠性提高。

3. 脉冲涡流(PEC)

多年来，涡流技术仅仅限于单个钢轨焊接的表面检测，因此，涡流系统也只能用于人工检测 RCF 缺陷和其他表面损伤。现在，随着涡流技术的发展，开发出了高速钢轨涡流检测系统。在检测中，比较重要的一点就是要调整涡流探头，以使信号不受影响，而且灵敏度也不会因为离物体表面距离的变化而出现波动。

4. 磁感应(MFL)

磁感应的原理就是在钢轨一定距离上放置检测线圈或探头，来探测轨头周围直流电磁场区域的任何变化。MFL 的缺点是传感器只能探测离表面很近或者沿表面的缺陷。如轨头上的 RCF 裂缝，但不能探测与磁力线平行发展的深层缺陷或者瑕疵。而且 MFL 受检测速度的影响，速度越高，轨头的磁流密度越少，因此，需要与霍尔探头相配合以提高灵敏度。

5. 放射技术

放射技术主要使用的是 γ 射线或者是 X 射线，探测时使用数字探测器(数字放射技术)。但放射技术涉及健康和安全问题，需要严格控制暴露时间，因此，放射技术只能通过其他 NDE 技术定位出缺陷位置之后，再利用该技术进行证实，或者是使用其他方法都不可靠，只能采用放射方法作为替代。

6. 交变电流场(ACFM)

交变电流场技术是一种电磁检测方法，该技术的理论基础是在任何导体表面附近均可产生感应交变电流。从远处向检测区域输入直流电，如果检测区域没有缺陷存在，电流将不会发生变化。如果检测区域存在缺陷，电流将发生变化。

由于交变电流在近表面区域流动，不会影响物体的整个几何形位，同时物体表面的电流感应磁场也会由于缺陷的存在而发生变化。该技术的检测探头可以精确测量磁场的变化，在不损失信号的前提下可距离物体表面大于 5mm 进行检测，而且 ACFM 探头可制作成标准铅笔探头或多维探头阵列。但 ACFM 检测技术只能用于近表面裂缝测量，检测的灵敏度很大程度上取决于被检测金属的电磁特性。该技术一开始应用在测力轮对上，后来发展到人工操作 ACFM 小车来探测 RCF 裂缝，再后来发展到布置成 ACFM 阵列，以适应于被检测轨头的形状。不仅如此，ACFM 在高速检测和量化 RCF 裂纹方面具有非常广阔的发展前景，目前伯明翰大学正在致力于研究降低因探头离物体表面过远而对检测灵敏度所带来的影响，并提高对波磨和打磨轨迹的检测灵敏度，使检测速度提高到 32km/h。

7. 电磁声学传感器(EMAT)

电磁声学传感器是靠通电导体及磁体产生或者探测超声波。磁场的方向性、感应线圈的几何形状、被检测物体的物理和电特性对产生的超声波类型影响很大。Tektrend 公司基于

EMAT 技术开发了一种叫 RailPro 钢轨检测车，使用几个 EMAT 模块来产生超声面波和体波，可以检查整个钢轨截面，检测速度达到 5~9km/h。

EMAT 技术不受检测速度的影响，对升降变化敏感，性能受钢轨表面质量影响(例如严重的打磨轨迹)，检测深度为 2~15mm。

8. 声学轨道监测

AEA 公司使用安装在列车上的声学设备来测试钢轨缺陷，该设计理念是基于探测轮轨接触表面滚动噪声的变化。声学轨道监测技术可以用于探测几类缺陷，如钢轨断裂、剥离、掉块、钢轨磨耗、道砟恶化、曲线轨距发生变化等。

9. 声学脉冲

该技术不是探测由钢轨缺陷所产生的信号，而是用外部源来感应超声波，再利用传感器来探测频谱变化。该技术目前开展的工作还很有限。

(二) 无缝线路检测技术

1. 轨温检测

英国的无线遥感勘测专家 Radio-Tech 公司开发了一种新型无线自动轨温监测系统，简称 RTM，并获得了 Network Rail 的支持。该系统是全自动的，由电池供电，可以连续有效地监测轨温。现在 RTM 系统在进行了风险评估和现场试验之后，已经获得了 NR 的认可，使人工监测更加精确、可靠。该系统由非侵入的钢轨探测器构成，直接安装在钢轨轨底，用于监测轨温，然后探测器将数据传送到 70m 以外轨道旁的无线数据采集器中。数据采集器将数据反馈给运行 RTM 软件的中央服务器，并监测温度。同时，服务器也将数据传送到因特网、局域网或是通过手机短信系统进行传输，使得工作人员远程获得所有信息，满足监、测、报的要求。

美国联邦铁路局开发了一种锁定轨温检测装置，它是由一个传感器元件和输出元件组成的，前者利用磁性安装在轨腰上用于检测锁定轨温，每隔一定时间采集钢轨应变和温度数据，并将其储存起来，输出元件由小型的接收器/全球卫星定位系统传感器组成，并同笔记本电脑相连，可从最大 200ft 的距离外接收来自传感器的数据信息。

2. 无缝线路温度力的检测

当道床松散或扣件松弛时，无缝线路有可能产生累积爬行，导数纵向力分布不均，形成胀轨和断轨的隐患。因而研究纵向力测定仪、监测长轨条内纵向力的变化是保证无缝线路安全运营的重要措施。目前各国广泛开展纵向力测定仪和测定方法的研究，提出的测定无缝钢轨温度应力的方法很多，归纳起来可分为应力法、能量释放法、应变法、声测法四类。

(三) GPS RTK 技术

1. GPS RTK 技术简介

GPS RTK 定位技术就是以载波相位观测值为根据的实时动态定位技术，它将 GPS 与数据传输技术相结合，实时解算并进行数据传输，能够实时提供流动站在指定坐标系中的三维定位结果，并达到厘米级精度。GPS RTK 系统由 GPS 信号接收系统、数据实时传输系统、数据实时处理系统 3 部分组成。GPS RTK 定位有两种测量模式：快速静态定位和动态定位，实际作业中两种定位模式相互结合，既可以解决线路勘测中诸如中桩放样测量、横断面测量、线路纵断面测量、地形测量等问题，又可以解决线路勘测中一定等级控制测量(平面或高程)等。

2. GPS RTK 技术在线路勘测中的应用

(1) 地形图测量。工程线路选线多是在大比例尺(通常是 1∶2000 或 1∶1000)带状地形图上进行，用传统方法测图，先要建立控制网，然后进行碎部测量，绘制成大比例尺地形图。其工作量大，速度慢，花费时间长。用实时 GPS 动态测量，仅需一人背着仪器在要测的地形地貌碎部点待上 1~2s，并同时输入特征编码，通过手簿可以实时知道点位精度，把一个区域测完后回到室内，由专业的软件接口就可以输出所要求的地形图。这样用 RTK 仅需一人操作，不要求点间通视，大大提高了工作效率，采用 RTK 配合电子手簿可以测设各种地形图，如普通测图、铁路线路带状地形图的测设，公路管线地形图的测设，配合测深仪可以用于测量水库地形图、航海海洋图等，而且采集速度快，大大降低了测图的难度，既省时又省力。

(2) 一般工程的控制测量。用 GPS 建立控制网，最精密的方法应属静态测量。对于大型建筑物，如特大桥、隧道、互通式立交等进行控制，宜用静态测量。而一般工程的控制测量，则可采用实时 GPS 动态测量。这种方法在测量过程中能实时获得定位精度。当达到要求的点位精度时，即可停止观测，大大提高了作业效率。由于点与点之间不要求必须通视，使得测量更简便易行。实践及研究均证明，用 GPS 快速静态定位测量方法建立测区平面控制网的精度完全能够代替一、二级导线网，高程控制网的精度完全能够代替四等水准测量网，满足线路勘测要求及一般工程测量要求。

(3) 中桩测设。采用实时 GPS 测量，只需将中线桩点的坐标输入 GPS 接收机中或线路元素输入 GPS 手簿，调用 GPS 线路计算程序计算相应里程中桩坐标，系统就会指示出放样的点位。由于每个点位的测量都是独立完成的，不会产生累积误差，各点放样精度趋于一致。

(4) 纵、横断面测量。线路中线确定后，利用中线桩点坐标，通过绘图软件，即可给出路线纵断面和各桩点的横断面。由于所用数据都是测绘地形图时采集来的，因此不需要再到现场进行纵、横断面测量，从而大大减少了外业工作。当需要进行现场断面测量时，也可采用实时动态 GPS 断面测量功能。与传统方法相比，在精度、经济、实用等方面都有明显的优势。

二、线路施工新技术

(一) 浅埋暗挖法

1948 年，奥地利专家 L. V. Rabcewicz 设计了建立在使用新建筑材料前提下的，且安全经济的隧道开挖方式及支护结构形式，并于 1963 年形成系统理论，定名为“新奥地利隧道建造法”，简称“新奥法”(NATM)，我国于 20 世纪 80 年代在军都山铁路双线隧道进口段首次应用新奥法(NATM)原理进行了浅埋暗挖施工技术的研究和试验，随后在 1986 年北京地铁复兴门折返段应用这种新技术并获得成功；20 世纪 90 年代北京地铁复八线全面推广浅埋暗挖法修建了约 13.5km 的地铁区间段及西单、天安门西、王府井和东单 4 座地下暗挖车站。复八线的成功建设，丰富、发展了浅埋暗挖法，创造出了一整套城市地铁工程暗挖新技术、新工艺、新方法。

浅埋暗挖法原理是利用土层在开挖过程中短时间的自稳能力，采取适当的支护措施，使围岩或土层表面形成密贴型薄壁支护结构，主要适用于黏性土层、砂层、砂卵层等地质。应用该法在我国已成功建成许多地铁工程、城市过街地下通道、地下商场等。浅埋暗挖法的实质内涵是“十八字”方针，即管超前、严注浆、短开挖、强支护、快封闭、勤量测。设计和施工的关键与辅助施工技术主要有降水、土体加固、超前支护、土方开挖与初期支护、土方地下水平运输与垂直提升、地下结构防水施工、与周边建(构)筑物隔离技术、监测技术与信息化施工等。

浅埋暗挖法施工因掘进方式不同，可分为全断面法、正台阶法、环形开挖预留核心土法、单侧壁导坑法、双侧壁导坑法、中隔壁法、交叉中隔壁法、中洞法、侧洞法、柱洞法等。“一次扣拱暗挖逆作法”新技术的应用，实现了地下工程暗挖施工法的新突破，目前已经形成了“一次扣拱法”设计与施工成套技术，并取得国家发明专利。

近年来，围绕浅埋暗挖法所形成的各种新工法均是将开挖面以大化小、多导洞并充分利用初支结构进行暗挖作业，最终形成满足轨道不同功能的大尺度地下空间。该方法在城市中心区、建构筑物复杂、施工场地狭小等地区有显著优势，其以大化小的思路很好地解决了地铁施工所面临的脆弱周边环境、复杂地质条件等问题。

（二）盾构技术

我国盾构施工技术始于20世纪50年代后期，1957年北京市政采用直径2.0m和2.6m的手掘式盾构进行城市下水道施工，系统的全面盾构试验是1963年于上海塘桥正式起步的。1996年北京地铁复八线引入插刀式盾构，盾构施工技术在北京获得实质性的工程应用。进入21世纪后，随着轨道交通工程的大规模建设，盾构施工技术在不同深度的浅埋典型地层中得到了广泛的应用和发展。以北京地铁建设为例，自2000年北京地铁5号线盾构施工地铁区间隧道开始，相继随着4号线、10号线、机场线、9号线、大兴线、6号线、8号线、亦庄线等线路的全面开工而投入使用，6号线(二期)、7号线、14号线、昌平线二期、16号线等新建线路中大量采用土压平衡盾构技术修建区间隧道，如6号线二期共计7个区间全部采用盾构法施工。北京地铁8号线三期、6号线西延和3号线、12号线、17号线和燕房线北延段等也大量采用盾构进行区间隧道的施工。

盾构施工技术是一种机械化和自动化程度较高的隧道掘进施工方法，其基本工作原理就是一个圆柱体的钢组件沿隧洞轴线边向前推进边对土壤进行挖掘。该圆柱体组件的壳体即护盾，对挖掘出的还未衬砌的隧洞段起着临时支撑的作用，承受周围土层的压力，有时还承受地下水压，可将地下水挡在外面，挖掘、排土、衬砌等作业在护盾的掩护下进行。

盾构施工主要包括稳定开挖面、挖掘及排土、衬砌(壁后灌浆)三大部分，盾构机主要由开挖系统、推进系统、排土系统、管片拼装系统，油压、电气、控制系统，姿态控制装置、导向系统、壁后注浆装置、后方台车、集中润滑装置、超前钻机及预注浆、铰接装置、通风装置、渣土改良装置及其他一些重要装置(如盾壳、稳定翼、人闸等)组成。目前地铁施工中使用的盾构机以日本和德国设备为主。随着国产化设备的发展，国产盾构机的应用比例将会逐步提高。盾构施工根据其适用的土质及工作方式的不同主要分为压缩空气式、泥浆式、土压平衡式等不同类型；具有自动化程度高、节省人力、施工速度快、一次成洞、不受气候影响、可控制地面沉降、减少对地面建筑物的影响、水下开挖不影响水面交通等特点；在隧洞较长、埋深较大的情况下，此法更为经济合理。随着刀盘优化、渣土改良方法与改良剂的不断更新，尤其是能实现远程实时监控和管理的盾构施工实时信息管理系统的出现，使得盾构技术必将在轨道施工中得到更加广泛的应用。

（三）跨座式单轨交通技术

跨座式单轨是指通过单根轨道来支撑、稳定和导向，车体骑跨在轨道梁上运行的铁路。

重庆市轨道交通 2 号线首次从日本引进采用跨座式单轨，全长 19km，2004 年开通试运营；重庆轨道交通 3 号线已于 2012 年 12 月全线贯通，标志着全球最长的一条跨座式单轨交通线路在渝诞生。跨座式单轨特点是适应性强、噪声低、转弯半径小、爬坡能力非常强，类似于“空中小火车”，速度可以达到每小时 80km 左右，特别适合地上或高架城市轨道交通线路。

跨座式单轨特点鲜明，采用专用轨道不会发生冲撞脱轨；采用空气弹簧和橡胶轮，乘坐感觉超群；以电为动力不会产生空气污染；使用橡胶轮实现低噪声、低振动；结构简单，便于建设，工期短，节省建设和维修费用。

（四）真空管井复合降水技术

1. 技术内容

在地铁建设过程中，如何处理好地下水是一大难题。地下水对隧道的整体稳定、隧道底的隆起稳定、隧道管涌、流沙以及承压水对隧道底部的突涌等都将产生一定的影响。北京地铁暗挖段施工较多，如果降水效果不好，侧壁滞留水直接影响到暗挖施工的进度和安全。明挖段由于支护结构与主体结构之间没有肥槽以及新型防水材料的应用也对降水效果提出了很严格的要求。

真空管井复合降水技术的基本原理就是在井管和填料及地层中形成一定的真空度，使含水层和井管及填料之间形成更大的压力差，一方面提高重力水流速，另一方面削弱毛细管作用力使更多毛细水被抽出，达到增加出水量和增大降深的目的。

真空管井复合降水技术的核心是真空管井复合降水系统。真空管井复合降水系统由真空泵、潜水泵、抽气和抽水管路、井口密封系统和井管组成。真空管井的井管采用无砂混凝土管或钢管；井口密封采用法兰+密封垫，下法兰与钢管焊接并与死管连接，各连接处均进行密封处理；根据地层条件和工程需要在任意井段进行分段密封处理以实现分层降水，分段密封采用死管和薪土球处理；真空泵采用水环式真空泵，单个泵连接 3~4 口井，泵量较大的真空泵连接管井数量适当增加。真空管井采用反循环成孔，气举法洗井，真空管井的布置间距一般大于 10m。采用电磁感应水位控制器和控制真空泵和潜水泵的合理运行，以达到节能、减少烧泵发生的目的。

2. 技术特点

真空管井复合降水技术不仅保留了管井重力释水的优点，而且可以根据地层条件和工程需要在任意井增加负压汲取黏性土、粉土中的饱和水和界面残留水。同时真空管井复合降水技术可以实现分层降水，防止上层受污染的滞水下渗污染深层地下水资源。因此，真空管井复合降水与管井降水相比，除能解决弱透水层、层间滞水和界面残留水的难题外，尚具有节水环保特性。该技术具有如下的特点：

(1) 研制了比较完善的真空管井复合降水系统，所采用的井口密封和井管段密封措施及施工工艺均能达到降水井内必须的真空度，在试验段取得了明显效果。

(2) 真空管井复合降水系统采用分段密封，实现了分层降水，具有节水环保特性。

(3) 编写了一套适用于类似地层下真空管井降水的技术规程。

(4) 采用电磁感应水位控制器和潜水泵自动液位开关控制真空泵和潜水泵的合理运行。

3. 适用范围及应用条件

真空管井复合降水技术适用于存在弱透水层饱和水和界面残留水等类似地层的施工降水。

(五) 施工信息化实时监测技术

地下工程施工监测项目与内容一般包括：地表沉降、周围建构筑物变形、管线沉降、基坑围护结构倾斜变形(逆作法)、隧道拱顶沉降与收敛变形、隆起变形、竖向支撑应力(逆作法)等；不同监测项目采用的仪器主要有轴力计、应力计、水准仪、全站仪、测斜仪等。监测实施过程中，不同监测点的元件安装、保护等做法也逐渐完善。

施工过程中的监测不仅有施工监测，而且引入了第三方监测。近几年，各级管理部门非常重视施工过程的监控与管理以及作业面的控制，投入了大量人力、物力，建立了系统的网络平台，这在施工安全风险管控过程中起到了很好的作用。例如，北京市轨道交通工程施工安全风险监控系统的建立与运行就有效地实施了风险管控，降低了风险源诱发安全事故的频次与概率。

此外，将建筑信息模型(BIM)技术引入地铁工程施工领域，探索建筑信息模型技术在地铁施工管理方面的实现机制与作用模式。将传统的二维静态设计图纸与文字方案转化为虚拟的计算机操控程序，通过该系统平台能有效整合项目的施工信息，实现真实尺寸的三维(3D)施工方法模拟与交互式的施工形象进度展示有机结合(即构成4D)，有助于正确显示各类复杂的施工信息，以指导施工安全。

三、线路施工管理新技术

(一) 特殊风险源工程处理技术

为确保地铁工程自身的施工安全与近接建构筑物的安全，一般采取隔离或保护等方式进行科学处置。近接建构筑物的施工首先应详细调查工程条件、地质条件、既有结构物现况与安全要求，在调查的基础上进行分析与预测，制定防护措施与实施方案；施工过程中通过监控量测反馈指导施工，以确保既有结构物的安全。

近接建构筑物的施工措施主要有隔离、悬吊保护、基础加固、临时支顶等。隔离措施主要是在新建地下空间结构与既有结构净距的空间范围内进行土注浆加固或设置隔离桩、旋喷桩等。悬吊保护主要用于逆作法基坑工程范围内或暗挖下穿的管线所采取的临时保护措施。基础加固主要用于暗挖法中暗挖下穿房屋、桥梁等建筑物基础时所采取的注浆加固、基础托换等。

近年来，杭州、天津、北京等多条在建地铁线路在下穿河湖施工时突发事故，造成巨大损失，因此隧道下穿河湖的地层加固、河底导流与防渗加固技术备受关注。目前，在施工管理及技术措施方面取得了新进展，如注浆与冷冻法的超前土层加固，可显著提高盾构、暗挖下穿河流施工的安全性；河流导流新技术桩膜围堰的应用，具有施工简单、可拆卸、材料可循环利用、工期短且对河道无污染等优势；河道防渗新技术“两布一膜”与钢筋混凝土的刚柔并济结构，防渗性能高，抗变形能力强，对河道生态影响小。

（二）地铁轨道减振降噪技术

1. 技术内容

城市轨道交通中的振动和噪声问题不容忽视。近 20 年来，这一问题日益受到广泛关注。1996 年 10 月我国通过了《环境噪声污染防治法》，其中第三十九条规定应当减轻因铁路运行造成的环境噪声污染。振动和噪声使人感到疲劳和不舒适，地铁引起的振动和噪声已经成为发展地铁交通的首要制约因素。地铁振动和噪声的防治作为环保产业的一部分，在地铁环境建设方面和经济与环境协调可持续发展方面都具有重要而独特的意义。在工程建设时如果忽视了振动和噪声问题，投入运营后再改造，困难增大，并浪费财力。

(1) 橡胶支承浮置板的分类。橡胶支承浮置板按照混凝土施工方式可分为两种类型：连续现浇浮置板；双支承块式预制浮置板。

华盛顿(美国采用浮置板的第一个城市)、巴尔的摩、纽约地铁采用连续现浇浮置板，只有在需要施工缝时才断开。多伦多、亚特兰大、圣弗朗西斯科、洛杉矶、墨尔本、新加坡、中国香港、广州地铁采用双支承块式预制浮置板。双支承块式预制浮置板最早是由多伦多地铁采用，后来几乎每个新建的需要较高振动衰减的重型轨道交通系统都采用了这种浮置板。连续现浇浮置板和车辆系统的基本共振频率为 16Hz 左右。双支承块式预制浮置板和车辆系统的基本共振频率为 12~16Hz。连续现浇浮置板是在弹性体(合成橡胶)隔振垫上铺一张金属模板，然后将混凝土浇入金属模板。双支承块式预制浮置板的一个独特优点是可以用叉车安装，用液压千斤顶定位。

橡胶支承浮置板按照橡胶支承方式可分为整体支承、线性支承、分布式支承三种。瑞士的日内瓦，西班牙的马德里，意大利的米兰、罗马，德国的慕尼黑，法国的格勒诺布尔、南特、鲁昂、斯特拉斯堡，西班牙的巴伦西亚地铁采用的是整体支承，其优点是构造简单，施工速度快，施工误差小，隧道仰拱和道床受力均匀、支承面积大，可以很好地抵抗轨道纵向力和横向力，成本较低。缺点是可维修性差。德国的波恩、多特蒙德、埃森、慕尼黑地铁采用的是线性支承，其优点是较整体支承节省材料，轨道结构的固有频率较低。德国的波恩、汉堡、慕尼黑、纽伦堡，美国的华盛顿、亚特兰大、圣弗朗西斯科、洛杉矶，加拿大的多伦多，新加坡，澳大利亚的墨尔本，我国香港、广州、深圳地铁采用了分布式支承，其特点是抵抗轨道纵向力和横向力能力差，为了限制变形，必须使剪切模量、弹性模量、垫板厚度、垫板大小十分匹配，但是如果设计合理，轨道结构的固有频率低，减振效果好，维修方便。三种支承方式要求的轨道建筑高度和隧道开挖深度不同。其技术内容包括噪声控制技术和振动控制技术。

(2) 浮置板的初步设计。初步设计可以将浮置板简化为单自由度(垂向)振动系统进行分析。为了避免模态相互作用和控制浮置板的运动，并达到显著减小地面振动和噪声的效果，板的重量至少应等于列车重量加上3倍的转向架簧下重量（这里的重量指板的长度范围），在考虑转向架重量的情况下，浮置板的基本垂向共振频率必须小于16~18Hz，这样才能减小低频噪声。一般说来，设计目标是13~15Hz，如果要减小频率在20~25Hz以下的振动，必须采用更低的频率。获得更低的共振频率需要更大的钢轨挠度或在仰拱以上更大的空间以放置更大重量的板。15Hz有载垂向共振频率和最大活载静挠度3mm的浮置板的设计参数为：混凝土板厚度为275~375mm；宽度为3.0~3.5m，弹性垫板厚度为75mm。板必须与地铁结构完全隔离，因此，侧向和径向也必须采用弹性垫板。设计中侧向固有频率一般采用板垂向共振频率的0.5~1.0倍。对于连续板，在计算共振频率和确定所需的弹性垫板特性时，必须考虑垂向和侧向支承垫板的动力刚度和所容纳的空气。

浮置板的阻尼比应不小于5%，由于车轮对轨道的激励频带较宽，对阻尼比的规定是为了抑制浮置板周频率附近的共振。

（3）耦合动力计算。城市轨道交通浮置板式轨道结构中应进行列车—轨道—路基（或桥梁）耦合动力计算，应满足GB 5599—85《铁道车辆动力学性能评定和试验鉴定规范》，以保证列车运行稳定性（安全性）和旅客乘坐的舒适性。

在轮轨系统建模时，对机车车辆系统和轨道结构子系统的种种简化，或多或少会导致弱型功能的损失或分析精度的降低。因此，理想的模型应充分考虑各种影响因素，尽可能完整地反映轮轨系统本质，从而使模型具有精度高、功能强的特点，同时又不能使模型过分复杂以便于计算模型的实施。车辆—轨道—浮置板耦合系统的动力学有限元计算模型应遵循以下基本假设和原则：

① 采用连续分布参数轨道模型，适合于复杂问题的定量分析。

② 钢轨采用连续弹性离散点支承梁模型而不用连续弹性基础梁模型，从而更好地符合城市轨道交通实际，并能用于处理轨道支承弹性沿纵向非均匀变化等特殊类型的动力学问题。

③ 将钢轨视如Bernoulli-Euler梁，既不使计算过程过于繁杂，又能适应工程应用需要。

④ 扣件、轨下弹性垫板和枕下道床的支承弹性及阻尼分别用等效的弹性刚度系数和阻尼系数表示。

⑤ 车辆采用整车模型。城市轨道交通车辆由车体、转向架构架、轮对以及联系弹簧所组成。联系转向架和车轮之间的弹簧称为一系弹簧，联系车体和转向架之间的弹簧称为二系弹簧。在轨道结构振动分析中，车辆视为具有一、二系悬挂的由车体、转向架构架及轮对组成的空间刚体系统，不考虑车体、转向架构架及轮对的弹性变形，并假设车体前后左右对称，转向架构架左右对称，悬挂系统中阻尼可为线性或非线性。因此，在竖向振动分析中，车辆具有8个自由度，即车体沉浮运动（沿铅垂轴上下移动）和点头运动（绕形心在竖平面内的转动）、前后转向架构架的沉浮和点头运动、4个轮对的沉浮运动。

⑥ 轮轨之间的作用力由赫兹非线性弹性接触理论确定。

⑦ 轨道不平顺模型：1972年美国开始使用有自动记录和力计算机数据处理的轨道检测车，CorbifiJc根据实测资料，提出了比较详细的轨面不平顺公式及有关常数，线路共分为6级。在计算中可以采用5级线路轨道谱的不平顺样本。

（4）橡胶材料的选择。美国所有的双支承块式预制浮置板的橡胶支座均采用天然橡胶，配方源于加拿大多伦多地铁开发的用于 Spadina 曲线的双支承块式预制浮置板支承垫板。这种配方表现出低蠕变率，因而具有高可靠性和尺寸稳定性。合成橡胶的蠕变率比天然橡胶高。华盛顿地铁早期的浮置板垫板采用合成橡胶，不仅蠕变率较高，而且吸收水分，降低了弹性，需要更换。多伦多、亚特兰大地铁采用的天然橡胶垫板，没有发生垫板失效。天然橡胶垫板的可靠性高，蠕变率低，耐腐蚀性好，能减小其振动。天然橡胶的应用真正使浮置板做到了免维护，但不论采用何种橡胶材料，为了确保长寿命和合适的刚度范围，都必须制订详细的弹性垫板规格。

（5）减振。目前各国城市轨道交通普遍采用的坡支承块式预制浮置板固有的有载频率为 12~16Hz。而连续现浇浮置板固有的有载频率为 16Hz。

1995 年旧金山地铁和亚特兰大地铁采用了有载固有频率为 8Hz 的双支承块式预制浮置板。主要是为了隔离 12~20Hz 的振动，这个频率范围的振动也是人易感觉到的。圣弗朗西斯科地铁的独特设计在于采用了高密度混凝土，其浮置板总厚度只有 353. 6mm。亚特兰大地铁的 8Hz 轨枕板式预制浮置板的总厚度为 609. 6mm，质量为 6. 8t，包括四套天然橡胶隔振垫。

华盛顿地铁、亚特兰大地铁、多伦多地铁浮置板隔振性能的实测数据表明，浮置板隔振系统在设计共振频率以上的隔振效果是明显的，浮置板在 1/3 倍频程和 125~250Hz 中心频率范围内减振效果最好，比普通整体道床减小 24~28dB，其中亚特兰大地铁在 16Hz 以上的减振效果最好，是因为其设计共振频率最低。我国广州地铁浮置板比普通整体道床减振 21dB。

（6）施工和维修。双支承块式预制浮置板的一个独特优点是可以用叉车安装，用气压千斤顶定位。多伦多地铁的标准质量的浮置板和亚特兰大地铁的浮置板质量为 6. 8t、有载固有频率为 8Hz 的浮置板都采用这种方法安装定位。连续现浇浮置板是在橡胶隔振垫上铺一张金属模板，然后将混凝土浇入金属模板。

影响浮置板造价和施工复杂性的一个非常重要因素是对地铁混凝土仰拱表面不需要特殊的精度。标准的公差和修整下的混凝土表面足够支承弹性垫板。对于连续浮置板，当混凝土浇筑时，薄金属模板弯曲，因此即使混凝土仰拱不平，每个垫板也能均匀承载。对于预制块式非连续设计，采用橡胶调整垫板，厚度 3~6mm 左右，用于浮置板下以调节支承为一个平面，使得每个垫板的荷载基本相等。

在连续现浇浮置板的施工阶段，支承垫板粘贴在混凝土仰拱上意在安放金属模板和浇注混凝土时保持其位置。在双支承块式预制浮置板设计中，每块浮置板下表面设有凹坑，以对支承垫板进行机械固定。橡胶垫板粘贴在浮置板下使得安装浮置板时保持其位置。调整垫板不粘贴，否则无法取出调整。动载试验表明在对于连续现浇和一般支承块式预制浮置板、混凝土板荷载施加后，不需要固定橡胶垫板或调整垫板以保持其位置。

早期的橡胶支承浮置板维修较为困难，目前采取在浮置板上设置检修井、对现有板下橡胶垫板固定方式进行改进，可使施工和维修简化，在维修过程中完全可能采用简单机具更换橡胶垫板。

2. 主要技术性能

该项目提出了地铁综合轨道减振降噪措施，在国内首次从理论分析、仿真计算、足尺模型试验、实际运营试验等方面综合完善地研究和设计了适合于地铁的弹簧支承浮置板、弹性支承块、一次成型橡胶支承浮置板三种轨道结构。对国际上多种减振轨道结构进行了理论分析和方案比选；建立了车辆—钢轨—减振轨道耦合动力学系统有限元模型，进行了耦合动力学计算。完成了弹簧隔振器的选型，包括材料选择、结构形式、弹簧刚度、疲劳寿命检算和试验等；完成了橡胶套靴、橡胶垫板和橡胶支座的研制，包括材料选择、结构形式、尺寸、物理力学参数和耐老化性能；并提出了减振轨道的全套技术条件和设计图纸。仿真计算、足尺模型试验、运营试验均表明三种轨道结构具有良好的减振性能，并能够保证列车走行安全性和乘坐舒适度，设计中解决了轨道稳定性、纵向力、养护维修等方面难题。

3. 技术特点

该技术在轨道减振降噪的研究和设计方面取得了创新性成果，三种轨道结构的动力学仿真计算、足尺模型试验在国际上均为空白。《环境影响报告》指出，如果不采用减振措施，深圳地铁一期工程弹簧支承浮置板、橡胶支承浮置板、弹性支承块对应地段的减振效果不小于16dB，12dB，7dB，根据实际运营测试结果，弹簧支承浮置板、橡胶支承浮置板、弹性支承块的减振效果分别为29.9dB，17.6dB，8dB，达到减振要求。

4. 适用范围及应用条件

该技术适用于地铁轨道道床和轨道结构，其专业条件为：高架桥上声屏障设置地段和轨道减振不同要求地段，线路噪声的预测、评估，振动的预测、评估，振动噪声总体效果的预测、评估、设计。

第二节　车站施工管理新技术

城市轨道交通车站是旅客乘降的场所，是乘客出行的出发点、换乘与终止点。车站是城市轨道交通系统最重要的现代建筑类型，在轨道交通线网构架中，车站起了锚固作用。车站是轨道交通线路的电气设备、信号设备、控制设备等集中的场所，也是运营、管理人员工作的场所，除此之外，车站还可以具有一系列功能：购物、聚会及作为城市景观。车站也是空间建筑物与工程结构的结合之处，反映着城市轨道交通系统的特色。

地铁车站的总体设计，应妥善处理与城市规划、城市交通、地面建筑、地下管线、地下建筑物之间的关系。车站设计要保证乘客使用安全、方便，并具有良好的内部和外部环境条件。车站的规模、站台的形式、站厅平面及层间通道均按“功能、安全、环境”三要素优化设计，并应满足灾害时6min内疏散列车乘客和候车、工作人员的要求。

一、地下车站盖挖法

位于市中心主要道路的地下车站在施工期间如何维持地面交通，减少施工对社会生活的影响是轨道交通建设中一个十分突出的问题。

（一）盖挖法施工概述

盖挖法是由地面向下开挖至一定深度后，将顶部封闭，其余的下部工程在封闭的顶盖下进行施工。主体结构可以顺作，也可以逆作。

最早运用盖挖法的工程是20世纪60年代西班牙马德里的隧道，后来在很多国家隧道建设中得到应用，其在国外已经是成熟的技术，但我国的发展应用比较晚。盖挖法的优点：

（1）结构的水平位移小，安全系数高；

（2）对地面影响小，可以最低程度影响交通，对居民生活影响小；

（3）施工受外界气候影响小。

盖挖法的缺点：

（1）由于竖向出口少，需水平运输，后期开挖出土不方便；

（2）作业空间小，施工速度较明挖法慢，工期长；

（3）和基坑开挖、支挡开挖相比费用较高。

（二）盖挖法施工类型

盖挖法有逆作和顺作两种施工方法。

盖挖顺作法是在现有的道路上，按所需的宽度，由地表面完成挡土墙结构后，以定型的预制标准覆盖结构置于挡土结构上维持正常的交通流，往下反复进行开挖和架设横撑，直至设计标高。依序由下而上建筑主体结构和防水措施，回填土并恢复管线路。最后依据需要拆除挡土结构的外露部分及恢复交通。盖挖顺作法中的挡土结构是非常重要的，要求具有较高的强度、刚度和较高的止水性。

盖挖逆作法多用在深层开挖、软弱地层开挖、靠近建筑物施工等情况下。该法在地下建筑结构施工时以结构本身既做挡土墙又作内支撑，不架设临时支撑。施工顺序和顺作法相反，从上往下依次开挖和构筑结构本体。所谓全逆作法就是从地面开始，地上和地下同时进行立体交叉施工的方法；半逆作法是将地下结构自地面往下逐层施工，地面以上结构在地下结构完成后再进行施工。盖挖逆作法的优点：

（1）结构本身用来作为支撑，具有相当高的刚度，使挡墙的应力、变形减小，提高了工程的安全性，能有效控制周围土体的变形和地表的沉降，减小了对周边环境的影响。

（2）适用于任何不规则形状的平面或大平面的地下工程。

（3）可以早期展开地上结构的施工，同时进行地上和地下结构的施工，缩短了工程的施工总工期。

（4）不必另外架设开挖工作平台，大大削减支撑和工作平台等大型临时设施，减少费用。

（5）由于开挖和施工的交错进行，逆作结构的自身荷载由立柱直接承担并传递给地基，减少了大开挖时卸载对持力层的影响，减小了基坑内地基回弹量。

（三）盖挖逆作法的施工步骤

盖挖逆作法的施工步骤为：一柱、二盖、三板、四墙、五底。①柱：先施作边柱（桩）护壁（摩擦桩或条形基础桩），同时施作结构钢管柱（或混凝土柱）。②盖：将盖板置于边桩和中柱之上。为了使边桩连成一体，边桩上设冠梁。这里盖板的概念，实际上是由周边梁结构和柱上纵横梁结构及盖板结构均置于地膜之上（此时结构已倒挂于桩柱上）而组成的梁板结构。③板：开挖负一层土方后，施作中隔板地膜，在地膜上绑扎中隔板钢筋（梁板结构)，浇注中隔板混凝土。④墙：用不带动力的移动式边墙支架(专门设计)逐层浇筑边墙混凝土。⑤底：在完成负一层土方、中板、边墙后施作车站的负二层土方、底板及边墙。逆作法能做到地上和地下同时施工，合理、安全、有效缩短工期，提高经济效益。

(四) 盖挖逆作法的关键技术

盖挖逆作法没有太复杂的技术，它是由若干简单的、原始的技术巧妙而有机的组合，从而形成一套完整的甚至于完美的施工工法。确保整个车站防水系统和结构钢筋的完整和连续是第一个关键技术，通过地膜预留沟槽和回填沟槽来实现，钢管柱的加工、运输、吊装、就位要求精度极高，不论是旋挖桩钢管基础还是条形基础都有一套完整的工艺流程，为确保底层深基坑开挖安全必须采取横向支撑或桩锚加固技术。

二、全暗挖同步建造技术

(一) 暗挖法施工概述

暗挖法是相对于明挖或盖挖法的另一车站施工技术，暗挖法是指不挖开地面，采用在地下挖洞的方式施工。城市轨道交通车站由于工程规模大、结构体系复杂，一般均适宜采用明挖或盖挖法施工；但由于部分车站特殊的环境条件使得其工法的选择存在诸多制约因素，而不得不采用暗挖法技术。这些制约因素包括道路交通繁忙、地下管线繁杂、环境保护要求高、工程地质及水文地质具备暗挖实施条件等。全暗挖同步建造技术的一个典型案例为北京地铁黄庄站。

(二) 全暗挖关键技术的应用

地面沉降及群洞效应控制、暗挖隧道相交、暗挖进洞、环境保护及安全风险等难点是全暗挖技术必须解决的关键问题。通过大量的研究和技术论证，提出并实施了一次扣拱暗挖逆作法、双层直墙+单层曲墙暗挖交叉节点模式、双层格栅+贴壁环梁和贴壁空间框架初支暗挖进洞方式等一系列新技术和新措施，并将地下管线的安全保护列为一级风险源项目，有针对性地进行了环境安全专项设计和风险控制。

1. 一次扣拱暗挖逆作法

一次扣拱暗挖逆作法的技术核心为选取三连拱框架侧跨的顶拱和底板结构，分别拟合并形成上、下导洞，底板及底纵梁先于其他构件在下导洞内一次性、完整地形成，而后在上、下导洞间施作边桩和中间立柱，形成竖向支撑构件，上导洞初支即为顶拱初支，顶拱及顶纵梁二次衬砌可在上导洞内一次性、完整地完成。

新工法与传统工法相比，其优势在于能控制显著地面沉降及群洞效应；结构受力转换次数少，施工安全性高；二衬结构分块少、施工缝少，大空间、作业环境好，整个工程质量高；施工速度快。尤其是新工法的核心技术，即拱顶和基础底板能一次性、完整地形成，对提高结构稳定性、加快施工速度、提高施工安全性，可起到至关重要的作用。

2. 暗挖交叉节点设计

暗挖交叉节点的最佳组合模式为对直墙与曲墙、单层与双层等多种形式、不同组合的节点结构体系进行受力状况、地面沉降和群洞效应、施工难度和风险等方面的研究，其理论分析及工程实践均证明，暗挖隧道曲墙相交，尤其是曲墙平层相交，其结构体系为极其复杂的空间板壳受力体系，且施工难度大、风险高。研究提出双层直墙+单层曲墙或高直墙+低曲墙组合模式，此模式的节点为简单的平面结构，受力明确，控制地面沉降及群洞效应效果最佳，同时施工难度和风险大大降低。借助车站主体隧道采用一次扣拱暗挖逆作法施工形成的直边墙结构，主体与附属通道的交叉节点均为双层直墙+单层曲墙模式。

3. 暗挖隧道进洞技术

暗挖隧道进洞是暗挖工法不可缺少的一个环节，北京地铁 4 号线黄庄站由于规模大、结构体系复杂，出现了多种形式的进洞，有暗挖风道进洞、倒挂井壁竖井进洞、明挖基坑进洞、暗挖交叉节点进洞、双层车站端墙进洞等。因此，进洞方式的合理选择，不仅能有效减小施工难度和施工风险，而且对提高施工工效及加快施工进度意义重大。

一般情况下，暗挖均采用二次衬砌马头门进洞，即在二衬结构上预留马头门孔洞，待二衬混凝土达到设计强度后，在马头门结构的支护下破除初支或围护桩，进洞开挖隧道。二衬马头门结构由于具有足够的强度和刚度，可承担初支整体性破除后的受力转换，使得这种进洞方式安全、可靠。

4. 环境保护及安全风险控制

车站繁杂的建设环境、不利的工程地质及水文地质条件、复杂的结构体系以及高难度的全暗挖工法，使得环境保护及安全风险控制除了施工方法和结构体系的选择需要安全、可靠外，有针对性地进行环境安全专项设计和风险控制也同样必不可少。

某工程采用人工挖孔，利用钢管和钢筋将监测点直接布设于管道上方，动态实时监测管线的变形，真实地反映管线的安全状态；有针对性地制定管线加固措施，如洞内管线定位注浆、沉降偏大的管线跟踪定位注浆进行适当抬升等。实测管线沉降槽与对应的地面沉降槽曲线形式基本吻合，管线沉降平均值为地层沉降平均值的 29%左右。实测管线沉降值全部小于 30mm，最大的差异沉降为直径 800m 的上水管，为 1. 234mm/m，满足不大于允许变形值(差异沉降)3mm/m 的要求，说明地下管线的整体状态是安全的，提出的地下管线变形控制技术和方法取得了预期的效果，使得施工期间道路下的各类市政管线基本没有受到影响。

三、节点修建新技术

(一) 技术内容

节点修建新技术的应用案例为成都地铁 3 号线体育西路站的修建，其主要技术内容如下：

(1) 通过对 3 号线体育西路站的功能要求和相邻区间的设计条件进行综合分析，同时考虑地铁 1 号线的安全、工程投资、施工要求，确定 1、3 号线车站之间的最小间距和节点部分 3 号线结构形式及施工工法。

(2) 对 1、3 号线结构建立三维有限元计算分析模型，分别采用地层结构模式、荷载结构模式，模拟计算施工工序中每一施工步骤对 1 号线车站各构件的结构受力和变形变化情况、暗挖隧道初期支护及二次衬砌的内力变化及安全系数、洞周位移变化、围岩内的位移场变化、地面沉降的变化等，初步提出相应的设计参数和工程措施。

（3）现场对1号线车站进行全方位的监测，同时对3号线明挖基坑和节点暗挖隧道洞身进行围岩压力、洞周收敛、拱顶下沉等进行监测，通过对监测数据进行分析和反馈，检验和修正上述计算出的初步设计参数和工程措施，在实施过程中逐步获得最合理的设计参数和技术措施。

（二）主要技术性能

1. 1号线车站下3号线的结构形式及施工方案

根据1号线车站的结构形式、受力特点和1号线车站底板下的地质情况，对节点段3号线车站结构形式拟订了三个方案：

（1）三连拱暗挖隧道结构方案，保留1、3号线之间的加土体。

（2）三跨矩形暗挖结构方案，保留1、3号线之间的加土体。

（3）三跨矩形盖挖结构方案，取消1、3号线之间的加土体。

对三个方案结构模拟计算分析，第1方案对1号线车站的影响最小，因此，对1号线车站下3号线结构采用三连拱暗挖隧道结构方案，保留1、3号线之间的加土体。

2. 1号线车站两侧3号线明挖基坑施工方法

根据研究，得出1号线车站两侧3号线明挖基坑施工工序如下：

（1）1号线顶板上覆土部分卸载、对1号线结构进行加固。

（2）邻1号线结构两侧3号线结构施工：1号线结构两侧3号线基坑对称开挖，并预留反压土体，同时对反压土体做边坡防护；基坑开挖到基底，施工底板下接地网和垫层；顺便对1号线结构和两侧3号线结构进行施工。

（3）紧贴1号线结构反压土体开挖：在已完成的3号线顶板、地下1层中板与1号线结构之间分别架设支撑(1号线两侧对称架设)；顺序开挖反压土体。

（4）在开挖到1号线底板后分期掏槽施作明暗挖连接处壁框的中柱、侧墙位置的土体，同时对1号线底板下土体进行超前长管棚施作。

（5）施工3号线明暗连接壁框。

（6）顺筑施工紧贴1号线两侧的3号线结构(破除1号线围护桩)到3号线车站顶板，同时施工1、3号线站厅连接壁框，完成1、3号线结构的连接。

（7）施工3号线暗挖结构。

（8）凿除1、3号线车站站厅连通部分剩余的1号线侧墙。

3. 节点暗挖施工方法

由于隧道为三连拱结构，总的原则是隧道施工采用先施工中导坑(中墙)，然后施工两个边导坑(边墙)，最后开挖隧道核心部分。隧道共分7个导坑进行开挖及支护施工，每个导坑采用短台阶法开挖，每个开挖步距控制在0.6~0.8m范围内；开挖后应及时支护、封闭成环，使其与围岩共同形成联合支护体系，有效抑制围岩过大变形。同时，为了最大限度地减小隧道施工对1号线结构的影响，隧道的两个中导坑和边导坑应错开施工；开挖隧道核心部分时，二衬应及时跟进、封闭成环，由于设有中间临时支撑，每次拆除临时支撑和施作二衬的长度应控制在2.0m以内。

4. 节点暗挖初期支护参数

节点暗挖隧道采取了相应的临时支护措施，包括超前大管棚进行预支护，超前(注浆)

小导管预支护，临时仰拱或临时支护。

5. 节点暗挖段监测控制基准

(1) 为掌握地层、洞室、1 号线车站在施工过程中的力学状态，确保洞室的稳定和 1 号线车站的安全，必须进行现场监控量测。通过对监测数据进行分析和判断，对围岩—支护体系和 1 号线车站的安全度进行预测，并以此采取相应的工程措施，合理安排施工工序，以保证施工安全和隧道稳定。

(2) 洞内各测点应尽量靠近开挖面布置，且与开挖面距离不大于 1m，应在开挖后不大于 6h 或下一次开挖前读取初始值。

(3) 监测控制值除根据结构计算要求外，还需满足有关规范的规定。

(4) 监测警戒值按控制值的 70%~80%来控制。

6. 节点暗挖隧道预加固技术

节点暗挖隧道穿越 1 号线车站的关键是控制沉降，施工辅助措施采取大管棚超前支护，围岩注浆加固止水等综合措施。大管棚采用 ϕ121mm、壁厚 8mm 的无缝钢管，长 23.7m，分节安装。分节为 5.2m+4.0m×2+5.0m+5.5m，两节之间用丝扣连接，丝扣螺纹段长度为 150mm。相邻两根钢管的接头错接，其错接长度不小于 1.0m。为提高钢管的刚度和强度，钢管内增设由 4 根 ϕ20mm 螺纹钢筋和固定短环组成的钢筋笼，固定环采用 ϕ50mm、壁厚 6mm、长 60mm 的短钢环，短管间距 1.0m。注浆钢管上钻孔注浆，孔径 ϕ10mm，孔距 200mm，呈梅花形布置，钢管尾部(孔口段)2m 不钻孔作止浆段；注浆浆液采用 425 号普通硅酸盐水泥浆液，水泥浆水灰比 1：1；注浆压力为 0.4~0.8MPa，管棚孔口位置为隧道拱部开挖轮廓线外 200mm 布置，钢管环向间距 300mm，外插角度 0.50，管棚利用明挖基坑作为工作室。

7. 1 号线车站的受力转化问题

由于 1 号线车站设计时未预留与 3 号线的连接条件，当 3 号线下穿时，1 号线车站的结构受力将发生变化。通过节点暗挖施工工序的分析和计算机数值模拟计算，1 号线车站结构除底纵梁原有设计不满足受力要求外，其余构件均满足，须对 1 号线底纵梁进行加固。加固材料采用对 1 号线运营影响较小的高分子材料(芳纶纤维布)。

8. 1 号线列车震动影响问题

列车进出 1 号线车站产生的动荷载对隧道周边围岩内应力场和位移场不可避免地产生一定的影响，列车在轨底面产生的震动经过道床后传递到 1 号线车站底板上，再通过地层传递给暗挖结构。

列车振动荷载在施工阶段主要影响暗挖隧道的混凝土浇注质量，由于震动的影响，混凝土浇注不密实，可能在结构与地层之间形成空隙，造成安全隐患，经与运营部门协调，在施工期间控制列车进出站的速度在 20km/h，在使用期间，1 号线车站结构除底纵梁外，其他构件满足结构受力的要求；但对暗挖隧道的初支和二衬有一定的影响，最大主拉应力为 3.54MPa，超过了 C25 混凝土的抗拉极限强度 2.0MPa，因此，根据计算结果对暗挖隧道的初支和二衬增大配筋率。

（三）技术特点

1. 1、3号线结构间距800mm

由于1号线体育西路站为已建成运营的车站，1、3号线结构之间的间距就决定了3号线车站的埋深，进而影响3号线的工程投资。如何确定1、3号线结构之间的距离是本工程的关键，也是本工程的创新点所在。通过对节点段进行综合研究，从结构设计方案、结构施工方案、结构空间计算分析、辅助施工措施等多方面进行分析，确定了1、3号线结构之间的间距采用800mm，这一间距突破了国内外类似工程的最小间距，节省投资约1500万元。同时，在施工过程中，通过建立完备的监测体系，根据监测结果，及时调整施工参数，指导施工，保证了施工安全和1号线的正常运营。

2. 节点暗挖隧道施工技术

根据3号线的使用功能要求，3号线将与支线、机场线换乘，暗挖宽度将达到32.3m。通过对节点段进行综合研究，暗挖隧道采用三连拱结构、喷锚构筑法施工，施工工序采用先施工中导坑(中墙)，然后施工两个边导坑(边墙)，最后开挖施工隧道核心部分。隧道共分7个导坑进行开挖及支护施工，每个导坑采用短台阶法开挖，每个开挖步距控制在0.6~0.8m范围内；开挖后应及时支护、封闭成环，使其与围岩共同形成联合支护体系，有效抑制围岩过大变形。同时，为了最大限度地减小隧道施工对1号线结构的影响，隧道的两个中导坑和边导坑应错开施工；开挖隧道核心部分时，二衬应及时跟进、封闭成环，由于设有中间临时支撑，每次拆除临时支撑和施作二衬的长度应控制在2.0m以内。

3. 1号线底纵梁加固技术

由于1号线车站设计时未预留与3号线的连接条件，当3号线下穿时，1号线车站的结构受力将发生变化。通过节点暗挖施工工序的分析和计算机数值模拟计算，1号线车站结构除底纵梁原有设计不满足受力要求外，其余构件均满足，须对1号线底纵梁进行加固。为最大限度减少加固对1号线运营的影响和地铁车站防迷流的要求，加固材料采用芳纶纤维布，该材料也是第一次应用到地铁领域。

（四）使用范围及应用条件

目前我国在建和规划修建地铁的城市有30多个，由于我国各大城市过去都没有重视规划，或者规划中没有考虑地铁的修建空间，因此目前地铁线路规划布置非常困难。在一个城市中，地铁网络往往由多条线路组成，随着线路的增多，线路交叉在所难免，因此，节点隧道在地铁中还将大量遇到。所以，通过开展节点暗挖修建技术研究，不但对地铁节点隧道的设计和施工提供足够的技术支持，而且成果也将推广应用到与其他领域的线路相交隧道，应用前景广阔。同时，也为未来制订规范提供理论和实践依据，这样可以为国家节约大量投资，其社会效益和经济效益是巨大的。

四、广州地铁换乘车站综合设计技术

（一）技术内容

为促进城市区域融合与协调、推动城市空间优化与提升、提高交通出行效率、缓解城区交通压力、改善交通环境、应对城市机动化，各大城市都在规划构建多层次轨道交通线网系统。随着广州轨道交通线网的形成，换乘车站将日益增多，如何优化换乘车站设计，在保证合理快捷换乘功能的同时尽量压缩车站规模是目前换乘车站设计的技术重点。

广州地铁2号线调整工程万胜围换乘车站在设计技术上不断探索，不断提高和创新，新技术不仅解决了建设过程中的难题，更重要的是节省了建设成本，加快了建设速度，提高了质量，而且将为以后的地铁运营节省了成本。万胜围站的设计本着"安全、实用、经济、高效"的原则，遵循以人为本、技术创新的设计理念，在总结广州地铁1、2号线设计及施工经验，分析运营情况的基础上，经多方研究和论证，在设计中采用了一系列的新技术，成为国内地铁车站工程建设的样板。

主要技术内容包括：

（1）地下两层十字侧岛换乘方式研究。

（2）换乘车站设备管理用房合并布置技术。

（3）针对万胜围站存在深厚软弱土层的地质特点，开展围护结构设计技术和施工技术的研究，探索安全性、经济性和合理性相结合的围护结构模式。

（4）车站过街功能解决办法研究。

（5）玻璃加马赛克（柱）墙面在地铁公共区应用技术。

（二）主要技术性能

1. 采用地下两层十字侧岛换乘车站

万胜围站是国内乃至全球首次采用地下两层十字侧岛换乘车站，换乘直接方便。在负一层的2号线采用前三个站侧式浅埋，设计及施工也可借鉴前三个站，4号线路往北要过珠江，区间将采用盾构的施工方法，这就要求线路有足够的埋深和线间距，那么万胜围站4号线车站宜采用在2号线之下的岛式站台。2号线站台与站厅同在负一层，乘客过闸后就可直接乘坐2号线，2号线下车乘客可利用付费区扶梯直接下负二层，与4号线进行换乘，两线换乘都可在节点解决，换乘距离小于10m，换乘直接方便；车站埋深最浅，达到控制车站规模、降低造价的目的。

2. 设备管理用房资源共享

地铁2、4号线设备管理用房资源共享，不仅节省用房面积，缩小车站规模，更有利于车站管理运营，2号线东延并增加万胜围站，是为了实现2号线与4号线的换乘，设计和施工必定是同步进行。2号线与4号线都由广州地铁总公司经营管理，因此万胜围站可当作"一个"车站来设计与管理：站厅两线共用，乘客进闸后再选择乘坐的线路；设备、管理用房布置上打破以往分线设置的方式，采用合并设置的方式。车站管理设备用房合并的原则为：

（1）车站管理用房。车站管理以一个站管理考虑，其面积参考2号线技术要求，除车站控制室适当加大外，其他管理用房按一个站的面积考虑。

（2）环控用房。隧道通风部分分两条线设置，用房分开；车站通风空调按一个站综合考虑，只设一套大系统，设备用房合并。

（3）配电。合并用房，合用一套系统，不同线路分柜供电。

（4）通信用房。合并用房，分线路监控，用房面积是一条线的1.5倍左右。

2号线、4号线车站实现资源共享，不仅能节省用房面积，缩小车站规模，更有利于车站的管理和运营。但由于共用房间，两线的管线都会从一个房间引出，增加管线综合的难度，设备管理区的走道和层高在设计时要留有余地。

3. 站内非付费区过轨通道设计巧妙

站内非付费区过轨通道设计巧妙，既解决了2号线侧式站台的过轨问题，同时也解决了十字路口的过街功能，一举两得。

侧岛换乘车站虽然换乘方便，但由于车站站厅被2号线轨道隔开为南北站厅，2号线的乘客也存在选择正确站台的问题。因此在站厅非付费区设计有下穿2号线轨道的通道连接南北站厅。2号线乘客进站后，可通过过轨通道调整站台；来自4号线换乘的乘客在4号线站台就可选择相应的扶梯，到达要换乘的2号线站台。由于本站设置在十字路口下，非付费区的过轨通道同时也解决了十字路口的过街功能，一举两得。

4. 车站公共区(柱)墙面装修采用玻璃加马赛克

车站公共区(柱)墙面装修大胆采用玻璃加马赛克，经济实用，简洁通透。车站装修材料的选择具有超前性。在工业化、模式化、装配化原则下努力创新，公共区装修大胆采用玻璃加马赛克(柱)墙面。

玻璃模数为1580mm宽，充分考虑了广告灯箱和其他设备箱的安装方便。玻璃加马赛克(柱)墙面经济实用，简洁通透，效果甚佳，为日后地铁车站的装修提供了很好的参考价值。另外，通过对设备管线的整合，在车站公共区用天花板分区设计。两侧A区为主要管线，采用多孔铝天花板，高度为3000mm；中间B区利用管线不多的优势尽量抬高，改善车站的空间效果，中间B区天花板采用彩色吊片动感的波浪构图，寓意广州地铁的建设高潮一浪接一浪。

(三) 技术特点

(1) 广州地铁2、4号线换乘车站万胜围站是全球设计上首次采用地下两层十字侧岛换乘车站，换乘直接方便；车站埋深最浅，达到控制车站规模、降低造价的目的。

(2) 车站设备管理用房布置上打破以往换乘车站分线设置的方式，而是采用合并设置的方式，车站两线实现资源共享，不仅能节省用房的面积，缩小车站规模，更有利于车站的管理和运营。

(3) 车站基坑支护方案一采用加筋深层搅拌桩与土钉、预应力锚杆相结合的形式。支护方案二采用搅拌桩将软弱土层加固后再进行放坡，基坑深度达17m。这两种围护结构形式在广州地铁的深基坑工程中是第一次采用，为节约、高效地进行地铁建设提供了成功经验和可行办法。

(4) 车站结构采用弹性地基上的等代框架法进行内力分析计算。

(5) 站内非付费区过轨通道设计巧妙，既解决了2号线侧式站台的过轨问题，同时也具备了十字路口的过街功能，一举两得。

(6) 车站公共区装修具有超前性，大胆采用玻璃加马赛克(柱)墙面，经济实用，装修效果简洁通透。

(7) 负责环控设备配电与控制的环控电控柜采用了先进的智能配电与控制系统，采用工控机与总线轻松地实现远端设备的检测与控制，同时节省了控制电缆的使用，避免了电缆敷设的困难。

第四章 机电设备系统新技术

传统的城市轨道交通系统设备包括：电动扶梯、AFC(自动售检票)系统、屏蔽门、自动门、车辆空调、中央空调、通风设备、给排水设备、消防喷淋系统、地铁车辆牵引、道岔转辙设备、电源控制系统等。

从运营功能来看，城市轨道交通系统设备分属于3大系统：①列车运行系统：线路、车辆、牵引供电、信号、通信等；②客运服务系统：车站照明、自动扶梯、自动售检票及广播导向及乘客信息系统、消防、车站设施等；③检修保障系统：为保障行车、客运设备性能良好，使其能随时重新投入运营而具备的检修设施及其他设备。

这一章主要介绍城市轨道交通系统设备新技术，包括：

(1) 列车运行系统设备新技术：国产化城市轨道交通列车自动防护系统。

(2) 客运服务系统设备新技术：城市轨道交通AFC票务清分系统、城市轨道交通乘客信息技术、城市轨道交通无触点IC单程车票技术。

(3) 检修保障系统设备新技术：环境监控BAS系统、细水雾灭火系统、地铁七氟丙烷气体全自动灭火系统、地铁隧道光纤感温火灾预警检测系统、四种防水设备。

第一节 列车运行系统设备新技术

一、技术内容

国产化城市轨道交通列车自动超速防护(Automatic Train Protection，ATP)系统采用目标距离速度控制方式构成的列控系统，是保证地铁列车运行安全，提高行车效率的重要设备。

地面轨道电路可以向列车传递用于列车连续曲线速度控制的信息，包括目标速度、目标距离、轨道电路标号及频率等。当司机驾驶列车接近安全速度时，ATP系统给出报警信息，当司机驾驶列车超过安全行驶速度时，ATP对列车实施制动。该系统由三大子系统构成：ATP区域控制中心子系统、数字化无绝缘轨道电路子系统和ATP车载子系统。

(一) ATP区域控制中心子系统

ATP区域控制中心子系统(FZL · Q)的主要功能是完成联锁和ATP编码。

区控系统是基于成熟的DS6-11升级型计算机联锁系统开发的，采用高可靠性的工业控制计算机、嵌入式CPU控制系统，运用网络通信技术构成多分布式控制系统。

区控系统采用动态冗余的双机热备结构，具有故障自动切换和人工切换功能。主机软件采用模块化和结构化设计，程序设计标准化。安全输出采用动态驱动方式，表示信息输入采用动态编码方式，满足故障导向安全要求。

输入、输出系统采取增加输出地址锁存及回读校验、输出数据锁存及回读校验、驱动数据回读校验、输入断线检查、输入错码检查、网络多重校核处理等措施进一步提高安全性和可靠性。通过实现输入、输出板带电插拔，故障定位等，使输入、输出系统的维护更加方便。

区控主机与输入、输出系统之间采用双网加多重校核方式，使系统安全性得到进一步保证。

区控系统双机自动切换时能够确保不影响现场状态，可以通过硬件及软件双重开关，实现单机现场脱机检测。

各级系统的多重校核和实时监测为电务系统提出的“状态修”提供了基础手段。

控显子系统采用双机热备结构，通过控显转换箱进行自动切换，满足系统高可用性要求。

人机界面具有多种可选的操作方法和表示方式，操作方法为鼠标操作。

区控系统具有完善的自检测和故障诊断功能，并可提供远程监视，为设备维护提供有力的技术支持，具有与其他系统联网交换信息的能力，采用全网络结构，有利于系统升级换代。

（二）数字化无绝缘轨道电路子系统

数字化无绝缘轨道电路子系统的主要功能是完成列车占用检查以及ATP信息的地车传递。

数字轨道电路的工作原理是：通信板接收区域控制中心发出的列控命令，将数据解包后，分送给各个轨道电路发送、接收设备，发送板根据通信板送来的列控命令形成数字轨道电路信息，调制后送功放，经传输设备、钢轨回送至接收板，接收板对信号解调并判断轨道电路区段是否有列车占用，将此信息报告给通信板，通信板把轨道电路状态报告给区域控制中心。同时为了使区域控制中心及时了解数字轨道电路设备的工作情况，各单元设备将自身的工作状态报告给通信板，然后由通信板将数据打包发送给区域控制中心。列车进入轨道区段后，通过装设在前部的传感器接收控制命令。

（三）ATP车载子系统

ATP车载子系统(FZL·Z)的主要功能是完成对列车运行的超速防护，它是根据地面信息和机车信息实现防止列车超速运行，保证列车行车安全的自动控制系统，其实现的功能包括地面信息的接收、列车超速防护、无意识移动防护、退行防护、车门防护、实时数据记录以及临时限速和紧急关闭等。

ATP车载系统采用开放式结构，采用的是2乘2取2的模式。双机配置的ATP车载设备的硬件包括：1套人机接口单元、2块主机板、2块地面信息接收板、2块I/O板、4块电源板、1块记录板、2个ATP天线、2个光电速度传感器。

二、主要技术性能

ATP 系统符合故障——安全的原则，其主要功能包括：

（1）自动检测列车位置。

（2）根据区域控制中心提供的区间运行方向，确定 ATP 信息的发送方向，以满足双方向运行的需要。

（3）根据区域控制中心提供的进路、道岔、轨道及信号机的状态，通过地面设备向车载 ATP 设备传送列车安全运行的控制信息（主要包括目标速度、目标距离等）。

（4）满足行车间距，确保列车之间的安全距离。

（5）防止列车超速运行，保证列车速度不超过线路、道岔、车辆以及列控安全曲线规定的允许速度。

（6）列车自动折返的监督。

（7）任何列车连续通信中断、信道的阻塞，列车的非预期移动（包括退行），列车完整性电路断路，列车超速，车载设备重要故障等将产生报警及安全性制动（如紧急制动）。

（8）具有轮径补偿功能。

（9）具有自检和自诊断的能力。

（10）实现与调度集中系统的接口及信息交换。

（11）通过司机或自动实现列车驾驶模式转换，实现与车辆的接口及信息交换。

（12）列车运行状态、设备状态、驾驶模式等信息的显示及记录。

（13）列车实际运行速度、列车限速、目标速度、目标距离等信息显示，列车超速、设备故障等报警。

国产化城市轨道交通列车自动超速防护（ATP）系统的目标是防止列车超速运行和冒进信号，保证列车的运行安全；同时保证列车车门开关的安全，从而保障旅客的人身安全，为行车控制自动化提供安全基础。

三、技术特点

（1）基于准移动闭塞且采用一次模式曲线控制的国产化城市轨道交通列车自动控制系统，安全输出采用动态驱动方式，表示信息输入采用动态编码方式，满足故障导向安全要求。输入输出系统采取网络多重校核处理等措施进一步提高安全性和可靠性。车载 ATP 设备接收数字轨道电路传来的各种信息：目标速度、空闲轨道区段、运行方向及进路信息、线路最大允许速度（包括临时限速）、轨道电路标号等，完成列车速度一次模式控制曲线的计算。当列车超速时，实施最大常用制动或紧急制动控制。

（2）实现国产化城市轨道交通列车追踪间隔 90s 的运营要求。城市轨道交通系统的能力主要包括以下几个方面：区间追踪能力、折返站折返能力、车辆段出入段能力、车站追踪能力、在线列车控制能力，其中区间列车追踪能力是考察信号系统能力的最主要因素。

（3）完成了大容量、高密度的国产化城市轨道交通（地铁、轻轨、城郊铁路）信号安全控制。ATP 区域控制中心子系统作为车站信号的安全控制设备，动态地从微机联锁和数字化无绝缘轨道电路采集信息，自动产生新的数字化无绝缘轨道电路的 ATP 编码信息和列车进路信息，实现列车进路安全控制。

(4) 区域控制中心设备采用专用的冗余安全计算机系统、数字轨道电路及车载 ATP 设备按 2 取 2 的双机冗余方式设计。

(5) 数字轨道电路采用谐振式无绝缘传输技术和数字化编码信息传输技术。

第二节　客运服务系统设备新技术

一、城市轨道交通票务清分系统

(一) 技术内容

清分中心系统是一套建立在轨道交通各线路 AFC 中央计算机系统基础之上的适用于本城市轨道交通线网特点的、高效可靠灵活的、体现公平性原则的收益清分模型。清分中心系统对该城市的轨道交通线网 AFC 密钥系统进行集中统一管理，并运用统计学、运筹学、会计学、系统工程学和软件工程学等多种学科提供的理论和方法，结合线网规划、建设、运营以及票务制度、票价体系的特点，分析客流量及乘客出行的消费心理和规律，确定参与清分的各投资或运营实体在轨道交通线网运营价值链中的经济贡献和相互关系。

清分中心系统建成后作为整个城市轨道交通线网的发卡中心、清分中心、数据中心和 AFC 运营管理中心，统一管理和下发城市轨道交通各线共同的票务及系统参数；统一管理城市轨道交通 AFC 系统密钥和各线编码分拣设备，发行轨道交通各类票卡；统一完成各线交易数据的采集、分析和处理，进行运营收益清分，生成报表；统一完成和外部系统(如城市联卡银联、移动运营商)的数据交换和管理，进行相应的收益清分。

(二) 主要技术性能

清分中心系统的设计满足高可靠性、高安全性、高可用性和连续不间断工作的要求，采用开放式、分布式计算机系统设计。硬件采用符合国家标准的通用产品，模块化设计，尽量使用热插拔板件，方便系统的维护和扩展；各层次的软件应按实现功能划分子模块，可以方便地扩展功能和容量，对软件升级只需更新相应的子模块，而不需更新整个应用软件。

清分中心系统的可靠性和可维护性分别用平均无故障时间(MTBF)和平均维修时间(MTTR)来度量，可用性可由 MTBF/(MTBF+MTTR)×100%来定义，即系统保持正常运行时间的百分比。CCHS 的可靠性和可维护性要求为：平均无故障时间：MTBF≥30000h；平均故障恢复维修时间：MTTR≤30min。

清分中心系统以事务性数据的处理传输为主，系统主要解决的是数据的准确采集处理、大量数据的可靠传输和数据的统计处理及管理等问题，对数据的实时性无特别苛刻的要求。因此，清分中心系统的可用性指标应达到 99.9%。

清分中心系统的设计处理能力往往根据城市轨道交通线网的规划、建设和工程特点决定，如广州市轨道交通综合中央计算机系统(即清分中心系统)作为广州市轨道交通线网的

AFC 清分中心和运营管理中心，按照 9 条线、160 个车站、日客流 302 万人次、日交易量 800 万的规模设计，并预留了远期扩展为容纳 15 条线、300 个车站运营规模的条件；而武汉市轨道交通 AFC 票务清分中心系统，交易数据处理能力按武汉市轨道交通开通 3 条线、61 个车站，2 小时内完成 120 万客流、300 万笔交易数据清分的要求进行设计，预留后续 4 条线路接入的接口条件与系统扩展能力。

（三）技术特点

（1）采用三层管理构架的新体系。改变了之前国内城市轨道交通 AFC 系统普遍采取的“二级管理、三级控制”的传统设计和运营模式，提出了“清分中心—线路中心—车站”三级管理构架。

（2）建成轨道交通 AFC 清分中心系统，通过实践检验，系统具备全线网运营管理、线路清分以及对外清分的功能，能够完成轨道交通各条线路之间，与城市通卡、银联、移动运营商及其他相关系统之间的收益清算、交易数据的整体处理及统计分析，并具备对轨道交通各线路 AFC 系统整体运营管理的功能。

（3）提出制定轨道交通 AFC 系统建设标准规范的新思路并成功实践。AFC 系统建设标准和规范的制定，在很大程度上解决了不同集成商开发的 AFC 系统之间互通、兼容的问题，同时为引入竞争，节省投资，实现单项设备、单站设备的招标模式奠定了基础。

（4）研究探索有中国特色的城市轨道交通清分模型和算法。已提出结合路径最短(时间最短)等规则，采用“鉴别乘客换乘路径理论”进行建模，解决制定清分模型和算法问题。并在满足清分业务在城市公共交通范围内的应用需求同时，还能适应多种小额消费类应用的接入需要。不但能完成正常情况下票卡消费收益的清分，还可在非正常情况下(如降级模式、紧急方形模式、超时、超乘等)，对票务收益或行政处理收益进行合理公正的清分。

（四）效益分析

（1）建立票务清分中心，将大力推动城市轨道交通 AFC 系统建设标准和规范的制定，不但能解决不同集成商开发的系统之间互通、兼容的问题，避免旧线改造和重复建设，还可以引入竞争，有效地降低招标报价，节省投资，并为 AFC 系统实现单项设备、单站设备的招标模式奠定基础。

（2）清分中心系统的建设，将传统上的每条线路建设的 AFC 中央计算机的许多功能加以集中，大大简化新线 AFC 中央计算机系统的设计，极大降低了新线建设的工程造价和运营成本，综合经济效益明显提高。

（3）清分系统的建设，将极大地促进轨道交通网络化运行条件下的“一卡通”和对多条线路轨道交通 AFC 系统的统一运营管理，实现轨道交通各线联乘及与公交联乘，提高城市公共交通服务水平。

二、城市轨道交通乘客信息技术(PIS)

（一）技术内容

乘客信息系统(Passenger Information System，简称 PIS)是电力载波通信技术在地铁中的应用，主要由传输网络、媒体播放软硬件系统及信息显示终端几部分组成，有一个中央控制系统及若干车站中继控制系统，信息发布范围包括下设的车站和正线行驶的所有载客列车两大部分。

1. 关键技术研究

(1) 地铁环境中的无线局域网应用技术。无线局域网(Wireless LAN，简称 WLAN)技术是以无线信道作为传输媒介的计算机局域网络，是计算机网络与无线通信技术相结合的产物，它能使用户真正实现随时随地的宽带网络接入。WLAN 技术实现了无线工作站的可移动性，从而创造了乘客信息系统(PS)向着视频高速数据业务发展的条件。在现代 PIS 系统建设中，WLAN 成为关键技术之一，它决定了车载系统与地面之间在列车高速运行的情况下，信息安全、顺畅、迅速、实时地传输。

(2) 地铁列车中的电力载波通信应用技术。电力载波通信(Power Line communication，简称 PLC)技术是指利用电力线传输数据和话音信号的一种通信方式。电力载波通信技术已经广泛地应用于工业自动控制系统、电能管理系统、家用电器系统、防火报警系统以及计算机终端接口等场合。由于它利用现成的电力线路来传送数据，无需另外架设通信线路，也不占用现有的通信频率资源，目前已在车辆局域网中广泛得到应用，列车和隧道是强电磁干扰的环境，而电力载波通信在工作环境恶劣、线路阻抗小、信号衰减强、干扰大等情况中有较突出的表现。

2. 关键设备研制

对显示终端控制器、外部接口卡及相关专业软件的研制。乘客信息系统大多数的设备都是通用设备，如服务器、计算机、交换机和终端显示设备，在市场上均可以采购到这些通用设备。而显示终端控制器、外部接口卡及相关专用软件等都是定制产品，也是乘客信息系统成败的关键。研制和开发出显示终端控制器等关键设备，对乘客信息系统的多元化、网络化、标准化的全面发展奠定了技术基础。

(二) 主要技术性能

1. PIS 系统的基本应用要求

(1) 下传视频信息分辨率不低于 PAL 标准，上传视频监控信息分辨率不低于 CIF 标准。

(2) 列车运行速度不大于 80km/h 时，车载显示屏显示的实时视频信息清晰、稳定，无明显失真或断点，同时从车内反馈到车站的监视信息清晰、稳定。

(3) 无线传输平均宽带满足大于 15Mbps。

(4) 无线传输网络延时满足小于 200Mbps。

(5) 无线传输丢包率满足小于 10‰。

2. 关键设备研制

(1) 显示终端控制器功能齐备，达到国内领先水平。

(2) 显示终端控制器控制应用软件功能强大，达到国内领先水平。

(3) 重要外部接口卡功能齐备，达到国内领先水平。

(三) 技术特点

1. 实时视频上传/下载

在国内，上海地铁 1、2、3 号线已经开通了 PIS 系统，但车载移动视频技术是采用准实时方式，即利用列车进站或回库的时间将事先录制好的视频信息通过无线的方式发送给列车，待列车在隧道内行驶时向旅客播放。该方式技术含量低、实施简单，但信息实时性和灵活性较差，可以说这种方式的自动化和信息化程度不够，且不能实现列车车厢视频信息的上传。深圳地铁开通初期已经完成了隧道内漏缆的铺设，并在一组车上试装了 LCD 显示屏，但总体效果不甚理想，目前正进行 WLAN 的测试。其他如广州、天津、南京、武汉等国内城市的地铁，都不同程度引入了 PIS，除了在城市轨道交通方面，中国的铁路也逐步开始引入了 PIS。

2. 车站显示器

随着乘务信息系统在城市轨道交通中的广泛应用，显示终端控制器是乘客信息系统的关键技术组成部分，具有广阔的应用前景和发展潜力。现在国内轨道交通发展迅速，各大城市都在兴建地铁或轻轨，乘客信息系统已经成为轨道交通建设中一个重要组成部分，且在国铁较大车站正被逐步采用。

三、城市轨道交通无触点 IC 单程车票技术

（一）技术内容

自动售检票(AFC)系统单程车票选型时，面临在传统的磁卡或者条形码车票，以及新兴的采用无触点 IC 芯片的电子车票之间的选择，而且无触点 IC 单程车票也有各种芯片、组件、制造工艺以及配套的售检票机具等方面的差异，同时存在着无触点 IC 单程车票成本与票价倒挂的共性难题。研究无触点 IC 单程车票的关键技术，寻找低成本单程票的有效解决方案，不仅关系到千万乘客的直接使用，关系到 AFC 系统充分发挥作用，而且关系到整个城市轨道交通联网收费系统的建设、运营成本和服务品质，单程车票的选型决策至关重要。对城市轨道选型决策分析的一些重要因素，研究提出的解决方案的主要技术原理为：

（1）提出了城市轨道交通车票媒介载体和解决方案的比选研究方法、三阶段研究过程和框架，为城市轨道交通电子收费系统的车票媒介载体解决方案应用方向提供决策依据。

（2）着眼于城市轨道交通联网收费 AFC 系统的可持续发展，提出了无触点 IC 单程车票的技术分析要点及需求设计，解决了项目规划、工程设计等阶段无触点 IC 单程车票的技术标准问题，为单程车票在区域线网内的无缝换乘建立基础。

（3）面向技术需求，并针对无触点 IC 单程票的成本和单程票价倒挂这一阻碍推广应用的瓶颈问题，检验其经济合理性。研究了国内外各主要厂商各类无触点 IC 产品的半导体芯片、天线、镶嵌物等关键部件技术功能、性能指标及成本分析，研究了各种制造成卡工序环节中的关键工艺技术及成本分析，提出了包括票卡媒介载体的技术兼容性、数据结构、存储能力交易速度、读写距离、使用方法、应用安全性、使用寿命、可靠性、耐用性、配套售检票机具、成卡组件、制造技术及工艺成本分析等评价指标和要素。

（4）提出了城市轨道交通单程车票选型的有效解决方案建议，以确保在资金有限的情况下，最大限度地满足市场需求。

（5）对于城市轨道交通 AFC 系统工程建设具有较好的技术指导意义。

（二）主要技术性能

（1）交易平均故障率低于 0.1%，在公交轨道交通使用环境中，可进行 500 次交易，使

用寿命至少达半年。

(2) 最大限度地满足公共交通环境中乘客正常的使用习惯。最大读写距离应在0.06~0.1m之间，单笔交易时间应小于0.2s。

(3) 单程票用芯片符合ISO14443规范，也可考虑使用符合ISO15693标准、使用其他频段(除13.56MHz外)的电子标签。读写器应考虑储值票、单程票的兼容性，以及预留向其他非接触标准的开放性和可接入性。

(4) 芯片内部数据结构、卡与读写器相互认证、交易数据安全认证等方面应具有较完善的安全机制，并在相关领域有较成熟的应用业绩。

(5) 每张车票具有不可改写的全球唯一序列号、制造商、发卡商信息。具备一定容量的可改写数据存储区，至少应具有一次性可写的存储区域，可存储基本数据信息、计程/计时/计次信息、有效期、限额等信息。

(6) 封装好的车票(筹码或卡)应具有良好的物理、化学特性，符合ISO7810、7813、14443-1标准。

(7) 车票表面应可附加图文信息

(8) 地铁开通初期最低单程票价为人民币2.00元，需防范单程车票成品价格与票价倒挂风险。

(三) 技术特点

结合轨道交通对单程车票的技术需求特点，对各种可应用于无触点IC卡的芯片、天线和镶嵌物等关键部件的技术功能、性能指标及制造成本进行综合分析，并形成包含诸评价要素的评价优选体系，以及就轨道交通低成本可回收式单程车票的选型提供解决方案。

(四) 效益分析

(1) 乘客通过使用统一的单程车票实现无缝交通出行，便于采取灵活的收费策略及票务政策，极大地方便了乘客出行，同时也吸引和提高了客流，为提高城市轨道交通的服务水准和经济效益创造了条件，扩大了城市轨道交通用户市场，缓解了日益增长的交通拥挤的压力。

(2) AFC系统无触点IC单程票的综合选型，以其高性价比、高可靠性和较长的使用寿命、便于回收和清洁带动了国内一批票卡专业制造商和相关的售检票机具厂商围绕此项产品进行研发和试制，一定程度上形成了AFC领域此类产品的技术和产业升级，有力地推动了技术进步。

(3) 研究提出的建议方案“无触点IC芯片筹码代币式封装的单程车票”，是国内外目前性价比最高、全寿命周期综合成本最低的一种解决方案。

(4) AFC系统无触点IC单程票的综合选型，不仅具有高性价比、高可靠性、较合理的安全解决方案、较长的使用寿命、便于回收和清洁等特点，而且打破了筹码式车票表面不能做广告载体的禁区，通过表面彩色丝网印刷工艺，印制了独特的地铁纪念单程票和广告单程票，既丰富了单程票外观和票种，又创造了较好的经济效益和商业机会，一定程度上弥补了单程票票价和成本稍有倒挂的风险。

第三节 检修保障系统设备新技术

一、城市轨道交通环境监控系统

（一）技术内容

地铁站的环境监控系统（Building Automation Systen，简称 BAS），利用分布式微机监控系统，对地铁车站及区间隧道内的空调通风、给排水、照明、电梯、自动扶梯、导向标志等机电设备进行全面运行管理与控制。在发生火灾或列车阻塞等非正常情况时，能够及时迅速地进入防灾运行模式，根据火灾报警系统发送的着火点信息或列车自动控制系统发送的阻塞点信息，自动调度送风或排风状态，进行通风排烟，提高城市轨道交通运营的智能化和安全性。环控系统组织包括风系统、车站空调水系统和集中供冷系统。

（二）主要技术性能

1. 合理确定车站温度控制标准

空调系统的控制温度是 BAS 控制的基础。采用相对热舒适指数（Relative Warmth Index，简称 RWI）和热损失率（Heat Deficit Rate，简称 HDR）指标，根据室外气象情况来确定满足舒适要求的地铁车站控制温度。RWI 和 HDR 指标是人体在过渡空间热反应的热舒适指标，综合考虑了温度、湿度、风速、衣着量、运动强度等因素。

2. 全面采用变频变风量控制

地铁空调大系统是提供站台、站厅大空间空调的全空气系统。系统能耗中风机能耗所占比例很大，风机节能是节能运行的重点。变频变风量控制调节快速、准确，节能效果好，采用“只送不排，只排不送”的通风运行模式。

3. 采用定流量、变水温的水系统调节

取消大系统空调机组水路上的电动二通阀，通过对冷机的负载率控制及对冷冻水温度的控制来实现水系统的调节。

4. 充分利用 BAS 系统的监控能力和数据处理能力

通过软件实现上述控制工艺及计算，并实现对地铁各类机电设备的智能化管理和故障诊断。

在工艺设计的基础上，开发并应用了地铁通风空调优化控制软件（Environment Control System，简称 EnCs）。EnCs 软件的目的是实现系统的全年自动控制运行，在满足系统环控要求的前提下，尽可能地降低风机、水泵和机组的能耗，节省运行费用。为提高设备管理水平，应用了地铁设备运行管理软件（Equipment Manage System，简称 EuMs）、设备故障诊断软件（Fault Diagnose System，简称 FaDs）。

EuMs 软件运行于车站工作站，用于增强 BAS 的系统管理功能，提高控制决策水平和事故应变能力。EuMs 有设备管理数据库，能自动记录和统计各台设备（主要包括风机、水泵、自动扶梯和电梯等）的运行状况、累计运行时间、故障情况，自动编排维修计划（避免互为备用的设备同时检修）、记录维修信息等功能。EuMs 产生的设备维修计划及设备故障报警信息均可以组态画面的形式在屏幕上显示。在出现紧急故障时，系统将强行将监视屏上的画面转至报警画面。维修计划表需由操作者通过鼠标器选择调出。

FaDs 软件用于监测和诊断控制系统、被控制设备和传感器的故障，显示和打印故障通知，发出报警信号。FaDs 主要是按照三个层次和级别建立的：第一级是设备级故障检测诊断，主要针对大型机电设备与管路系统的故障检测；第二级是控制级故障检测诊断，主要针对控制器、现场仪表和执行机构等控制设备的故障诊断；第三级是管理级故障检测诊断，主要是针对整个系统的故障诊断和必须通过系统方能发现的潜在故障。

（三）技术特点

（1）提出了地铁公共区全年设定温度的确定方法，并在此基础上，实现 BAS 系统的全年自动控制，实现了地铁空调大系统定水量、变风量的运行方式。

（2）提出了地铁空调大系统全年节能运行模式及地铁 BAS 系统的智能化设备管理和故障诊断方法。

地铁站的环境监控系统使环控能耗显著下降，节能显著，减少了地铁对于自然环境的影响；系统全年自动运行，极大地减少了机电设备维护人员的工作量，可减少维护人数，改善劳动环境，提高维护水平；提高了设备管理水平，减少了设备维护的费用和时间，延长了设备使用寿命，提高了设备的完好率和正常率，提升了地铁的服务水平；给乘客提供合理的舒适度，满足乘客的舒适性要求，有利于地铁吸引客流，提高地铁的效益。

二、细水雾灭火系统

目前，在国内轨道交通系统中应用较广的是 IG541 和七氟丙烷（HFC-227ea）气体灭火系统。

两种灭火系统在应用中存在如下三种现象：

（1）气体灭火剂钢瓶储存压力过高（IG541 灭火系统钢瓶储存压力达 15MPa），有一定的危险性，同时对系统的配件及施工安装、调试、维护也提出了较高的要求。另外，钢瓶配置数量多，标准地下车站气瓶间一般为两个，占用地下空间较多。

（2）由于气瓶储存气量有限，可持续灭火能力较差。

（3）气瓶的气体容易泄漏，需定期充装。根据气瓶安全监察规程要求，目前两种系统的气瓶均列为压力容器，惰性气体类检验周期为五年，其他气体检测周期为三年，每次检测费用近百万，至使运营费用增高。

（一）技术内容

“细水雾”（Water Mist）是相对于“水喷雾”（Water Spray）的概念，使用特殊喷嘴、通过高压喷水产生水微粒。细水雾灭火主要是通过高效率的冷却与缺氧窒息的双重作用。同样体积的水，使其总表面积增大，更容易进行热吸收和冷却燃烧反应。吸收热的水微粒容易汽化，体积可增大 1700 倍，既稀释了火焰附近氧气的浓度，窒息了燃烧反应，又有效地控制了热辐射。对于电气设备的早期火灾，还会将设备内塑料制件产生的大量气体和烟雾吸附在细水雾雾滴表面，因此，细水雾还具有一定的消烟功能。

（二）技术特点

细水雾灭火系统是一项预防扑救火灾的新技术，在国外大型工程项目及轨道交通中应用较广。细水雾相对于气体，其优势主要表现在以下几方面：

（1）水源容易获取，灭火的可持续能力强。

（2）有冷却作用，可隔绝热辐射，可以有效避免高温造成的结构变形。

（3）可承受一定限度的通风。

（4）对人体无害，环保。

（5）用水量少，只有水喷淋系统的10%~20%。

（6）该系统既可局部应用，保护独立的设备或设备的某一部分，又可作为全淹没系统，保护整个空间。

三、地铁七氟丙烷气体全自动灭火系统

（一）技术内容

国外高压惰性气体灭火产品和中压七氟丙烷气体灭火产品的价格昂贵，且气体灭火的控制系统普遍采用传统多线制模拟量型火灾探测报警控制设备，其技术相对落后，抗干扰性、可靠性及信息化程度较低，误报警与误喷气概率较大，难以适应地铁的安全可靠、现代化、信息化、国产化等方面需求。地铁七氟丙烷气体全自动灭火系统针对地铁工程特点和功能需求，通过深入、全面、系统地研究地铁的火灾机理和特性以及气体全自动灭火系统的选型和搭配，经过技术经济比较，主要应用于地铁工程的重要设备房间（信号和通信机房、变配电室、OCC大楼控制设备间、贵重仪表库等）的灭火防护。

（二）主要技术性能

由于常规气体灭火报警控制系统及其产品的设计制造等方面原因，常规气体灭火控制盘不能接入智能探测器，不能提供数字信息输入接口，加上普通型（开关量式非编码式）探测器没有自我诊断能力，即使发生污染、受潮或其他损坏，气体灭火控制器也不能够得到反馈。随着使用年限增加，造成整个灭火系统的防护能力下降和可靠性降低，其工作性能（安全性、可靠性、有效性、抗干扰性等）要远低于智能型报警控制设备水平。

智能型气体灭火控制系统不但能够连接智能探测器、专机专用互不干扰，具有完全兼容的总线通信协议和网络通信协议，实现数字信息共享，对灭火系统的安全、可靠、有效性方面及使用、管理、维护工作方面都带来了极大提高。

智能气体灭火报警控制系统设备具有以下优点和功能。

1. 智能型火灾探测器的优点

（1）智能型火灾探测器具有独立的地址码、故障自诊断、污染自判断、环境自适应、误报率低、工作可靠、抗干扰能力强等优点，提高了火灾报警系统的安全可靠性和整体性能。

（2）智能型感烟和感温探测器带有微处理器（CPU），内置的微处理器独立运行，当智能型感烟和感温探测器探测到环境模拟量的数值发生变化时，向主机发出查询请求。而对于状态正常的探测器，主机无须查询，这就大大减少了系统数据传输，提高了系统抗干扰能力。

(3) 智能探测器具有自诊断及历史记录功能，智能型感烟和感温探测器能持续不断地进行自诊断，提供重要的维护保养数据，自诊断的结果显示在智能型气体灭火控制盘上。智能探测器还具备灵敏度可调节功能(探测灵敏度分为 9 级，包括自动昼夜灵敏度调整功能)，既可进行手动调整，也可以在软件中进行预设定，实现了昼夜灵敏度自动调整。

(4) 智能探测器具有对环境自动的漂移补偿和平滑处理能力，可使探测器即使在积尘的情况下，仍维持原有探测真正烟雾的能力，避免误报警。可自动执行周期性的灵敏度测量从而减少维修费用。软件还能提供平滑过滤器，以消除由电气干扰引起的瞬间干扰信号。智能探测器还具有除尘报警功能，当探测器的漂移补偿达到一定程度，其性能受到影响时，将给出特殊的警告。警告有三个级别：低室值(Low Chamber Value)警告，说明检测器有硬件问题；提醒维修，说明积尘已经接近但未达到允许极限；急需维修，说明积尘已经超过允许极限。维修提醒可使设备在性能受到影响以前便得到维护。

(5) 智能探测器具有设置早期警告的预报警值功能(具有 9 级预报警功能)，预报可以锁定也可自恢复，并可用来启动报警控制程序中指定的具有控制功能的子程序。智能探测器可设置预报极限比正常峰值稍高，以取得极高的预报灵敏度，又能够避免非火灾信号。

(6) 智能探测器的快速反应 Flash Scan 技术，加快了智能装置之间的通信速度。智能装置之间的通信方式为成组(每十个地址码设备)方式，如果一组中的一个探测器有新的信号控制器 CPU 停止巡检，则改为对单个点巡检。该功能使系统的反应速度比先前设计的高 5 倍。

智能型探测器可通过智能型气体灭火控制器(AFP-400)主机控制面板上的键盘，或专用软件 Ve-ri. FireTM 远程调整探测器的有关参数。

(7) 智能探测器采用专用金属片，使探测器电路与 CPU 具有抗强电磁干扰的能力，同时与主机通信采用电流环形式。智能型探测器的微处理器(CPU)设在火灾探测器探头内，电路板表面和 CPU 上有防水、防潮、防腐蚀的专用材料覆盖；同时底座仅作为探测器安装板和接线端子(可加防水垫圈)，不带任何电子元件和电路板；同时探测器的外壳为防腐蚀、防老化聚合体，因而探测器具有高度的防水、防潮、防腐蚀性能。

(8) 总线监控模板的外壳均采用密闭式结构，可用于潮湿、有粉尘的工作环境中。模块的稳定性高，防灰尘、抗电磁干扰、抗温度影响、抗射频干扰，产品具有很好的防水、防潮、抗腐蚀等性能。模块智能化程度高，触点动作准确。采用十进制的编址方式，易于安装，工人可准确地进行址码的设定。

(9) 智能探测器上述特性和优势从本质上提高了系统的可靠性和预防性维修的可操作性，同时数字化的智能火灾报警探测器又是气体灭火报警控制系统信息化智能化的基础单元。

2. 智能气体灭火控制器的功能

(1) 智能气体灭火控制器具有火灾探测、火灾事故报警、联动控制输出、灭火剂释放自动控制等多种功能，提供了先进可靠的火灾报警和灭火控制系统设备整体解决方案。

(2) 智能气体灭火控制器采用了先进的模块化设计思想，系统的组合非常灵活，可以根据用户的要求，自由选择系统监控回路的数量以及易于将紧急广播、公共广播、紧急电话等子系统接入，能对防灾区域提供全面保护，为火灾的早期发现和突发火灾后的紧急处理，提供有效可靠的手段。智能气体灭火控制器可拥有两个监控回路，每个回路可带99个智能探测器和99台智能编址设备，可以管理和控制10个气体灭火防护区。

(3) 智能气体灭火控制器的人机界面友好，符合人体工程学设计原则，并有先进的微处理器(CPU)、LCD显示器、满足24小时监视和30分钟报警的后备直流电源装置等。控制器除了具有先进的主微处理器(CPU)外，每个回路卡上都带有微处理器(CPU)，当主微处理器(CPU)发生故障时，各回路卡上的微处理器(CPU)按"本地模式"进行运行。在发生火灾时，同一回路设备仍按联动程序进行联动输出，真正实现了分布式智能控制功能。

(4) 智能气体灭火控制器遵循先进的模块化设计原则，其内部部件均为标准插接件，可任意安装在专用支架的不同位置。各部件具有通用性，可用于不同组合的智能气体灭火控制器上。控制器的微处理器(CPU)有强大的事件存储功能，共可存储800条历史记录，便于分析事件发生的原因。320×240像素的大屏幕LCD的显示为中文全显示，至少可显示40个汉字，设置合理，最大限度地提供了火灾信息(例如报警类型、报警设备、时间、地点等)，可通过启动设在操作面板上的各个防护区远程手动转换按钮，直接将该防护区变换为手动状态，为工作人员安全进入防护区、系统维护以及防止气体误释放等提供了可靠便捷手段。

(5) 智能气体灭火控制器采用数据，还可传输到网络上，根据网络或/和站内程序做出反应。由于每一台控制器都有独立的微处理器(CPU)和存储单元，所有的数据库是保管储存在个别的控制器中，每个控制器100%运作，独立于其他控制器。通过报警控制器回路总线上的监控模块，实现相关防灾设备的状态监视和运行控制，通过预先编制的报警联动程序，执行各类型设备的控制并监视其动作状态。

(6) 采用智能型气体灭火控制系统符合发展方向。地铁工程日益向综合自动化方向发展，只有信息化和智能化的子系统，才能通过数字接口支持高度集成自动化的综合监控系统。智能型气体灭火控制系统正是这样一个信息化、智能化的子系统。在深圳地铁一期工程中，充分考虑了系统运行经受故障最小原则，通过确定应用最新技术和智能化火灾报警和灭火控制设备，以保障气体灭火系统在各种环境恶化或意外事故时仍能有完整的工作能力。

3. 智能气体灭火报警控制系统的技术参数

(1) 设计灭火浓度：8%~10%；

(2) 气体喷放时间：≤10s；

(3) 气体浸渍时间：≥3min；

(4) 设计额定温度：20℃；

(5) 海拔高度：≤1000m；

(6) 海拔高度修正系数：$K=1$；

(7) 储瓶储存压力：(42±0.125)MPa；

(8) 储瓶容积：100L。

(三) 技术特点

(1) 七氟丙烷气体全自动灭火系统的灭火效率高、清洁环保、可靠性强、占地面积小、性价比优、安全储存性好。还通过改变容器阀结构和优化喷头设计，使得灭火喷放时间大约缩短20%，提高了喷射过程的三维均化效果，有效地减少了灭火剂热分解腐蚀性产物的生成量。

(2) 应用分布式智能灭火报警控制新技术(智能感烟/感温探测器和总线制数字化智能型气体灭火控制盘等)，做到灭火探测报警控制设备能够自适应环境，自诊断故障，自优化报警，抗强磁干扰能力强，误报率低，使火灾报警控制智能化和一体化，实现了动态在线实时监控和防御性维修，大幅提升了气体灭火控制的技术水平和安全可靠性，降低了运营成本，更符合地铁的应用环境和运营要求。

(3) 通过技术设计研究，采用优化组合构建方式，解决了一系列工程应用难题(例如同系统不同防护区体积相差悬殊、气瓶间与防护区距离过远、管网布置多变等)，技术措施实用有效，工程效果显著。

四、地铁隧道光纤感温火灾预警检测系统

(一) 技术内容

国家标准《火灾自动报警系统设计规范》将地铁隧道定位一级保护对象，显示了对地铁火灾安全的高度重视。目前的防灾报警系统设备存在总线长度有限、回路容量不够、其他线性感温元件保护范围小、不能定位报警点等技术困难。

光纤感温火灾预警检测系统采用了21世纪前沿学科的光电子技术和多学科高新技术——利用拉曼散射和光时域反射OTDR理论，解决了大面积、连续性、动态实时在线的火灾和温度检测和定位问题。

(1) 利用卫星地面拍照数据滤波、压缩和传输技术，解决了海量数据的滤波、检测精度提高和缩短检测时间问题。

(2) 利用专业算法，解决光纤接续和应用中的耗损、测温空间分辨率、温度分辨率及快速响应和预警的职能分析、判断等问题。

(3) 利用高速数据处理器技术、多功能多串口的高速单片机技术、最新的CPLD、计算机控制技术、接触屏等技术，解决系统开放性、网络化、单元化及组态方便、自适应能力强、易实现信息化管理等问题。

(4) 利用光电通信技术，解决了网络吞吐量、响应时间、可靠性问题。

(5) 采用微电子综合技术，独创报警接口编码方案，解决了与周边设备的大容量、高可靠性报警联动问题。

(6) 针对地铁火灾模式分析技术、地铁隧道火灾温度场分析理论、FAS联动分析、通信网络分析等，确定了系统的功能、性能、技术指标和系统硬件方案、软件系统方案。

(7) 通过深入细致地研究各种技术和需求以及地铁隧道的特点，形成了一套完整的、运行稳定、可靠的地铁隧道感温光纤火灾预警监测系统，实现了连续空间温度监测、分区报警和火情分析、火势蔓延分析、烟雾漂流分析等功能，实现了多级多形式预告报警设置及温度变化率报警，从而可以实现火灾趋势预报。

(8) 利用软件编程技术和软件开发平台技术，创造性、人性化、高可靠、多功能、高速度、高优化和美观实用地实现了系统的功能支持和各种需求的响应，并根据地铁项目的特殊要求，把软件系统分成系统管理、参数控制、报警设置、数据管理、网络服务、温度

监测等多个单元，每个单元完成特定的功能，完成了软件组态及模块化处理。

（二）主要技术性能

（1）测量周期：≤4s/km；

（2）温度精度：1.5℃；

（3）定位精度：2m；

（4）温度测量范围：-20℃～+120℃；

（5）报警分区：≥100 个/km；

（6）检测范围：单端多路检测，每路至少可检测 2000m。

（三）技术特点

深圳地铁首次在全国隧道内设置大规模光纤感温火灾监测设备，实现了对隧道火灾进行连续实时在线监测，彻底消灭了地铁火灾监测空白盲区和安全死角，实现了地铁隧道火灾的自动报警→防排烟模式指令的下达→相关防排烟设备的动作→执行结果的反馈全过程的自动化，实现了地铁隧道连续空间温度场的监测、报警及火灾趋势预报，实现了地铁隧道光纤感温火灾预警监测系统全线计算机联网、信息综合监控和信息化管理，实现了地铁隧道光纤感温火灾监系统设备国产化。

五、四种防水设备

近年来在轨道交通地下工程中采用的一些新的设计理念和防水新技术，使地铁系统在抵御暴雨等自然灾害方面的能力不断加强。

（一）系统单层衬砌的结构防水

单层衬砌结构中的地下墙是先于结构其他部分施工的。因此，在墙内只能预埋与结构楼板钢筋连接的接驳器，而不能预埋用于止水的止水带。传统的防水处理方法是，在结构顶、底板或中楼板混凝土浇筑前，在地下墙的接缝处设置遇水膨胀止水条。在此过程中，通常会碰到基面不平整、固定困难、受气候条件制约等问题，止水效果往往不理想。

目前，在顶、底板与地下墙纵向接缝处普遍采用了单组分聚氨酯遇水膨胀密封胶和可全断面出浆的注浆管。单组分聚氨酯遇水膨胀密封胶施工简便，在结构覆土之后，起到了防水的作用。如果失效，还可以通过预埋注浆管灌注可在潮湿环境中固化的低黏度环氧浆液进行防渗漏处理。

（二）站顶板附加防水层

喷涂型聚脲防水涂料以其无溶剂(环保)、施工速度快、成膜后的物理力学性能指标高等优势越来越为防水工程界青睐。特别是喷涂型聚脲防水涂料在固化后的耐冲击强度高，可以避免结构在覆土过程中对涂料的损坏，使不设保护层成为可能。

上海 8 号线四平路站的顶板翻浇段采用了喷涂型聚脲防水涂料，有效解决了工程防水和施工工期的问题。

（三）车站接缝的防水

在车站单层衬砌结构中，还是要强调车站的顶、底板与中楼板的诱导缝应尽量和地下墙的墙缝对齐，以保证板与墙在结构变形时，相互协调。结构顶、底板诱导缝和横向垂直施工缝中的中埋式止水带不能封闭成环，只能在地下墙处用遇水膨胀腻子块封头利用反应型丁基橡胶腻子与现浇混凝土的粘结及腻子可塑性变形的特点，使用反应型丁基橡胶腻子钢板止水带来解决施工缝在应力集中的条件下微小开裂的渗漏问题，同时在结构开洞处不必再考虑止水带因不能封闭成环带来的渗漏隐患。

（四）膨润土防水毯

膨润土防水毯是一种复合式衬砌可穿刺、自愈合材料。

复合式衬砌可穿刺、自愈合材料防水主要解决了三大技术问题：

（1）膨润土防水材料没有防水功能退化和失效问题；

（2）膨润土防水毯是可穿刺、自愈合防水材料；

（3）膨润土防水毯采用水泥钉和垫片穿刺固定、自然搭接，施工简易，工效高。

分区防水技艺主要解决了三大技术问题：

（1）防止地下水在防水板与二衬的接触面间形成的“窜流”；

（2）便于判断渗漏源，易于治理，效果较好；

（3）较好地解决了施工缝、变形缝的防水质量问题，避免渗漏。

第四节　车站设备新技术

一、站台屏蔽门技术

（一）技术内容

车站屏蔽门系统将车站站台与行车隧道区域隔离开，降低车站空调通风系统的运行能耗，减少列车运行噪声和活塞风对车站的影响，防止人员跌落轨道发生意外事故，为乘客提供舒适、安全的候车环境，提高地铁的服务水平。

1. 屏蔽门系统组成

屏蔽门系统主要由门体、门机驱动系统、电源装置及控制系统四个部分组成。屏蔽门门体由滑动门、固定门、应急门、端门、支承结构、门槛等组成，每个门单元安装一套门机(包含驱动系统、传动系统、行程开关等)。

系统采用RAS设计技术，软硬件的设计充分考虑了可靠性、可维护性和可扩展性，同时遵循了模块化和冗余设计的原则。门机驱动系统由电机、减速箱、门锁和传动装置等组成，电机为无刷直流电机，电机与涡轮蜗杆减速箱直联，在减速箱输出轴上有一与齿形皮带相啮合的齿轮，以皮带传动。

每个车站配置一套电源装置，给屏蔽门驱动及控制设备供电，主要由UPS、蓄电池组、开关柜等组成。屏蔽门控制系统由中央接口盘(PSC)、就地控制盘(PSL)、远方报警盘(PSA)、门控单元(DCU)和连接这些装置的通信网络、接口控制部件构成，系统内部连接有现场总线和硬线两种形式。每个车站的中央接口盘(PSC)由两个屏蔽门单元控制器

(PEDC)及PEDC与系统内其他设备、接线端子、接口设备、PEDC的控制配电回路组成。屏蔽门系统重要的状态及信息可以通过与机电设备监控系统的接口上传至车站控制室操作终端及控制中心。

2. 系统功能及控制功能

屏蔽门提高了地铁运营的安全性，防止乘客因拥挤或意外掉下轨道，保证站台乘客候车安全；为地铁线路实现无人驾驶创造条件，提高了运营效率；有效阻隔列车运行活塞风进入站台，减少了站台区域气流热交换，降低车站空调能耗，节省运营费用；提高车站环境的舒适性，减少列车行驶噪声和活塞风对站台候车乘客的影响。

除此之外，屏蔽门还具有控制及监视功能，控制功能可分三个层次实现：系统级控制、站台级控制和手动操作。

(1) 系统级控制是在正常运行模式下由信号系统直接对屏蔽门进行控制的方式。在系统级控制方式下，列车到站并停在允许的误差范围内时，信号系统向屏蔽门发送开/关门命令，控制命令经信号系统(SIG)发送至屏蔽门单元控制器，单元控制器通过DCU对门体进行实时控制，实现屏蔽门的系统级控制操作。

(2) 站台级控制是由列车驾驶员或站务人员在站台PSL上对屏蔽门进行开/关门的控制方式。当系统级控制不能正常实现时，如SIG故障、单元控制器对DCU控制失败等故障状态下，列车驾驶员或站务人员可在PSL上进行开门、关门操作，实现屏蔽门的站台级控制操作。

(3) 手动操作是由站台人员或乘客对屏敲蔽门进行的操作。当控制系统电源故障或个别屏蔽门操作机构发生故障时，站台工作人员在站台侧用钥匙或乘客在轨道侧用开门把手打开屏蔽门。

屏蔽门系统的监视功能表现在：屏蔽门系统在站台上设置有PSA，对屏献门系统的运行状态进行监视及故障报警，具体故障可以细分到模块级；屏蔽门系统通过与机电设备监控系统(EMCS)间的接口，向车站控制室及控制中心(OCC)发送重要的屏蔽门系统状态信息。实现了在控制中心及车站控制室对屏蔽门系统状态的实时监视。

(二) 主要技术性能指标

主要技术性能指标包括：环境条件、运行强度、主要技术参数、可靠性指标、系统测试及试验情况。

(三) 适用范围及应用条件

目前，随着大气变暖，全国许多城市地铁都设置了空调系统，屏蔽门的应用可以有效提高车站空调效率，减少能耗。屏蔽门系统作为车站设备的一个子系统，与信号系统、EMCS系统均有运营接口关系，使屏蔽门系统与列车、信号实现逻辑控制，使各系统、设备间可靠地连锁，进一步保证行车安全。同时，可以方便地在车站控制室查询屏蔽门系统的重要信息。

本系统与相关专业的工程接口较多，如与土建结构、建筑装修、车辆、信号、车站设备监控系统(EMCS)、低压配电、轨道、限界等专业都有接口。主要接口如下：

(1) 与信号系统(SIG)的接口。接口界面在屏蔽门的中央接线端子排，两系统之间传递的信息均为安全信号。

(2) 与设备监控系统(EMCS)的接口。接口界面在屏蔽门的中央接口盘端子排；两系统间采用数据通信接口(RS485 异步串行)连接进行信息传送。

(3) 与低压配电的接口。接口界面在电源自动切换箱输出端子排；向屏蔽门系统提供两路三相 380V 电源，负荷等级为一级。

(4) 与行车限界的接口。屏蔽门在站台的安装必须满足行车限界要求，门体结构外轮廓不得侵入列车动态包络线。

二、集中供冷技术

(一) 技术内容

大型的空调系统一般是通过制冷机房生产低温冷冻水，冷冻水在空调风柜内与空气冷热交换产出“冷气”。所谓地铁系统中的集中供冷是相对于每个车站设置制冷机房而言，是通过集中设置制冷机房，供应几个车站的冷冻水来实现空调的效果。

对于地铁车站建设，车站出入口风亭设计及协调难度大，由于分站供冷设置于地面上的冷却塔相对难找到设置的位置，一般都设置在风亭出入口附近等部位，对于人口稠密的老城区，部分位置离民居很近，由于设备运行的噪声及飘水影响了周边市民的生活，甚至在运营后遭到市民的投诉，同时对城市的景观也产生了影响，因地制宜地采用集中供冷新技术可达到“环保满意”“规划满意”的效果。系统提供了一种新的供冷方式，可以通过集中冷站的选择使空调系统对周围城市环境的影响减小。减小了地铁建设与环保、规划的协调工作量，减小了市民投诉的几率。

合理的供冷系统布置可充分利用线路上的已有“资源”及城市的“综合能源梯级利用”，例如可利用盾构始发井、折返线、联络线上部明挖空间等无法充分使用的建筑空间设置集中冷站，节省被供冷站的制冷机房的面积。热源应优先，当城市具有火力热电厂等“废”热源时可直接实现冷、热、电联产，这是国家推荐的节能技术，通过集中冷站可方便地向多个车站供冷，这也符合现行的《采暖通风与空气调节设计规范》规定：“需设空气调节的商业或公共建筑群，有条件时宜采用热、电、冷联产系统或设置集中供冷、供热站。”可利用城市的江河水进行天然冷却，达到节能运行的效果；城市电网有峰谷电价差别时，可采用蓄冷或蓄冰的集中供冷系统，达到降低制冷机容量，移峰填谷，实现最佳经济性能的目的。

(二) 技术性能及技术特点

1. 供冷范围及距离

根据广州地铁多条线路的应用情况以及集中供冷系统的技术比较，采用常规供水温度(7℃)下供冷的较佳距离为 2km 左右，根据车站间距的情况，单向分支不宜大于两个车站。

广州地铁 2 号线最大的供冷距离达到了 3.2km。供冷的容量越大，其性能比越高，冷站布置应集中在负荷中心。

2. 冷站容量

冷站宜采用放射状辐射，应根据线网规划的站点布置，做好线网集中供冷的专题研究。

根据广州的工程应用，最大的冷站目前做到了 9900kW、供应 2 条线、1 个控制中心的规模，采用分期实施的方式。

3. 冷站的占地面积

在同样的供冷半径下，供冷的点越多，辐射的面积越广，经济效益越优。冷站的面积不随容量比例增加，目前采用二级泵系统，1500冷t的冷水机房面积约为700m^2(包含了供电及配电用房)。

4. 冷冻水输送保温及能耗

集中供冷的技术难点之一就是冷冻水的长距离输送。保温材料及保温工艺的优劣直接影响各被供冷车站的舒适度，采用了密度为80kg/m^3的管壳式玻璃棉及泡沫玻璃两种保温材料，保温材料外表面有防潮及防护层，计算的冷损失为20W/m左右。

5. 大温差

集中供冷系统采用了冷冻水大温差技术，进一步弥补了长距离输送的缺陷。以往国内空调系统冷冻水温差历来都是按5℃设计，很少有设计人员突破5℃的限制。冷冻水温升加大，则水量变小，泵的动力可减少。集中供冷系统目前最高采用了冷冻水10℃的大温差并已成功运营。

6. 二次冷冻泵的扬程及变频控制

为进一步降低输送能耗和便于调节，集中供冷系统采用了二次冷冻泵及变频控制，根据不同的供冷距离选择二次冷冻水泵扬程，水泵采用无级变频控制。二次冷冻水泵的扬程目前在80m以下，全年的变频控制可在25~50Hz调节，管网的承压在1.2MPa以内。

7. 集中供冷系统的集中自动控制

集中供冷系统存在的难点是：每个集中供冷站需控制的设备包括冷水机组、变频泵等智能设备7~10套，末端组合空调10~14台，要求调控的过程变量达30多个，属于多变量调节系统，关联因素多，无法精确建立控制模型；冷冻水传输距离远达3.5km，系统的延时长，实现实时控制难度大。作为一个完整的控制系统，必须综合考虑所有被控参数的调节、所有被控对象的联动控制与安全互锁问题。

集中自动控制主要思路是：采用解涡的方法，按主元分析法的思路将整个控制系统分解成三个相对独立的调节环节，实现多变量控制系统的动态调节；将三个环节组成一个串级调节系统，把系统中的许多过程变量当作内部干扰量处理，建立自适应抗扰动调节模型；通过对变化趋势的预测，采用超前调节与控制，实现系统的实时控制。

集中自动控制主要技术措施是：采用串级调节的思想，将整个冷站的空调水系统看成是一个三环调节系统，将系统中的诸多变量按负荷传递的作用进行分组分环。

内环：末端空调机组作为最内环，以环境温度作为控制变量，调节阀开度作为调整控制变量，其他像冷冻水温度、车站客流量、冷冻水压差等作为扰动变量。中环：以变频泵调节作为中间环，冷冻水管网压差作为控制变量，变频泵的运行频率作为调整控制变量，像阀的开度、冷冻水温度、环境温度等作为扰动变量。外环：以冷水机组作为最外环，以冷负荷作为控制变量，结合冷机的运行效率曲线进行冷机群控，实现冷机运行台数的控制和冷冻水出水温度的再设定，将其他因素作为扰动变量。

8. 集中供冷系统的特点

针对集中冷供系统的特点及技术难点，采用了冷冻水大温差及二次泵变频技术，从而提高了制冷机组的能效，降低了冷冻水输送的能耗，解决了在不增加土建工程的基础上利用区间隧道空间敷设冷冻水供回水管道的诸多关键问题，优化了集中冷站作用半径，对集中冷站的合理布局与集中供冷的输送冷负荷损耗及负荷调节的延时问题从工艺设计上控制到了最少，且又通过创新的自动控制与调节得到了较为理想的解决。广州地铁 2 号线集中冷站已经运行近两年，成功实现无人值班的全自动化控制，达到了各项预计目标。

（三）适用范围及应用条件

针对集中供冷系统的特点及技术难点，本系统主要适用以下的城市轨道交通线路：

（1）城市具有冷、热、电三联供，可提供经济合理的低品质热源(采用吸收式制冷时)。

（2）可以通过集中冷站的选择使空调系统对周围城市环境的影响减小，集中设置冷冻站便于化零为整，使设备的效率合理利用。

（3）城市老城区或规划限制区域建设轨道交通线路时，可减小地铁建设与环保、规划的协调工作量，减小了市民投诉的几率。

（4）当采用蓄冷空调经济合理时，存在峰谷电价差。

（5）多条线路的交汇站点，供冷时可呈辐射状。

（6）线路存在折返线，上部空间可以充分合理利用，并有条件设置冷却系统。

（7）可以利用天然冷源冷却(如江水或湖水时)，水质良好，水处理工艺简单有效。

三、自动售检票系统

（一）技术内容

地铁自动售检票系统(以下简称 AFC 系统)是融计算机技术、信息收集和处理技术、机械制造于一体的自动售票、检票系统。采用新型的非接触 IC 卡，避免了磁卡系统的清洗和塞卡现象，设备机械结构简化，降低了设备的故障率，从而为企业节省了大笔的维护维修费用。系统的代币式非接触式 IC 卡的应用是世界首创，车站设备人机界面良好，自动售票机和闸机为乘客提供最方便可靠的票务服务。乘客可以随时随地给 IC 卡储值，甚至能够当作电子钱包使用，同时与城市公交系统实现“一卡通”。系统的采用不仅成倍地提高了乘客的通行速度，方便了市民出行，还有利于准确及时地对客流量、销售额等数据进行实时的收集和管理。

该系统集自动控制、信息管理、数据分析、机电一体化设备、微电子和网络等技术应用于一体，结合我国城市轨道交通自动售检票系统的应用和产业化需求，解决了七方面的关键技术难点；结合城市信息一体化和交通服务收益多元化的需求，提出并实现了城市轨道交通网络化自动售检票系统“五层架构”(网络中央计算机系统、线路中央计算机系统、车站计算机系统、终端设备和车票)；根据收费区内直接换乘的运行控制和票务管理需求，系统采用闭合运行的设计思路，支持计程、计时、递远递减等综合多因素计费模式，并采用了具有创新性的海量数据排序处理、动态网络路径的固化处理、清分算法等多种技术手段，开发了清分处理、账务结算、系统管理、公共服务、业务监控、OLAP 分析等软件系统；研制了自动检票机、自动售票机、分拣编码机、半自动售/补票机、加值/验票机等系列化终端设备产品。

（二）主要技术性能

AFC系统由综合中央计算机系统、中央计算机系统、编码/分拣设备、车站计算机系统、车站AFC现场设备(包括进/出闸机、双向闸机、自动售票机、票房售票机、自动验票机和便携式验票机)、车票及通信网络组成。

1. 车站AFC现场设备

接收车站计算机系统下发的系统运行参数、运营模式命令及黑名单等，向车站计算机系统上传原始交易数据和设备状态信息。具有正常运行、故障停用、测试、检修、停止服务以及紧急等运行模式。当与车站计算机通信中断或系统故障时，车站售检票终端设备应具有单机工作和数据保存能力，并能实现数据的外部导出，故障修复后数据能自动上传。

闸机采用扇门闸机，能对乘客持有的公交“一卡通”系统及地铁专用的非接触IC卡车票进行编码，对于有效的车票打开扇门让乘客通过。在出闸机时，能对指定的地铁专用非接触代币式IC单程卡回收。双向闸机将同时具备进闸机及出闸机的功能。在站控室设置紧急按钮，当发生紧急情况时，可使用该按钮打开所有闸机的扇门，保证乘客无阻碍地离开付费区。同时，在没有电力供应的情况下，闸机的扇门处于常开状态以保证乘客进出。对员工票、特惠票、黑名单票的使用有声光报警(可由车站计算机控制声响、闪光、亮灯)，以便站务人员监督。票房售票机安装在车站的票务处，具有售票模式、补票模式以及售票、补票兼顾模式。

由车站工作人员操作，能对公交“一卡通”及地铁专用车票进行处理。可对车票进行分析、发售无效更新、充值、替换、退款、交易查询、收款记录及处理乘客投诉、记录票务管理行政收款等处理。在完成车票处理及操作员班次结束后，将打印收据及班次报告。

自动售票机安装在非付费区，用于发售代币式单程票。自动售票机配有触摸屏以及乘客显示屏，上面配有地铁线路图以及设备使用指南。自动售票机能发售两种不同票面的车票，并能一次交易发售多张车票，包括两种票面以及不同票值的车票。自动售票机接收硬币、纸币、地铁储值车票及“一卡通”储值车票，并可以硬币找零。

自动验票机安装在非付费区供乘客对车票进行查询，能读取公交“一卡通”及地铁专用车票的数据。所有涉及公交“一卡通”车票的查询需求与公交“一卡通”系统的要求相符。

便携式验票机是站务员或稽查人员对乘客使用车票进行检查的设备，能读取公交“一卡通”及地铁专用车票的数据。能通过显示器显示车票的查询结果，通过机座可与车站计算机或工作站相连，下载所需的系统参数、软件及上载数据。

2. 车站计算机系统

接收中央计算机系统下发的系统运行参数、运营模式命令及黑名单等，并下传给车站现场设备。

采集车站现场设备的原始交易数据和设备状态数据，并上传给中央计算机系统。对车站现场设备进行实时监控和管理，能显示设备的运行状态，并根据需要启用紧急模式。完成车站各种票务管理工作和自动处理当天所有的数据和文件，并能定期生成统计报告。

3. 中央计算机系统

能独立实现所辖线路的运营管理、票务管理及设备管理，对重要数据应具有自动备份和恢复功能。

接收综合中央计算机系统下发的系统运行参数、运营模式命令、交易结算数据、账务清分数据、审计文件、黑名单及票卡调配管理数据等，并下载至车站计算机系统。

综合中央计算机系统上传各类车票的原始交易数据、设备状态数据及设备维修数据等，完成与清分中心的清算对账和线路的收益管理功能。

接收车站计算机系统上传的车站售检票终端设备的数据，包括车票的交易数据、设备状态数据、辅助设备维修数据等。

向车站计算机系统下载系统参数和运营模式命令及黑名单等。

对采集的数据进行分类处理和报表打印，以满足系统监控、运营管理及决策分析的需要。对车票进行跟踪管理，并能提供车票交易的历史数据和车票余额等信息的查询及黑名单管理。

具有操作权限的设置和管理功能。具有集中设备维护和网络管理功能。

4. 编码分拣设备

接收综合中央计算机系统下载的操作参数，时钟同步、安全控制、授权、定期审计查询等，具有对系统发行的车票进行初始编码、分拣及赋值、校验、注销等主要功能。同时将设备状态信息、故障信息及操作员信息上传到综合中央计算机系统。

5. 综合中央计算机系统

能独立实现所辖线网的运营管理、票务管理及设备管理，对重要数据具有自动备份和恢复功能。

接收公交“一卡通”中央清算系统下发系统运行参数、交易结算数据、账务清分数据及黑名单等；接收公交“一卡通”安全、车票等参数和数据。

向公交“一卡通”中央清算系统上传各类车票原始交易数据，实现地铁系统与公交“一卡通”系统间的清算、对账。

统一线网内的车票发行。接收中央计算机系统上传各类车票的原始交易数据。向中央计算机系统下发系统运行参数、运营模式命令、交易结算数据、账务清分数据、各类审计文件、黑名单及票卡调配管理指令等。

对系统进行密钥设置、权限管理以及密钥下载。

负责“一卡通”车票在地铁线网内不同线路之间交易的清分。

6. 车票

车票是记录乘客乘车信息的媒介和载体，能记录车票的系统编号、安全信息、车票种类、个人信息、进出站信息、金额、有效期、历史交易记录等信息，与车站现场设备共同完成 AFC 系统的售检票功能。车票分为非接触卡式及代币式 IC 卡。

7. 通信

AFC 系统全线网和全线路的骨干传输网络由通信系统提供，各层级系统内的局域网由 AFC 系统独立构建，整个 AFC 系统的传输网络采用标准开放的协议。

（三）技术特点

（1）在国内外地铁中率先使用“代币式”非接触 IC 卡，同时也是我国内地第一个车票全为IC卡的地铁。这个创新成果正在为全世界的同行共享。同时也是全球第一套全程采用非接触式IC卡的系统，给世界地铁行业带来了一场技术革命。

(2) AFC系统是封闭式的全自动收费系统。具有完全独立的密钥安全体系，在票卡层面、售票设备层面、检票设备层面以及中央系统层面，都确保了票务系统的安全性，将发生“欺诈”的可能性降到最低。

(3) AFC系统统一票卡的技术标准，在确保票卡安全性的同时，也降低了采购成本。AFC系统所有设备均具备处理非接触IC卡车票能力，实现了票务系统的通用性，确保乘客持同一张票卡可以使用多种公交模式。

(4) AFC系统的车站设备人机界面良好，自动售票机和闸机分别为乘客提供最方便可靠的票务服务。

(5) AFC系统购票操作更方便，单程票售票功能更完善，人机界面、纸币的使用、多种支付方式、可以选择购买多张车票，减少了运营公司多次销售的成本，从而从总体上降低了运营成本。

(6) AFC系统储值卡安全级别高，操作简便，风险较低，储值票可自动加值，而且票卡充值的任务是由乘客来承担的，这样可以大大减轻运营公司的工作负担。

(7) 在同一个票价政策中根据票种的设置情况，采用多个票价结构相结合，达到平衡运营收益与乘客利益的目的。

(四) 适用范围及应用条件

为减轻地铁员工的工作强度，提高售票、检票、统计及结算的效率，实现地铁收费、计费、自动和半自动售票、自动检票、各种统计和结算等过程的自动化管理，城市轨道交通线路均宜设置自动售检票系统。

四、地铁扶梯变频调速和信息化节能技术

(一) 技术内容

目前国内外的扶梯节能应用主要有无人停梯、无人爬行、星-三角转换三种模式。无人停梯、无人爬行模式实现空载工况下的节能，星-三角转换模式实现轻载工况下的节能，分别是靠无人乘梯工况下减速运行或提高电机在轻载工况下工作效率的方式节能，受无人乘梯时间或提高电机效率范围的限制，节能效果都在10%以内。而信息化和变频调速技术的节能应用从减小输出功率和减低损耗两方面入手，较全面地解决扶梯在各种工况下的节能问题，节能效果一般在30%以上，并且在启动性能、运行性能、电气性能方面全面优于上述节能模式。

信息化和变频调速技术具有如下特点：

1. 全面解决扶梯在各种工况下的节能问题

针对扶梯不宜实时调速的特点，建设性地提出以变频器的节能运行模式配合扶梯的分时段运行，较全面地解决扶梯在各种工况下的节能问题。

根据电机拖动原理：电机输入功率=输出功率+损耗(可变损耗+不变损耗)，可以通过减小输出功率和降低损耗的方式实现扶梯的节能应用，减小输出功率的同时也降低了可变损耗。

2. 根据客流量调整扶梯的速度时刻表实行扶梯的分时段运行

扶梯是特种安全设备，乘客的安全始终是第一位的，应尽量减小调速的频度，而且客流很分散，不宜对扶梯进行实时调速，因此分时段运行是比较好的选择，也就是扶梯按照预先设定的速度时刻表运行。扶梯速度可以在 0.13～0.65m/s 之间无级调整，时间段可任意设置，但扶梯处于空载工况时，始终以 0.13m/s 速度运行，不受速度时刻表的限制。

3. 实现扶梯的无级调速控制，采用能源回馈的方式处理再生能源

空载扶梯以 0.13m/s 的速度运行(20%额定速度)，当有乘客进入探测区域时，光电感应装置立即向控制系统发出信号，扶梯开始加速直至达到默认速度。这一过程在变频器控制下逐渐地、平稳地完成，乘客并不会感觉到扶梯速度有明显的变化。在一段时间内，无乘客使用时，系统控制扶梯自动减速至 0.13m/s。

扶梯的整个运行过程中，驱动主机始终和变频器相连，由变频器控制其运行。扶梯控制器通过 RS485 接口与变频器进行数据交换，根据 BAS 系统下发的速度时刻表对变频器进行频率调节，实现扶梯的无级调速控制。

当扶梯减速或重载下行时，电机处于再生制动状态，特别是大提升高度的重载扶梯，经过模拟测试，其再生能源是比较大的。对于不宜采用能耗电阻的扶梯，选择能源回馈模块处理再生能源。

4. 实现自动化管理

采用计算机、现场总线、通信技术，为全地铁的扶梯构建一个信息共享的平台，实现在控制中心、车站控制室、维修中心远程设置扶梯的速度时刻表及系统时钟校对，扶梯运行、报警、故障信息的实时上传，实现了管理自动化。

扶梯通过 485 接口与 BAS 通信控制器通信，实现速度时刻表的设置、系统时钟校对以及状态信息的实时上传。

(二) 主要技术性能

额定速度：0.65m/s；

维修速度/节能速度：0.13m/s；

理论输送能力：11700 人/h；

平均无故障时间：50000h；

空载运行时，梯级及盖板上方 1m 处噪声值不大于 65dB(A)；

水平和垂直振动加速度小于或等于 0.5m/s。

(三) 技术特点

国内外的扶梯节能应用主要有无人停梯、无人爬行、星-三角转换三种模式，与信息化和变频调速技术的应用情况比较如下：

1. 节能效果

无人停梯和无人爬行模式实现空载工况下的节能，星-三角转换模式实现轻载工况下的节能。而信息化和变频调速技术的应用从减低损耗和减小输出功率两方面入手，较全面地解决扶梯在各种工况下的节能问题，节能效果一般在 30%以上。

2. 使用性能

信息化和变频调速技术的应用，减小对电网的冲击，乘坐更安全、舒适。

3. 智能管理

采用计算机、现场总线、通信技术，为地铁的扶梯构建一个信息共享平台，实现远程监控功能。这是信息化和变频调速技术应用独有的功能，国内外的应用主要以干触点的方式实现远程监视功能，并不上传具体的故障代码，没有远程控制功能。

（四）适用范围及应用条件

城市轨道交通工程、交通枢纽、商场、楼宇中有节能要求的扶梯。

五、环控通风空调系统

（一）技术内容

地铁运营的直接成本近 40%是电费，而其中 50%是环控系统消耗，因此环控系统的节能尤为重要。而传统的地铁空调通风系统中的大型风机、空调箱、水泵等设备，采用单一的固定频率运行，不能根据地铁车站负荷的变化进行自动调节，耗费了大量的能源。因此，如何采用先进的技术对空调通风系统中的大型风机、空调箱、水泵等设备进行智能控制，有效地降低地铁空调通风系统的运行成本，成为地铁节能领域的一个重要课题。

本技术采用闭环负反馈的控制原理对车站公共区的温度、湿度进行自动调整与控制。首先，按环境控制的工艺要求，在站厅、站台的不同部位共安装了多套温湿度探测器，对其采集的数据加权平均后，作为车站公共区的环境温度、湿度的实测值；然后，将该实测值与设计的给定值进行比较，自动控制系统的控制器根据此实测值与给定值的比较结果，进行运算，并将运算的结果输出给变频器，动态调整电动二通阀的开度和风机电动机的输入电源频率，从而实现了对车站公共区的环境温度、湿度的自动控制，大大提高了设备的运行效率，减少了电能的消耗，降低了地铁运营成本，节约了能源。

（二）主要技术性能

通过理论分析和实测，在满足换气次数>5 次/h、设计新风比>10%及客流量>2.5 万人/(站·日)的前提下，组合式空调箱送风机、回排风机采用闭环负反馈变频控制系统与非变频的常规系统相比，节能的效果明显，比不采用变频技术的空调通风系统节电 70%以上。

（三）技术特点

本项目采用流体相似性理论和现代控制理论中闭环负反馈的控制原理，通过变频调速实现地铁环控空调通风系统的低能耗、低噪声、低磨损、高效率的运行状态，能够根据地铁的客流量、室外的温度和湿度变化情况，自动调整地铁环控空调通风系统中电动二通阀的开度和各种送风机、排风机的运行频率，在保证车站内所要求的温度、湿度、新风量和换气次数的情况下，全面实现最大限度的节能。为地铁车站空调通风设备提供了一个集计算机、软件、网络、控制、通信等技术为一体，并将信息、控制、机电设备进行深度集成的全自动智能化的中央监控管理系统。

根据国际、国内最新报告和鉴定的结果，确定该成果为国内首创，处于国际先进、国内领先水平。

（四）适用范围及应用条件

适用于城市轨道交通领域的空调通风系统。

六、集成闭式通风空调系统

（一）技术内容

1. 技术原理

在城市轨道交通集成闭式通风空调系统产生之前，国内外城市轨道交通采用的通风空调闭式系统形式基本相同，都是区间隧道与车站通风空调系统分散独立设置，系统功能单一。

传统闭式系统虽然已经过长时间的实际应用、工程技术及设备工艺成熟，但这样的系统形式构成复杂、控制繁琐，从而导致车站土建规模大、投资高、运行费用大。典型闭式系统地下车站通风空调机房及土建风道的面积约为 2600m^2，占车站总建筑面积的 25% 左右，土建造价约为 1900 万元。由于系统分散，设备数量多，车站通风空调设备投资较高，每站约为 800 万 ~1000 万元。另外，传统城市轨道交通通风空调系统缺乏行之有效的节能降耗手段，系统的运营能耗惊人。据广州地铁公司的统计数据显示，城市轨道交通通风空调能耗已占到了城市轨道交通总能耗的约 60%，也就是说，通风空调能耗已超过了列车牵引能耗（约占 17%），成为城市轨道交通中的第一用电大户。正是在这样的背景下，北京城建设计研究总院推出了城市轨道交通集成闭式通风空调系统，以谋求在满足城市轨道交通的各种功能要求的前提下，降低城市轨道交通造价和运行成本。

根据以往传统闭式系统的做法，区间隧道与车站公共区的通风空调系统是完全分开独立设置的：区间隧道通风系统设置专用事故轴流风机，只在区间发生阻塞、火灾事故以及夜间通风时使用；车站公共区设置组合式空调机组及回排风机，仅为公共区的正常通风空调及火灾排烟服务。从工况分析可以看出，区间隧道与车站公共区两个独立的系统不存在同时使用的情况，即车站公共区系统运行时，区间隧道系统是关闭的，反之亦然。而且，车站公共区系统常年运行，而区间隧道系统则长时间闲置。另外，城市轨道交通线路通常设在规划道路下面，风亭要控制在道路红线以外的合适位置，风道一般很长，少则三四十米，多则七八十米。传统闭式系统中风道内部的空间不能很好地加以利用，如何将长时间闲置的隧道事故风机以及风道内部的空间有效地利用起来，便成为城市轨道交通集成闭式通风空调系统产生的最初动因。

传统系统的区间隧道与车站公共区的通风空调机房一般都设置在车站两端，位置相邻。区间隧道风机的风量约为 20 万 m^3/h，车站公共区系统风量在 12 万 ~18 万 m^3/h，两个系统的风量相近，采用变频技术可以将两个系统的风机合用，满足风量、风压要求。从两个系统的通风方向看，一个向隧道且方向可逆转；另一个向车站有送有排。风机合用后设置在风道内，通过风机及风阀的转换即可实现分别对隧道和车站通风。车站公共区的空气处理设备，如表冷器、过滤器亦可以通过改装后设置在风道中。这样就可以将隧道与车站公共区通风系统完全合并设置在风道中，既解决了隧道风机的闲置问题，又有效地利用了风道内的空间。可以说，将隧道通风系统与车站公共区通风系统完全合并集成设置在风道中是集成系统的基本思路。

除将系统合并布置外，为了保证合并后的系统能够安全、可靠、节能运行，在集成闭式系统中还采用了风机变频技术及可自动开启表冷器等新型设备。采用风机变频技术，一方面满足不同通风工况的不同通风参数要求；另一方面，根据季节、时段分别对通风空调系统进行全过程、精细化、智能化控制。采用可自动开启的表冷器，在通风季节将表冷器从风道中移开，较传统采用固定表冷器空调机组的系统风阻降低，节省风机电耗。

因此，所谓“集成系统”是利用传统系统中常规的通风空调设备，并采用成熟的风机变频技术以及在传统设备基础上改进而成的可自动开启表冷器，对传统闭式通风空调系统的各个子系统进行系统合并、集成，并重新组织系统布局。通过系统的集成，可以大大地简化系统构成，节省机房面积、缩小车站规模、节约运行成本。

2. *简要技术介绍*

城市轨道交通集成闭式通风空调系统包括：区间隧道正常通风及事故通风系统；车站站厅和站台公共区空调、通风兼防排烟系统；车站设备管理用房空调、通风兼防排烟系统；空调水系统。其中车站设备管理用房空调、通风兼防排烟系统、空调水系统与传统系统基本相同，主要创新集中在车站公共区及区间隧道通风空调系统上。

典型车站在车站两端分别设置一条送风道和一条排风道，每端的送风道内设置可自动开启式表冷器(包括挡水板)和空气过滤器，并利用车站送排风道及风道内的送排风机、消声器、组合风阀等组成车站公共区空气处理系统。通过电动组合风阀的开闭转换及表冷器的开启，该系统能满足公共区空调季节最小新风运行、全新风空调运行和非空调季节通风运行等要求。车站公共区通风空调系统同时兼做站台、站厅的排烟系统，排风机兼排烟风机。车站送、排风机均为可逆转耐高温轴流变频风机。正常运行工况下，通过变频调整至车站所需的空调送风量和风压。

上述每端两台车站送、排风机共同兼做区间隧道事故风机，共同组成区间隧道事故通风系统。当区间隧道发生火灾时，两台风机可以同时对事故区间进行送风或排烟，同时电动开启送风道内的表冷器和空气过滤器，形成无阻挡的送风道或排烟道；当区间隧道发生阻塞事故时，可以继续向表冷器送冷冻水，降低送入阻塞区间空气的温度，对降低夏季阻塞区间的温度非常有利。可自动开启式表冷器主要由两扇门式表冷器组成，而每扇门式表冷器是由3~4个小型模块式表冷器组成，安装在装配式的表冷段之内。整个表冷段在工厂完成加工、测试。

现场施工管理方便，冬季可采用高压吹风的方法进行泄水防冻。另外，门式表冷器可以电动开启和关闭，开启时间小于30s，火灾时和非空调季节可电动打开，无须设旁通风道，节约造价及运行费用。

（二）主要技术性能

新型集成闭式系统方案，可完成城市轨道交通通风空调系统的如下功能：

(1) 当列车正常运行时，应保证城市轨道交通内部空气环境在规定标准范围内，为乘客和工作人员提供一个适宜的人工环境，满足其生理和心理上的要求。

(2) 当列车阻塞在区间隧道时，应保证阻塞处的有效通风功能，以保证列车空调等设备正常工作，维持车厢内乘客在短时间内能接受的环境条件。

(3) 当列车在区间隧道发生火灾事故时，应具备防灾排烟、通风功能，为乘客和消防人员提供足够的新鲜空气，并形成一定的迎面风速，引导乘客安全迅速地撤离火灾现场。

(4) 当车站内发生火灾事故时，应具备防灾排烟、通风功能。新型集成闭式系统方案，可以保证车站公共区及区间隧道的如下设计参数：夏季空调站台计算干球温度 29.0℃；夏季空调站厅计算干球温度 30.0℃；夏季空调站厅、站台计算相对湿度 40%～65%；隧道内正常运行时，日最高平均温度<35℃；区间阻塞时，列车顶部最不利点温度<45℃。

(三) 技术特点

与国内外同类技术比较，集成闭式通风空调系统具有以下独创性和先进性。

(1) 将车站公共区通风空调系统与区间隧道通风系统设备集成设置，减少平时闲置设备，降低系统机房面积。国内外普遍采用的闭式通风空调系统的区间通风系统、车站空调系统均为独立设置，每座车站设置的 4 台事故风机(大型可逆转轴流风机)常年闲置，占用宝贵的地下空间。同时，车站公共区通风空调系统设备布置在车站主体结构内，风道空间没有得到充分利用。而集成系统通过区间隧道通风设备与平时通风设备共用以及对土建风道空间的充分利用，大大简化了系统，降低系统的机房占用空间，节省土建造价。

(2) 取消车站公共区组合式空调机组，设置可自动开启风道表冷器。传统的城市轨道交通通风空调系统中设置组合式空调机组，其内部的表冷器空气侧阻力为 150～200Pa，占风系统总阻力的 20%。在空调季节表冷器对空气进行降温除湿处理，是必需的设备；而在通风季节，表冷器则变成了多余的设备，只能增加能耗。为此，在集成闭式系统中引入了可自动开启表冷器的新型设备。该设备设计为门式，两侧设轴，可以在通风季节电控延轴开启，降低系统的通风阻力，节约通风能耗。根据实测结果，8 万 m/h 的组合式空调机组，表冷器打开前的风机功率为 50kW，打开后风机功率降为 36.8kW。也就是说，通过表冷开启，在通风季节能耗可以降低 28%左右。对于通风季节较长的城市来说，节能意义非常重大。

(3) 集成系统的车站送排风机均采用变频控制。一方面，满足不同通风工况的不同通风参数要求；另一方面，根据季节、时段对通风空调系统进行全过程、精细化、智能化控制。集成闭式系统的车站送、排风机在事故工况下(包括车站排烟工况、区间隧道火灾及阻塞工况)，兼作为事故通风机。由于不同功能所需的风机风量与风压均有所不同，为了使一台风机满足所有工况要求，以往的做法是按照最大的风量、风压(事故工况)选择风机，导致正常工况下的风量、风压都高于设计值，运行时通过风阀的调节进行节流，造成一定的浪费。在闭式集成系统中，设置了可以调节风机转速的变频器，从而改变风机的特性曲线，以满足不同的风量、风压要求。通过变频使工作点与设计点重合，从而大大降低正常通风工况的运行能耗。

地铁通风空调系统的设备一般按远期高峰小时运行情况进行配置，而系统负荷随列车的对数、客流的变化而变化。在运行初期、近期，客流及行车对数远没有达到设计水平，因此设备容量有较大的富裕量；同样，在非高峰时段的系统负荷较高峰时段也有较大的差距，存在设备容量富余的问题。在一般民用建筑中，当空调负荷发生变化时，采用调节风量的手段较其他调节手段更加节能的思想已被广泛接受，并已大量采用。从空气动力学理论讲，改变通风机转速是最合理的调节方法。对于电动机来说，变频调速可以保证在较低的输出功时有较高的电机效率。另外，在相同的流量和压力下，由于采用变频调速调节通风机时，叶轮的转速较低，通风机的噪声相对于其他调节方法要低。同时由于转速降低，叶片所受离心力也降低，这对于延长通风机叶轮的寿命也是有利的。

城市轨道交通集成闭式通风空调系统在保证城市轨道交通工程的功能要求的前提下，通过对通风设备的共用、新设备的采用、地下空间的合理利用，实现降低城市轨道交通造价、降低城市轨道交通运行能耗的目的。

(四) 适用范围及应用条件

城市轨道交通集成闭式通风空调系统适用于城市轨道交通工程采用闭式通风空调系统的地下车站。

七、车站运营新技术

(一) 时间同步技术

1. 时间同步技术概述

基于网络的时间同步技术是地铁综合监控系统的支撑技术之一。为确保综合监控系统(ISCS)的安全稳定运行，对时间同步精度提出了高要求。各类综合监控子系统的稳定工作和作用发挥更离不开统一精确的时间基准。目前，普遍采用全球定位系统(GPS)或者北斗卫星导航系统作为基准时间，地铁控制中心构建全站统一的通信时钟源装置，为地铁设备提供统一对时信号。ISCS 通过和通信时钟源的串行接口获取标准的时钟信号，从而在 ISCS 内部构建起统一的地铁综合监控时间同步系统。

为确保 ISCS 统一的对时精度，开展了时间同步监测技术的研究工作，实现了覆盖控制中心和各座车站的时间同步闭环管理，为综合监控设备时间同步精度提供了技术手段和工作平台。在地铁 ISCS 的建设中一般不包含通信时钟源。该时钟源由通信专业提供，因此 ISCS 的对时需要分为两个阶段：首先，ISCS 利用通信接口从通信系统时钟源获取标准时间，然后 ISCS 内部利用 NTP 协议实现全系统时间同步。

2. 对时接口设计

清晰地划分 ISCS 和通信系统的职责分界面是对时方案顺利实施的保证。ISCS 与时钟系统的接口位置在中央通信设备室时钟配线架外侧，ISCS 控制中心通信前置机通过 2 路 RS422 串行接口电缆连接至控制中心通信时钟源。该钟源是由通信专业提供的一级母钟。ISCS 和通信时钟源采用基于 RS422 的串行通信协议实现对时功能。当 ISCS 和通信时钟源建立链接后，时钟源每隔 1000ms 向 ISCS 发送一次对时报文。

3. ISCS 内部的 NTP 对时方法

ISCS 中央级前置机从通信时钟源获取标准时间信号，该时间即成为 ISCS 内部时钟源，然后再利用 NTP 协议实现内部设备的时间同步。通过因特网调整时间分配，使用的是可返回时间设计方案，通过本地路由选择算法和时间后台程序，可以重新分配标准时间。其目的是以网络的方式传递统一、标准的时间。NTP 协议是 SIO(国际标准化组织)参考模型的高层协议，符合 UDP(用户数据报协议)传输协议格式，拥有专用端口号 123。

在 NTP 对时网络中，根据设备所在的层次结构，在理论上可以将对时网络划分为 15 个级别，按照时钟源的远近将所有服务器归入不同层(Stratum)中。Stratum-1 在顶层，有外部时钟源接入；而 Stratum-2 则从 Stratum-1 获取时间，Stratum-3 从 Stratum-2 获取时间，以此类推。但 Stratum 层的总数限制在 15 层以内。所有这些服务器在逻辑上形成阶梯式的架构相互连接。

内部时钟源和接收方的通信处理有一定的延迟，并且 RS422 串行口的传输时间也是不容忽略的，因此如何确定传输延时就显得非常重要。确定了合理的传输延时，接收方就知道了自己和时钟源的偏差，从而更新自身时钟，完成对时工作。

在 ISCS 内部利用 NTP 协议对时可采用 C/S(客户端/服务端)模式，分别设计客户端对时软件和服务端对时软件。对客户方而言，产生 NTP 查询信息包发送给服务端，并能对服务端返回的时间信息包进行检查、分析，生成 NTP 时间与本地时间的差值，进而对本地时间进行调整实现同步；对服务端而言，接收 NTP 查询数据包，按 NTP 协议规范，从本地时间产生 NTP 信息数据包并发回给查询方。

（二）城市轨道交通安检新技术

1. 安防系统设计必要性及原则

城市轨道交通是促进城市经济发展、社会繁荣的重要因素，但在提升生活质量和产业竞争的同时，降低对环境、能源使用、公共安全和公共健康的负面影响不可忽视。其中安全需求是城市轨道交通内在要求，表现为预防性、主动性的保护措施和救援、应急管理相结合的安全防范体系。

城市轨道交通安防是一项十分艰巨的常态性工作，增强城市轨道交通安防和应急应变能力是城市轨道交通运营管理的重要任务，研究合理的安防机制，引进新的安防技术和设备是其中十分重要的课题。安防机制的基本任务是日常安全防范，重点任务定位在突发事件的一线处置。在进行城市轨道交通基础设施建设和规划的同时应当考虑安防安检，避免造成改建、补建或重建的浪费。

城市轨道交通安防系统设计以技术先进、产品主流、设备实用可靠、系统结构合理、易操作、低维护量为出发点，应有设备和软件升级的余地。选用的设备必须适于电磁干扰大、粉尘大、温度高的工作环境，并可长期在这种恶劣环境下稳定可靠地工作。注重使用中的误报率和漏报率指标，这关系到系统的可信度和安防人员的劳动强度。实现数据共享，实时诊断，实时备份和良好的扩展性，形成完整的安防系统，发挥技术防范和人员防范的最大功效。前端现场设备和各分系统集中统一管理，实施对所有远端设备的分级控制，以保证系统发挥日常运营管理、突发事件时应急处理的职能；事发响应快、事后可追溯，使系统成为指挥员的助手。

综合上述分析可以看到，城市轨道交通对安防设备的使用要求除准确、可靠性外，还要检测速度快、小型、廉价。

2. 安检新技术的内容

(1) X 射线检测技术。X 射线检测技术包括双(多)视角技术和背散射技术。

双(多)视角技术为解决双能设备所得到二维图像在分辨重叠结构上的不足，多视角设备具备爆炸物、毒品检查功能的增强机型。多视角技术利用不同角度的照射，克服单视角下重叠物品无法区分的弊病。另外可使用 2 个或 3 个视图重建被测物体的 3 维视图，从而获得更精确的物体形状和密度信息。

背散射技术不同于传统的 X 射线技术。背散射技术是基于 X 射线技术的另一个应用发展，采用能量整形与“飞点”等技术。能量整形是用一种射线整形装置，使输出的射线具有预想的能量分布立体发散角及合适的射线强度。“飞点”是将经过能量整形的射线束，用开孔或开槽转盘调制，转换成为按某一个固定规律扫描的线状射线束。用此 X 射线束照射被检查物体，会使低密度有机物（违禁物品）产生背散射激发，使其从其他物品的复杂图像背景中浮现出来。与传统 X 射线透射成像相比，背散射技术的最大特点是对低原子序数的物质、有机物等有自动加亮功能，能够很好地区分在人体表面衣物内的金属、非金属和其他复合材料。因此，背散射成像特别适合对爆炸物、毒品等物品的检测，成为伪装或隐藏的爆炸物等违禁品的有效识别手段。

（2）离子迁移谱探测技术。离子迁移谱探测技术的工作原理是用吸气探头在被检查行李箱中采样，将样品放入离子管气化电离区，用放射性同位素或其他高能射线照射使气样中的各种杂质产生电离，再用高温的保护气体携带这些气化电离后的杂质离子通过再生式分子筛过滤系统，分子筛在 200℃高温下释放吸入的杂质，杂质离子在离子管高压电场的作用下产生离子迁移，形成离子迁移图谱。

根据不同物质的离子迁移谱波峰特征建立相应的样本库。离子迁移谱探测技术是一种高准确率和高灵敏度的探测手段，一般国外产品对离子浓度的探测灵敏度达到 10~14 量级以上，国产设备达到 10~12 量级，是各种军民用炸药和各种毒品的有效探测工具，已经在民航安检和边防、海关安检中大量使用。国外已经开始生产、销售一种配合这类安检的行李箱，在箱盖上有一个吸气采样的接口，实现不开箱安检，提高了安检速度。

（3）拉曼光谱探测技术。拉曼光谱研究分子内部各种简正振动频率及振动能级的情况，拉曼光谱是由分子振动或转动时的极化率变化（即分子中电子云变化）引起的，拉曼效应对应于分子振动能级跃迁，用来鉴定分子中存在的官能团，根据光谱峰值特征确定物质种类。对液态危险品检测很准确，可以预建样本库比对。

拉曼光谱探测设备已经在民航安检和重要场所安检中使用，如炸药在溶液中的特征谱线很明显，激光拉曼在乳制品加工的三聚氰胺检测方面已经获得国家质量监督总局的认可。

3. 安检新技术的特点

（1）安检新设备的应用特点比较。以上介绍的几种安检新技术，其设备在安检工作中可以相互配合使用。这些安检新设备的应用特点比较如下所示。

X 射线安检仪：功能完善，技术成熟，可连续地对行李箱包进行安检，直接看到透视成像；特别是采用伪彩色等功能后，成为安检的主流器材，体积较大。

背散射检查设备：对毒品、炸药等有机物有加亮显示，能检查大型集装箱和人体表面携带物品。高清晰显示藏匿的违禁物品；体积较大。

离子迁移潜探测仪：台式设备，体积小。便于携带：对毒品、炸药等能进行高准确率和高灵敏度的探测，可自行建模添加新样本；但一次分析时间较长（几十秒）。

拉曼光谱探测设备：手持或台式设备，重量轻、操作简单、分析速度快、能分辨液体中物质成分，识别危险化学品；数据库比对准确率高，可自行建模添加新样本。

（2）新型安检设备的优点。

① 安检手段互补，在保障乘客安全前提下，减少了现场开箱检查，更加尊重个人隐私。

② 安检新技术是主动预防性检查，对不法分子有强大的震慑作用。

③ 提高安检的有效性，发现危险品的概率大大提高。

④ 扩大安检的范围，安检手段覆盖了人体、箱包、液态物品及有伪装包装的危险品。

⑤ 安检新技术已有成型产品，是集危险品探测、识别、认定、预防的一体化系统，将可能的安防漏洞减到最少。

第五节　通信系统新技术

一、城市轨道交通通信系统

通信系统不是单一的子系统，而是多个独立的子系统的组合，以传输系统为核心，各子系统配合提供语音、数据和视频等业务。典型的城市轨道交通通信系统由以下几部分组成：

（1）传输系统；

（2）公务通信系统；

（3）专用电话系统；

（4）视频监控系统；

（5）广播系统；

（6）时钟系统；

（7）无线通信系统；

（8）乘客导乘信息系统

（9）公安/消防无线通信系统。

（一）传输子系统

传输子系统是通信系统中最重要的系统。一个可靠的核心传输系统将为各通信子系统提供传输通道，承载话音、数据、图像等多种业务。同时为其他自动控制管理系统如信号（ATS）、自动售检票（AFC）、防灾报警（FAS）、设备监控（BAS）和电力监控（SCADA）等系统提供传输通道。采用网络保护、设备保护、冗余配置等多种手段，保证网络的稳定和可靠，彻底杜绝事故隐患。

目前城市轨道交通通信系统采用的主流方案主要有基于 SDH（同步数字体系）的 MSTP（多生成树协议）技术结合 PCM（脉冲编码调制）传输复用技术的方案、OTN（光传送网）技术方案和 ATM 技术方案等。

（二）公务电话子系统

公务电话子系统为轨道交通管理部门、运营部门、维修部门提供一般公务联络（电话业务和非话业务），相当于企业总机，采用通用的程控数字交换机组成网络，并通过运营商提供的中继线路接入当地的公话网，能与地铁用户提供国内、国际长途和传真、数据等多种电信业务。

（三）专用电话子系统

专用电话子系统是调度员和车站（车辆段）值班员指挥列车运行和指导设备操作的重要通信工具，是为列车运营、电力供应、日常维修、防灾救护提供指挥手段的专用通信系统。系统包括了调度、站间和区间（轨旁）电话，可为控制中心指挥人员，提供专用直达通信并且具有单呼、组呼、全呼、紧急呼叫和录音等功能，同时可为站内各有关部门提供与车站值班员之间的直达通话，并且车站值班员可以呼叫相邻车站的车站值班员。

（四）视频监控子系统（CCTV）

视频监控系统是调度员和车站值班员监视列车运行、掌握客流大小和流向、提高行车指挥透明度的辅助通信工具，是列车司机在车站停车后监视旅客上下车、掌握开关车门时间的重要手段。当车站发生灾情时，视频监控子系统可作为防灾调度员指挥抢险的指挥工具。

（五）广播子系统

广播子系统为中心调度员、车站值班员提供对相应区域进行有线广播，并实现事故抢险、组织指挥和疏导乘客安全撤离时的中心防灾广播。车站广播系统供控制中心调度长、列调、环控（防灾）调及各车站值班员使用，为乘客播放列车到发信息、安全提示和向导以及向工作人员播发通知等；在紧急情况下控制中心广播系统人工切换至环控（防灾）调度员控制，车站广播系统人工切换为消防广播，引导站内人员疏散。

广播系统由控制中心广播子系统和车站广播子系统组成。采用控制中心广播为主、车站广播为从的主从两级控制方式。控制中心广播的优先级高于车站广播，车站广播在控制中心不广播时，具有独立广播的功能。平时以车站广播为主，控制中心可以插入，但在事故抢险、组织指挥、疏导乘客安全撤离时，则以控制中心广播为主。

（六）时钟子系统

时钟子系统是城市轨道交通运行的重要组成部分之一，其主要作用是为城市轨道交通工作人员和乘客提供统一的标准时间，并为其他各相关系统提供统一的标准时间信号，使各系统的定时设备与本系统同步，从而实现全线统一的时间标准。

提供时间信息的时钟系统分为一级母钟系统与二级母钟系统：一级母钟系统安装在控制中心，二级母钟系统安装在各车站和车辆段，用以驱动分布在站（段）内的子钟显示正确的时间。

二级母钟独立于一级母钟，可单独控制各路子钟，一级母钟可对二级母钟进行管理监控一级母钟接收 GPS 标准时间信号，产生精确时间码。采用 RS422 标准通信接口与二级母钟及其他各系统进行通信。确保专用通信系统的全系统时间与卫星时间严格同步。城市轨道交通时钟系统所采用的标准时钟设备，在输出时间信号的同时，亦输出为通信设备提供的时钟同步信号，使各通信节点设备能同步运行。

如上所述，城市轨道时间同步系统分为两类：一类是基于协调世界时（UTC）组建的时间同步系统；另一类是用于数字通信设备的时钟同步系统(或数字同步系统)。时间同步系统定时(例如每隔 ls 或 lmin)输出标准时间(年、月、日、时、分、秒、毫秒)信号；而时钟同步系统则输出高稳定度、连续的正弦波或脉冲信号。

二、城市轨道交通通信传输系统网络化技术

近年来，我国很多城市的轨道交通线路经历了从无到有，从单条线路到多条线路的发展过程，网络化特征日趋明显。其传输系统、公务电话系统、专用电话系统、有线广播(PA)系统、视频监控(CCTV)系统、时钟系统、乘客导乘系统(PIS)等也向着统一的网络信息平台发展。

将城市轨道交通各条线所属的通信网络互连互通，形成一个多线路的综合信息传输网络(一个可靠实用、技术先进、经济合理和扩展性强的传输网络)，并能适应各种业务对带宽的动态需求，能提供各种通信业务以及未来新业务的接口，是城市轨道交通传输系统建设的目标。

(一) 传输网络的总体构架

城市轨道交通线路多是分线分期进行建设，一条线路采用一套通信系统。单个传输网上的通信节点数目有限，其建设重点是单线传输网的安全性、可靠性和经济性。为适应传输系统网络化发展需要，现将整个城市轨道交通传输系统作为一个总体，分层次进行网络构架、维护和管理。该传输系统由骨干(网)层、汇聚层和接入层等组成。骨干层作为传输的核心部分，负责整个城市范围内核心节点的连接，并实现与其他网络的互联互通。骨干层节点数量少、业务容量大，侧重于对业务性能的监视、管理以及提供可靠的路由保护。在一定时间内，骨干传输层相对稳定。汇聚层主要负责承载各线(跨线)间的运营和管理信息，负责一定区域内的业务汇集和疏导，应具有强大的业务调度能力和多业务接入能力。接入层负责城市轨道交通各条线路通信业务的接入，节点数目多，单个节点的业务量相对较小。接入层因针对某条特定的线路应用而设计，更新变化可能更快，因此对可扩展性和设备性价比要求较高。

传输网络的分层结构使得业务传输和设备维护管理层次分明、分工明确，更便于建设者根据不同层面的需求以及技术发展的成熟度，分期、分步、分阶段引入不同性能的设备。网络层次的划分应根据本地传输网的规模、承载的业务特性及传输节点的数量进行合理规划对于规模较小的城市，在业务接入点数量不是很多的情况下，可省略汇聚层，按两层网络建设。传输节点的设置应综合考虑城市轨道交通总体发展规划及其他相关因素。同时，为提高网络的可靠性，建议传输网各层采用环形拓扑结构，以双向复用段和单向通道保护环为主。

(二) 技术类型及选择

在早期的城市轨道交通通信系统中，传输业务主要有专用电话、公务电话、无线基站数字链路、广播、时钟、视频监控和各种网管信息等，以时分复用(TDM)业务为主，几乎没有 IP 数据业务。随着城市轨道交通的发展，通信系统承载的业务发生了很大变化，最大的变化是 IP 数据业务的大量增加。因此，当前城市轨道交通传输网的最大特点是承载信息

的多样化，既有2Mbit/s及以下的低速率业务，又要考虑10Mbit/s/100Mbit/s/1000Mbit/s的高速率业务，且不同业务对服务质量(QoS)的要求各不相同。在当前技术条件下，可用于城市轨道交通通信传输的技术主要有开放传输网络(OTN)、千兆因特网、多业务平台(MSTP)、弹性分组环(RPR)和分组传输网络(PTN)等几种类型。

OTN是西门子公司开发的一种开放式光环路传输网络，采用TDM技术，已在我国多条城市轨道交通线中得到了应用。但其明显的缺点是不能满足大带宽需求，产品独家生产，没有国际标准。

千兆因特网是被广泛使用的网络技术，但由于IP技术采用的是“尽力而为”的服务原则，不能满足城市轨道交通通信传输网络中语言及相当一部分控制信息的服务质量要求，故不适合于安全性、可靠性要求较高的城市轨道交通通信传输系统。

MSTP技术源于SDH(同步数字分级系统)，还支持PDH(准同步数字传输系统)、POS、因特网、ATM(异步传输模式)、DDN(数字数据网)等透明传送、具备二层交换的功能，通过多业务汇聚方式实现业务的综合传送，通过自身对多类型业务的适配性实现业务的接入和处理，已在我国多条城市轨道交通线上得到应用。MSTP与RPR相结合的方式，既能保证大量的TDM业务对传输性能的要求，同时又融合了RPR技术对因特网数据业务高效的处理功能，被视为城市轨道交通传输系统的主流技术。

PTN是传送网技术和数据网技术的融合，是针对分组业务流量的突发性和统计复用传送的要求而设计的。PTN以分组业务为核心并支持多业务提供，具有面向连接的数据转发机制较强的网络扩展性、丰富的OAM(操作维护管理)、严格的QoS机制以及50ms的网络保护等技术特征。PTN被认为是下一代本地传送网的主要代表技术。

MSTP技术成熟，在城市轨道交通领域已大量使用，系统兼容性和扩展性较好，特别是对承载TDM业务具有一定的优势。PTN在承载IP分组数据业务方面有更好的性能，但其标准化工作尚未完成，成熟的应用经验相对较少。基于当前城市轨道交通通信业务的特点，建议传输系统使用MSTP+RPR的方式。随着业务全数据化的进程和PTN产业链的逐渐成熟，可逐步采用PTN技术替换和升级现有的传输系统。

第六节　列车控制新技术

列车运行间隔自动调整亦称移动闭塞。移动闭塞不需要将区间划分成若干固定的闭塞分区，而是在两个列车之间自动调整运行间隔，使之保持一定的安全距离。移动闭塞使两列车之间的间隔最小，从而提高了区间内的行车密度，大大提高区段的通过能力。

一、列车控制系统中的CBTC

移动闭塞是基于通信技术的列车控制(Communication Based Train Control，简称CBTC)ATC系统，该系统不依靠轨道电路向列控车载设备传递信息，而是利用通信技术实现“车地通信”并实时地传递“列车定位”信息。通过车载设备、轨旁通信设备实现列车与车站或控制中心之间的信息交换，完成速度控制。系统通过建立车地之间连续、双向、高速的通信，使列车命令和状态可以在车辆和地面之间进行实时可靠的交换，并确定列车的准确位置及列车间的相对距离，保证列车的安全间隔。

（一）CBTC 系统的工作原理

移动闭塞技术是通过车载设备和轨旁设备不间断的双向通信来实现。列车不间断向控制中心传输其标志、位置、方向和速度等信息，控制中心可以根据列车实时的速度和位置动态计算列车的最大制动距离。列车的长度加上这一最大制动距离并在列车后方加上一定的防护距离，便组成了一个与列车同步移动的虚拟分区。由于保证了列车前后的安全距离，两个相邻的移动闭塞分区就能以很小的间隔同时前进，这使列车能以较高的速度和较小的间隔运行，从而提高运营效率。

（二）CBTC 系统的特点

CBTC 系统的特点是用无线通信媒体来实现列车和地面设备的双向通信，用以代替轨道电路作为媒体来实现列车运行控制。

CBTC 的突出优点是可以实现车-地之间的双向通信，并且传输信息量大，传输速度快，很容易实现移动自动闭塞系统，大量减少区间敷设电缆，减少一次性投资及减少日常维护工作，可以大幅度提高区间通过能力，灵活组织双向运行和单向连续发车，容易适应不同车速、不同运量、不同类型牵引的列车运行控制等等。

CBTC 相比传统的铁路信号系统有着诸多特性，比如：

（1）不需繁杂的电缆，转而以无线通信系统代替，减少电缆铺设及维护成本。

（2）可以实现车辆与控制中心的双向通信，大幅度提高了列车区间通过能力。

（3）信息传输流量大、效率高、速度快，容易实现移动自动闭塞系统。

（4）容易适应各种车型、不同车速、不同运量、不同牵引方式的列车，兼容性强。

（5）可以将信息分类传输，集中发送和集中处理，提高调度中心工作效率。

二、CBTC 控制系统的主要功能

CBTC 这种控制系统能够在城市轨道列车控制系统中得到长久的应用，主要是因为它的功能相对来说比较强。这个系统的主要功能包括以下几个方面：

（1）ATS 功能。这项功能在其他控制系统的原有功能上又增加了新功能，比如：双向通信，能够很好地配合移动闭塞的相关要求，自动显示列车当前的状态等。

（2）联锁功能。同样的这项功能也在原有的基础性上增加了新的功能，比如：设备和 ATS 实现良好的配合，实现列车运行的双层控制，在一定程度上保证了列车的行车安全。

（3）实现列车的检测。可以实现对列车运行故障的诊断，便于及时进行列车的维修甚至报警。

（4）实现高速列车的快速定位。在列车的运行过程中，精确的定位技术是非常重要的，它可以有效地实现对列车运行过程中的控制，保障了行车安全以及乘客的生命安全。

（5）可以实现列车运行过程中的间隔控制，根据列车自身特点及行车线路改变长度，既可以随着列车的移动而移动，又不需要地面上的信号，在一定程度上减少了设备的投资，而且方便快捷。

第七节 供电系统新技术

一、城市轨道交通供电传统技术介绍

与城际铁路的交流工频式供电制不同，城市轨道交通统一采用直流供电制式，下面具体介绍城市轨道交通供电制式、接触网的组成及类型、城市轨道交通供电系统的功能。

（一）城市轨道交通供电制式

牵引网的供电制式主要包含电流制、电压等级和馈电方式，世界各国城市轨道交通均采用直流供电制式，这是因为城市轨道交通车辆功率相对城际列车是很小的，其供电距离较短，对供电电压要求不高。其电压在 DC600～1500V，我国规定采用 DC750V 和 DC1500V 两种。牵引网馈电方式分为架空接触网和接触轨两种基本类型。一般 DC750V 采用第三轨馈电方式，DC1500V 采用架空接触网馈电方式。采用哪种供电制式必须根据城市具体条件与要求综合分析论证，经测算采用 DC750V 与 DC1500V 供电方式单位工程成本接近，从经济上运营维护的合理性以及备件的通用性等多方面考虑，选用 DC1500V 更有利一些。选择合理的供电制式要依据以下原则：

（1）要与客流量相适应。城市轨道交通设计的基础为预期乘坐旅客流量。根据预测客流量选择合适的电动客车类型，一般大运量的城市轨道交通系统，多采用 DC1500V 电压，架空接触网馈电；中小运量的城市轨道交通系统多采用 DC750V 和接触轨馈电方式。比如上海、广州和大连采用 DC1500V 接触网馈电，长春轻轨采用 DC750V 接触网馈电。

（2）供电要求安全可靠。城市轨道交通是城市公共交通系统中的重要组成部分，一旦发生故障，造成列车停运，就会影响市民生活，引起城市交通混乱。安全可靠是选择供电制式的重要条件之一。

（3）牵引网使用寿命长，减少维修工作量，降低轨道交通运营成本。

（4）根据城市人文景观、地理环境需要选择合适的牵引网。

（5）便于安装和事故抢修，选用的牵引网应便于施工安装以及正常运营后的日常维修维护，一旦发生故障，尽快恢复运营。

（二）接触网

接触网是城市轨道交通系统中不可或缺的组成部分，占有非常重要的位置，是传递能量的桥梁。接触网分为柔性接触网和刚性接触网：柔性接触网由接触悬挂、支持装置、定位装置、支柱与基础四部分组成；刚性接触网是通过改革研制的新产品，相对柔性接触网来说具有整体结构简单、无需下锚装置、线叉及锚段关节安装调试方便等优点。柔性接触网暴露于空气，长期面临着外界温度应力变化，处于经常被受电弓抬升摩擦的工作环境中，其可靠性、安全性及供电质量对城市轨道交通起着相当重要的作用。柔性接触网分类大多以接触悬挂的类型来区分，在一条线路上，为了满足供电和机械方面的要求，把接触网分成若干一定长度且相互独立的分段，这就是接触网的锚段。根据每个锚段结构的不同分为简单接触悬挂和链型接触悬挂。简单悬挂的优点是结构简单、支柱高度低、投资小、施工检修方便；缺点是导线的张力、驰度随温度变化较大，导线弹性不均匀，不利于机车高速受流。单链形悬挂按下锚方式分为未补偿简单链形悬挂、半补偿链形悬挂、全补偿链形悬挂。未补偿简单链形悬挂即下锚处不设补偿装置，又称为硬锚，其接触线、承力索张力、驰度随温度变化大，我国很少采用；半补偿链形悬挂即接触线补偿下锚，承力索未设补偿装置；全补偿链形悬挂即接触线、承力索都设有张力补偿装置。全补偿链形悬挂接触线、承力索张力恒定、弹性较均匀、受流质量较好；适合高速行车需要，是我国铁路及城轨交通接触悬挂的主要形式。按悬挂链数分为单链型、双链型及多链型接触悬挂。单链型接触悬挂按其有无弹性吊弦分为简单链型悬挂和简单弹性链型悬挂。

按照悬接触线、承力索在空间位置关系分为直链形悬挂、半斜链形悬挂、斜链形悬挂。我国城市轨道交通接触悬挂多采用简单斜链型悬挂，这足以支持 100km/h 以下的列车运行需要。

（三）城市轨道交通供电系统功能

电能是地铁安全、可靠运行的重要保证。供电系统不仅为电力机车提供机械能，还保证旅客在旅行中有良好的卫生环境，为空调设施、自动售检票、自动扶梯、屏蔽门、通信信号消防设施和各种照明设备提供能量，保证城市轨道交通系统正常运行。可以说，供电系统是城市轨道交通系统的心脏，是最基础的能源设施。整个供电系统应具备安全可靠、调度方便、技术先进、功能齐全、经济合理的特点，并应具备以下所述一些功能：显示和计量功能，全方位的服务功能，远程控制功能，故障自救功能，防止误操作的功能，方便灵活的调度功能，完善的控制功能，电磁兼容功能，系统的自我保护功能。

二、SCADA 系统在城市轨道交通供电系统中的应用

电力监控系统（SCADA）也被称作远动监控行业数据采集系统，其作用主要是对远方运行的电力设备进行监测与控制，从而保证电力运行的安全。SCADA 系统主要由变电站综合自动化系统、通信通道及调度站主站系统三个大的部分构成。

（一）系统组成及设计

SCADA 系统的控制中心选为自动化系统，主要设备包括：web 服务器、系统服务器、因特网交换机、打印服务器、系统维护工作站、操作员工作站，以及网络打印机和网络连接附件等。

1. 控制中心调度系统设计

对于城市轨道交通供电系统而言，调度系统与控制中心主要采取分层、分布式开放局域网结构。其中，中心调度系统主要包含的设备有：两台三层因特网交换机；打印机服务器、操作员工作站、系统服务器各两套；web 服务器、系统维护工作站各一套；四套网络打印机及网络连接的其他附件工程；在该控制中心调度系统中，还可以实现与其他设备系统连接的需要。

2. 变电自动化系统设计

国电南京自动化股份有限公司生产的 NDT650 变电所综合自动化系统已在车站级监控

系统中应用，其结构为分层分布式。系统由站级管理层、间隔设备层以及网络通信层三部分组成。

其中站级管理层是在综控屏内设置的便携式维护计算机、SCADA 操作员站，以及冗余设备的通信管理装置。网络通信层则是变电所内的通信接口和网络，间隔单元的数据交换工作则由变电所内的站级管理和通信网络层完成。间隔层设备包括供电一次设备中分散安装的各类微机保护测控单元、硬节点输出的现场设备、信息采集设备等。在变电所自动化系统中，通过间隔层设备完成了所内综合自动化系统的接口，而且实现了控制接触轨道隔离开关的功能。

在整个系统中，以远动控制方式控制系统的正常运行；在检修系统设备时，则通过变电所内的设备本体控制或者所内集中控制，将远方/当地选择开关设置在开关柜上。三级控制方式的使用，形成了相互闭锁的作用，确保了安全的系统控制性能。

3. 车辆段供电检修车间复示系统

在城市轨道交通供电系统中，对全线杂散电流以及触网设备进行监测时采用复示系统，也能对全线的变电所设备进行有效的监视，从而将现场的事故信息及时地提供给供电维修人员，提高了事故的处理效率，也最大程度地缩短了断电的时间，控制中心通过远程通信，对维修调度作业实现了实时接送，及时地将第一手资料传送至检修人员。

4. 通信通道和设备

控制中心和主变电站、牵引降压混合变电所、降压变电所等站所之间的通信系统，以两路 100M 光纤建立同心通道，提供 RJ45 物理通信结构。通过地铁内部数字光纤网及路由器将控制中心与车辆段复示系统相连，从而实现了与监控中心系统之间的通信。

（二）SCADA 系统功能设计

1. 通信功能

系统服务器完成控制中心监控系统的实时数据采集功能，系统服务器通过通信专业提供的因特网通道采集全线变电站综合自动化系统采集的所内电气设备信息。通信专业提供的以太网通道为两个，采用主-备工作方式（Active-Standby 方式）。正常运行时中心监控系统通过一个通道与综合自动化系统通信；当通道故障时，中心系统自动切换到备用通道与所内综合自动化系统通信。

通信报文以文本文式在系统上保存，监控系统在计算机上保存固定大小的 4 个文件，记录于所内综合自动化系统的通信报文，供维护人员使用。

2. 采样数据的显示和查询

系统控制和维修人员可以在监控计算机上及时查询实时采样数据，其中数据的显示形式有两种形式：表格显示和图形显示。对于控制中心监测系统来说，通常将历史数据存储于系统服务器中，包含测量量、事件等数据信息的存储。通过历史曲线、事件预览表、历史报表的调出可以将先前存储的历史数据显示。还可以设定报表显示和曲线显示的历史数据存储周期，从而方便用户通过报表或画面的形式将历史存档数据显示。在数据库中记录了事件信息，历史时间的查询显示可通过事件一览表实现。

3. 控制操作

系统的控制功能采用了远程控制、设备本体控制、变电所内集中控制三级控制方式。

在系统运行的过程中，控制中心具有操作权限，由其完成监控功能，而站内的计算机控制功能则闭锁。当现场出现紧急情况时，变电所计算机会接收到控制中心下放的控制权限，此时控制功能由站内监视计算机完成，控制中心的控制权限失去，控制中心在下发和收回权限时，需经变电所监控值班人员确认方可进行。

4. 报警功能

在出现以下情况时，系统将启动报警器进行报警：①事故报警，厂站出现事故跳闸信息，形成事故后，此时系统会形成强烈的告警。②变位报警，系统在正常变位时，窗口中的变位点会发生变色并闪烁，推出文字信息，根据需求启动声音报警。③越限告警，对报警模拟量的上限和下限值进行设定，在越限状态改变时，同时启动告警，在窗口显示相关的文字与数据。预告报警，在和接口设备通信时，如果通信中断，系统会发出告警信息，提示相关工作人员对故障进行处理。如果发生各种告警信息，数据库会将各种信息进行明确分类、归档，并根据类型和时间分别检索和处理。调度员必须对事故变位和操作变位进行确认更新，避免将变位状态和事故状态永久保留。

5. 其他功能

全线的权限管理一致性通过系统的集中管理完成。任何位置的工作站登录系统均有着相同操作过程，在操作时使用的用户名、用户类型以及密码信息需要一致。

（三）SCADA 通信

在上海地铁 8 号线中，SCADA 系统主站则采用了 4 台 SUN-V440 服务器，交换机则是思科 2950，在一期从站用的是研实科技生产的工控一体机，型号为 AWS-8259TPXA，通信环网交换机用的是 HIRSCHMAN-RS2-4R。在城市轨道系统中，变电站的地理位置分布较为广泛分散。为了确保控制中心系统与站点，以及各个站间的相互联系进行工作协调，则是采取了专用的综合业务数字通信网完成不同类型信息的相互交换，如数据信息、语音和图像信息等。这些交换系统根据功能可划分为数据通信子系统、专用于列车运行调度的通信系统、闭路电视系统、广播系统等，此网络系统属于广域网范畴，由通信专业完成其建设维护。就目前而言，城市交通轨道中通信主干网主要有两种形式：同步数字体系（SDH）和异步转移模式（ATM）。其中 SDH 是以时分复用为基础的传输技术，支持固定接入速率；采取了点对点的直线线路模式，可对线路进行 1：1 的保护。ATM 技术则是以统计时分复用为基础的传输技术，能够灵活分配虚电路带宽，有较强的扩展能力，对于图像信息的传输有着较大的优势。通过 SCADA 系统设备连接主干网和数据信息子系统，最终实现轨道交通供电系统内的信息传输。

（四）接口

只有通过通信专业通道，同时将信息发送至系统中，才能够将整个系统功能完成。通信专业提供的接口形式为信号至城市轨道交通供电系统服务器屏柜的接口设备，实现了系统控制的对时功能。通信专业提供的双因特网完成了综合自动化系统的通信。控制中心通信和城市轨道专用数字光纤网完成了复示系统接口。

三、城市轨道交通供电系统中压环网新技术

国内城市轨道交通的建设目前已进入大规模高速发展期。相关统计显示，目前中国内

地有39座城市获得国家级批准建设城市轨道交通。北京、上海、广州等特大城市的轨道交通已步入网络化发展时代。作为城市轨道交通的动力源泉，供电系统担负着为列车和各种运营设备提供电能的重要任务，其科学性、安全性和可靠性直接影响到城市轨道交通的安全运营与服务水平。而中压网络构成方案作为供电系统的基础，网络构成的合理性又将直接影响到供电系统的可靠性、工程投资、运营管理的方便性、运营维护的工作量及运营成本等。因此，深入研究中压环网结构，根据具体工程“因地制宜”地选择网络结构对供电系统至关重要。

（一）中压网络简介

1. 网络结构

所谓中压网络，就是通过中压电缆，纵向把上级主变电所和下级牵引变电所、降压变电所连接起来，横向把全线的各个牵引变电所、降压变电所等联系起来，起分配和传输电能作用的网络。电压等级和构成形式是中压网络的2大属性。电压等级选择方面，国内城市轨道交通中压网络一般为10kV和35(33)kV等2种电压等级。网络结构方面，中压网络有分区链式网络(或称双回路环网)和辐射网络两种连接方式。

中压供电网络按用途又可划分为牵引网络和动力照明网络，这两种网络可独立，也可混合，可采用同一电压等级，也可采用不同电压等级。主要使用的中压环网结构有：

(1) 牵引网络、动力照明网络合二为一，如武汉、昆明、苏州、无锡、南京、广州地铁采用牵引、动力照明混合网络。这种组网形式的优点是网络结构简单，设备利用率较高，投资相对节省；其缺点是事故影响范围较大，排除故障相对复杂。

(2) 牵引网络、动力照明网络分开，并且牵引网络电压等级要比动力照明网络电压等级高，如上海地铁早期线路则采用牵引和动力照明分开的网络，牵引、动力照明的电压等级分别为35kV和10kV。这种组网形式的优点是中压网络供电质量高，网络接线结构清晰，子系统间电气部分相互独立干扰小，事故影响范围小；其缺点是网络结构复杂，设备投资相对较高。采用这种接线的工程有上海地铁1号线(不是典型接线方式，但具有独立网络构架的特点)，香港地铁和伊朗地铁等。这种网络架构国内应用相对较少。

从我国电力系统的发展情况来看，电网发展的趋势是简化电压等级、减少变压层次，提高供电可靠性、减少运营维护成本。我国目前在建或设计中的轨道交通线路也大多遵循该原则，除早期建设的线路采用牵引网络、动力照明网络分开外，目前大多采用牵引动力混合网络。

2. 保护配合方案

链式牵引动力混合双环网的常规保护配置方案为：光纤纵联差动保护作为主保护，定时限过电流、零序过电流保护作为后备保护。光纤纵联差动保护具有较高的可靠性、灵敏性与速动性，但其保护范围仅能保护线路(电缆)，对开关柜内(含母线)的故障无能为力。而作为近后备和远后备的过流保护由于无法兼顾速动性与选择性，或者保护动作时限较长，对系统稳定及设备寿命不利，且有可能导致多级变电所同时跳闸，扩大事故影响范围。目前，此种后备保护方案已正逐步被一种新型的数字通信保护(电流选跳)取代。该方案通过保护装置之间的通信和保护装置的内部快速运算实现对故障类型和故障位置的确定，进而准确地使相应开关保护动作，切除故障区段。数字通信保护方案既不存在时间级差配合问题，响应迅速，又通过精确跳闸将故障影响限定在尽可能小的范围内，实现了中压环网全范围、快速度的保护，解决了当前常规方案的局限问题。

（二）一种非典型中压环网结构

1. 网络结构

本线车型为 3 辆编组，牵引负荷较小，供电系统的详细配置情况如下：

全线共设牵引降压混合变电所 4 座，降压变电所 2 座。变电所 SSA、SSC、SSD 为单母线不分段形式，变电所 SSB、PLS、SSE 为分段单母线形式。整流变压器采用 12 脉波接线形式，变电所 SSA 设置一套整流机组，网侧星形绕组移相+7.5°变电所 SSC、SSD 每段母线各配备一套整流机组，分别移相+7.5°与-7.5°环网电缆均为铜芯交联聚乙烯绝缘电缆。

2. 系统运行特点

本系统可拆解为两种网络拓扑，每种拓扑中各变电所的每段母线手拉手串接成一个环，正常运行时左侧网络闭环，右侧网络开环，环网联络开关 SSEl58 断开。

左侧网络中，任一环网电缆故障时，其两端环网开关断开。由于故障电缆的不确定性，因此，潮流的分布具有不确定性，流过左侧网络每一个环网联络开关的电流均有可能来自两个方向，即由母线流向线路或由线路流向母线。右侧网络存在类似的问题，比如电缆 F10 故障时，环网开关 SSC104 与 SSD101 断开，隔离故障点，SSE158 闭合，SSE BUS3 与 SSDBUS 改为由Ⅱ号主变电所供电，流经 SSD103 与 SSE151 的电流方向变为由母线流向线路。

3. 保护配置方案

本条线路中压网络的主保护为光纤纵联差动保护，保护装置为 ALSTOM MICOM P541。后备保护的选择方面：由于本系统中左侧网络闭环运行，如果采用常规定时限过流保护作为后备保护，整定计算后为了与下级开关实现逐级配合，靠近电源点的开关如 PLS101 的跳闸延时时间将达到 1.5~2s，此时电缆 F4 靠近 PLS101 侧的位置故障时，由于主变电所中的两台主变压器提供的短路电流基本都流经 PLS101，而 101 的跳闸时间延时又很长，故这对 PLS101 开关的短路耐受水平要求很高，也不满足及时隔离故障的需求。而若采用数字通信保护作为后备保护，也将因系统闭环运行的特点造成逻辑关系异常复杂，不利于实现。

综上，本线采用反时限过电流/零序过电流保护作为后备保护以解决上述问题，保护装置为 Mi-COMP122。

由于光纤纵联差动保护的整定计算相对简单，在此不再赘述。下面以过电流保护为例分析反时限过电流零序过电流保护的整定。

根据双电源网络保护配置的理论，结合左侧网络闭环运行的拓扑特点及潮流分布情况，分为两条路径确定各开关的配合关系。路径一中各开关的配合关系为 SSA106 与 SSB114 配合，SSB101 与 SSA106 配合，PLS101 与 SSB101 配合，PLS106、PLS111 与 PLS101 配合。路径二中 SSA105 与 SSB103 配合，SSB111 与 SSA105 配合，PLS117 与 SSB111 配合，PLS112、PLS107 与 PLS117 配合。

右侧网络虽然存在环网联络开关，但是由于故障情况及系统运行方式多变，右侧网络也应借鉴左侧网络，按最大包容原则划分为两条路径协调各开关的保护配合关系。右侧网络各开关间的配合关系可归纳为 SSE158 与 SSE168 配合，SSD103 与 SSE158 配合，SSC104 与 SSD103 配合，PLS18 与 SSC104 配合，PLS111、PLS112 与 PLS18 配合；SSC101 与 PLS112 配合，SSD101 与 SSC101 配合，SSE51 与 SSD101 配合，SSE161 与 SSE151 配合，SSE135 与 SSE161 配合。

为了保证保护的选择性，左侧与右侧网络部分环网开关需配置带方向的过电流保护。根据网络拓扑结构及保护配合关系，在环网开关 SSB103、SSB114、SSA105、SSA106、SSC101、SSD101、SSD103、SSE151、SSE168 处设置带方向的过流零序过电流保护。保护的正方向定义为母线流向线路。

第五章 运营组织管理新技术

城市轨道交通运营组织包括客流分析、列车车辆选型和编组、列车交路计划、列车停站方案、票务管理等。轨道交通系统建设的目的是为乘客提供满意的出行服务，而良好的运营组织是这种供给的前提和保证。由于客流的日常变化，在一定的设备条件下，设计出良好的运输计划，满足乘客在出行安全、距离、速度、舒适性和准点性等方面的要求，是系统运营组织的任务。构建以城市轨道交通系统为主动脉，其他交通系统为毛细血管的立体的、多元化的、多功能的城市公共交通网，使大城市真正做到“人畅其行，物畅其流”。

城市轨道交通运营组织与管理要求两方面：一方面运营企业需要按时按量地完成客流分析、行车组织、客运管理、站段工作组织、票务管理、设备保养维修、运营安全管理、服务质量管理和成本控制等任务。另一方面运营企业应该从乘客的需求出发，进行充足的客运市场调查，了解乘客结构及其多层次、多方面的需求特征，在企业完成生产任务的同时在生产的各个环节中都以满足乘客需求、服务乘客为生产宗旨，提高乘客的出行质量，提升轨道交通运输企业的竞争力。

第一节 一体化运营

一、城市轨道交通一体化运营的基本概念

城市轨道交通一体化运营组织是指在协调各级管理部门、基础设施、管理措施、票价制定及土地利用等因素的基础上，以满足客流的高效、快捷、可持续的出行需求为出发点，加强轨道交通线路间的无缝化衔接，发挥城市轨道交通线网的整体功能和规模效应，同时提高轨道交通运营企业的经济效益的运输组织方法和经营行为的总称一体化是指城市轨道交通体系各子系统之间及与外部因素的高度协调，所有资源进行统调配，统一管理以达到系统的整体优化，即设施平衡、运行协调和管理统一。具体来讲，就是指在将相互独立的城市轨道交通线路通过规划、设计、建设和运营的“综合一体化”考虑的前提下，实现城市轨道交通线网衔接相互平衡、列车运行通畅、运营管理统一，最终实现旅客便捷出行，减小城市交通压力的目的。在一体化的过程中必须更新观念，以“以人为本”为根本出发点，

站在旅客的角度，同时还应具备系统的思想，从整个城市轨道交通系统优化的角度对其进行规划、设计、建设和运营。

从管理角度来说，其一体化的对象可以是：同一个轨道交通运营企业运营的各条线路和不同轨道交通运营企业间运营的线路。

从技术角度来说，一体化的对象可以是：同类型轨道交通方式的不同线路和不同轨道交通方式间的线路。

但无论是技术角度还是管理角度，不同线路的一体化运营是从不同的客流特点、客流需求出发，来考虑各条线路的衔接与否，采用何种衔接方式。强调不同轨道交通线路间的相互补充，良好衔接，而且需要各级管理部门的相互协调，不同的城市轨道交通线路在行车组织、客运管理、站段工作组织、票务系统、设备保养维修、运营安全管理等方面的统筹规划，相互配合。

二、城市轨道交通一体化运营组织的基本模式

随着轨道交通线路的逐条建成，轨道交通的运营由单条运营发展为多条运营。由于多线运营不是单条运营的简单叠加，多线运营组织面临许多新的问题，城市轨道交通要实现一体化的运营组织，就是实现车流在整个轨道交通线网上组织的合理化来满足乘客在不同城市轨道交通方式间、不同轨道交通线路间出行过程中安全、舒适、换乘少、快捷的出行需求。实现该目的的组织方法有共线运营和枢纽换乘两种。

（一）共线运营模式

共线运营是指在相邻的两条或多条性质不同的轨道交通线路中，运营列车的交路从一条线路跨越到另一条线路，存在两条及以上列车交路共用某一区段的情况。如德国卡尔斯鲁厄市采用的市域铁路、轻轨及城际铁路之间共线运营的方式。

要想实现共线运营，并不是所有制式的线路之间能够实施共线运营。城市轨道交通典型的系统制式有普通轮轨系统、直线电机系统、磁悬浮系统、自动导轨系统、单轨系统和新型有轨电车系统。这些系统与系统的导向方式、驱动方式、线间距等各不相同，即使通过技术改造也难以实现共线运营，或者即使可以实施技术改造，但成本远不如重新修建一条可共线的线路，因此共线运营适用于同种轨道交通系统制式的线路之间。

采用共线运营，可实现普通城市轨道交通（地铁、轻轨）和市郊（域）铁路间的资源共享，在建设上节省一定的投资，但此种模式并不是适合所有情况下的普通城市轨道交通（地铁、轻轨）和市郊（域）铁路衔接时采用，需要考虑多方面的因素。就线路本身条件而言，对于已经建成的城市轨道交通线路，当城市轨道交通不繁忙和技术上可通过改造满足共线运营条件时才可采用；若是处于规划阶段的轨道交通线路，则需要预测该线路运能充足，有一定量的跨线客流需求，且城市轨道交通线路在技术上可通过技术创新或是技术改进来满足共线运营的条件时才可采用。

（二）枢纽换乘模式

枢纽换乘是指当城市轨道交通线路交汇时，通过分布合理、衔接紧密、高效的换乘枢纽将线路衔接起来，不同线路上的列车在各自的线路上运行，旅客在不同线路间的转乘需

通过换乘枢纽站来实现。

当普通城市轨道交通（地铁、轻轨）和市郊（域）铁路线路衔接交汇且技术条件和实际运营不适合采用共线运营模式时，可采用一体化的枢纽换乘模式将两者衔接起来，采用一体化的换乘组织方法满足乘客便捷、舒适的出行需求。由于枢纽换乘模式中不同线路的系统独立运行，不存在相互干扰，因此枢纽换乘模式可作为各种城市轨道类型线路间的衔接方式。

枢纽换乘模式虽然使用范围较广，对轨道交通类型的限制较少，但是，枢纽换乘模式不仅仅是线路在形式上的简单交汇，更重要的是需要采用一体化的枢纽换乘形式，采用一体化的运输组织方法来减少乘客的换乘时间，提高旅客的运输效率，减少枢纽换乘的客流集散压力。不合理的枢纽换乘形式，不仅增加了投资，反而会造成客流输送效率的降低，增加城市交通压力。因此设计一体化的枢纽换乘形式，以及加强换乘站不同线路的一体化的衔接协调是枢纽换乘模式中需要研究的重点。

三、共线运营模式条件

共线运营是指市郊（域）铁路和普通城市轨道交通在统一协调的运营管理下，在统一规划、设计、建设的基础上采用可兼容的或统一的硬件设施设备，或对现有市郊（域）铁路和城市轨道交通的设备设施进行改造，使得市郊（域）铁路列车和城市轨道交通列车能够跨越本线到对方线路上的模式。

（一）共线运营的硬件条件

技术设备的一体化包括了线路、车站、车辆、牵引供电、信号设备等几方面的内容，即实现相互衔接的轨道交通线路系统制式的兼容。由于无论是新建或是改建的城市轨道交通的造价，工程施工难度都相对较高，因此对于新建技术设备的制式、规模的选择和设计都需要按照满足远期最大客流需求的能力来考虑，同时也要考虑到实现网络化运营后不同线路间联运的可能性，在城市建设和规划中充分考虑相关工程建设条件的预留。城市轨道交通是百年工程，是大型的城建基础设施，一旦建成以后将很难更改，因此要尽量避免不必要的改、扩建，其在线网规划、设计、施工各个阶段对系统制式的选择要考虑周全缜密，具有前瞻性、经济性的战略眼光。

1. 线路技术标准一体化

市郊（域）铁路和普通城市轨道交通两者要实现共线运营应选择兼容的线路技术标准，但两者在轨道、路基、线路平、纵断面等相关技术指标上存在不同。

2. 车站设计一体化

对于共线运营的线路，其上既要运行普通城市轨道交通列车，也要运行市郊（域）铁路列车；对于车站而言，共轨运营的车站既要承担普通城市轨道交通的客流集散任务，也需要为市郊（域）旅客服务，因此，实施共线运营的车站要满足普通城市轨道交通列车和市郊（域）铁路列车的到站作业要求，也要满足普通城市轨道交通客流和市郊（域）铁路客流的集散要求。

3. 载运工具一体化

车型设计中考虑车辆宽度的匹配性，减少不同车型间车辆宽度的差异，为共线运营的实施提供硬件条件；由于共线线路的供电制式不统一，则需在共线区段实行双流制，通过车辆技术改造来实现；对于信号制式，一是装设通用的车载设备，二是安装两套车载信号设备。

（二）共线运营的软件条件

1. 管理协调机制一体化

市郊（域）铁路一般属于国家铁路或地方铁路，我国国家铁路实行的是“铁道部—铁路局—站段”三级管理模式，市郊（域）铁路的运营由所属的铁路局执行。普通城市轨道交通（地铁、轻轨等）一般则由地方政府负责建设管理，大部分城市都由市委、市政府批准成立的国有独资集团（企业）负责该城市的轨道交通规划、投融资、建设管理、运营管理和经营开发职能。

市郊（域）铁路和普通城市轨道交通在管理体制上存在着一定的差别，因此，要想在市郊（域）铁路和普通城市轨道交通之间实施共线运营，就必然需要协调两者在管理模式上的差异，尤其需要在规划阶段和运营阶段做好两者之间的协调工作。

2. 票务系统一体化

普通城市轨道交通和市郊（域）铁路分属两个不同的管理部门，因此，在票务方面上的管理也存在较大的区别。当市郊（域）铁路和普通城市轨道共线运营时，双方的列车开到对方的线路上，而旅客并未在过轨站进行再次购票、检票上车，因此这必然涉及两个系统间票务收入的分配问题。与此同时，两者在车票的发售、定价、票制等方面也存在很多不同，因此必然需要构建统一的票务系统来满足共线运营的需求，真正实现乘客“一票到底”。而且随着城市轨道交通线网规模的扩大，线路运营管理主体也将趋于多元化。因此，为了体现“一体化”中的“以人为本”，无论是采用共线运营还是采用枢纽换乘的运营组织模式，不同部门、不同线路还是不同运营公司之间都难免产生“一票制”的出行诉求。

对旅客而言，一体化的票务系统可减少换乘时间，提高出行效率，方便在各交通方式间的换乘、跨线；对交通运营单位而言，可以便于协调各方式间的发展，促进城市公共交通事业的发展，提高整个城市交通效率。为了实现乘客出行“一票到底”的需求，如何构建两部门间的票务系统和实现市郊（域）客流和城市轨道交通客流的车站客流组织以及两部门（不同运营公司）间的客票定价、收益分配是实现一体化票务系统的关键问题。

3. 运输组织一体化

要实现城市轨道交通一体化运营组织，对于运输组织来讲，包括运行图的协调、列车运行调度指挥和车站工作组织上的一体化。在客流集中的市（郊）域铁路和普通城市轨道线路上可以开行共线运行列车，以满足城市密集区域对外交通的需求，减少旅客出行换乘的次数和时间消耗，大大改善城市交通质量。同时也要求我们做好旅客的引导工作，通过标志、标牌、电视、广播等静态和动态手段使旅客在车站内快速地集散，减少其停留时间，保证运输过程的畅通。

4. 信息系统一体化

由于铁路运输行业与普通城市轨道交通行业都在各自的基础上建立条块分隔、彼此独立的系统，不同的轨道交通运营企业也可能各自为政，在普通城市轨道交通与市郊（域）铁路的一体化发展过程中，这种相互独立的信息系统将无法满足客运业务的发展需求，将成为大城市轨道交通一体户发展的阻力。因此，将城市轨道交通系统内部分散的各轨道交通方式、运营企业协调起来，构建轨道交通大系统下和谐发展的信息系统，是实现城市轨道交通一体化运营组织的前提条件，更是采用共线运营模式的前提条件。

通过搭建一体化的共用信息平台，实现市郊(域)铁路和普通城市轨道交通系统间的协调发展，提高乘客的出行效率，提高旅客服务质量，使乘客可及时、便捷地了解出行信息。

同时也可通过系统内部的信息服务平台，促进交通运输管理部门优化运营管理，提升企业管理水平，实现各运输主管部门、各运输方式、运营企业和社会公众之间信息的有机互动与共享。

四、一体化的枢纽换乘形式

根据一体化枢纽换乘衔接组织原则中提出的换乘距离短和交通分流的原则，设计出了三种市郊(域)铁路和城市轨道交通间的一体化枢纽换乘形式。根据其相互间的位置关系分为同台换乘、垂直换乘和分层换乘三种。

(一) 同台换乘

同台换乘是指旅客从一种交通工具下车后只需要走到同站台另一侧面就可以实现换乘目的，其走行距离最短，可以节省旅客的换乘时间，增强其舒适感。在市郊(域)铁路和普通城市轨道交通线路间设置同站台换乘时，应该考虑以下几点内容：一是市郊(域)铁路和普通城市轨道交通行车方向的区别；二是市郊(域)铁路和普通城市轨道交通列车编组存在差异。

1. 行车方向差异

由于现行市郊(域)铁路和普通城市轨道交通行车方向不一致[市郊(域)铁路为左侧行车，城市轨道交通为右侧行车]，为确保同台换乘流线的顺畅，可以采用变换其中一种方式的行车方向(以变换普通城市轨道交通行车方向为例)或者市郊(域)铁路通过立交疏解使其轨道交通线行车方向一致两种方式解决。

2. 列车编组差异

由于市郊(域)铁路列车有 16 辆也有 8 辆，当其列车长度较普通城市轨道交通列车长时，同站台换乘站台应按市郊(域)铁路列车长度要求确定，为了保证换乘普通城市轨道交通列车的旅客在准确区域内候车，应在站台靠普通城市轨道交通线路一侧设置防护墙或屏蔽门，保证换乘时的效率和安全。

(二) 垂直换乘

垂直换乘是指当一条交通线路末端与另一条轨道交通线路在同一水平面上以“T”字形垂直衔接时，可设置相互垂直的站台实现旅客换乘的方式。旅客从一种交通工具下车后可以经过较短距离的步行实现换乘目的。此种方式站台在同一平面内，利于开展施工和控制成本，同时由于市郊(域)铁路和普通城市轨道交通对应站台位置相对独立，可在其交界处设置相关设备，便于开展购检票、安检等工作。

（三）分层换乘

分层换乘是指将不同轨道交通线路站台设置于同一站点的不同层，旅客通过在层与层之间的移动实现换乘目的的换乘方式。旅客在上下层间的移动可采用楼梯或自动扶梯，使旅客能够较快地换乘，减少旅客走行距离，同时还应考虑非换乘而直接出站的旅客流线。

第二节　网络化运营

一、网络化运营不同发展阶段的管理理念创新

城市轨道交通运营管理大致经历以单线运营稳步发展、网络化运营转型、运营服务质量持续提升为重心的3个主要阶段。

网络化运营3个阶段的管理理念创新各有其侧重点。运营管理理念创新是逐级上升且持续改进的。这3个阶段的理念创新不是绝对对立的，理念可以适度超前，特别是网络层面运营理念的适度超前，对单线运营阶段是有益处的。

（一）单线运营稳步发展阶段的运营管理理念创新

这个阶段的城市轨道交通处于成长期，尚未成为城市公共交通的骨干，一方面城市轨道交通在大规模建设，一方面在持续积累运营管理的经验。这时的运营管理理念主要表现为：一是关注乘客便捷出行。通过持续提升运能，提供比地面交通更为便捷、高效、安全的出行服务，是这个阶段城市轨道交通运营企业的第一要义。这是“以人为本”理念的起点，也是最为核心的理念。二是资源集中。运营公司需要逐步探索构建网络集中管理、线路区域控制、车站现场执行等3个管理层级和总体结构功能、线路业务管理、线路规范标准等3项功能体系，逐步实现运营资源的集中共享，提升运营管理效率。三是安全第一、预防为主、处置为重、综合治理。要尽快从“安全第一，预防为主”转变为“安全效率兼顾、预防和处置兼重经济和行政手段并行”的安全管理模式，实现“纵管到底、横管到边，专管成线、群管成网”的安全管理格局。

（二）网络化运营转型阶段的运营管理理念创新

这个阶段的城市轨道交通处于变化期，逐步成为城市公共交通的骨干，占公共交通运输量的比例为30%以上。企业主业从建设为主向运营为主转型，网络管理的复杂性和系统性对内部运营管理能力提出严峻的考验。这时的运营管理理念主要表现为：

（1）关注乘客舒适出行。随着运能矛盾的凸显和市民素质的提升，乘客需求逐步转变为对出行舒适度的追求，表现为投诉率大幅上升，主管部门、人大和政协等的调研意见、信访件大幅增加。运营企业要通过运能提升、窗口服务、品牌建设，提升服务管理水平。

（2）网络功能优化。通过配置人性化、资源利用集约化、检修维修专业化、网络管理信息化、网络成本合理化，逐步推进资源配置统筹集约、线网联动职责分明、应急保障快速反应和管理手段科学先进，确保地铁网络安全、可靠、高效地运转。

（3）安全管控前移。运营企业要牵头建立运营提前介入建设的工作机制，组织网络化

运营管理专项设计以及回访，编制网络总体技术标准，强化网络运营安全认证，确保建设单位向运营方提供合格的产品，从源头上强化安全管控。

（三）运营服务质量持续提升阶段的运营管理理念创新

这个阶段的城市轨道交通处于成熟期，已经成为城市公共交通的骨干，占公共交通运输量的比例为50%以上。企业全面建立了以网络运营为主的管理架构，网络管理的经验逐渐丰富，已经能够应对复杂的运营局面。这时的运营管理理念主要表现为：

（1）关注乘客参与管理。运营公司要满足乘客对参与式管理的需要，更多地提供自助式服务。同时，要以社会志愿者为主渠道，让乘客参与到地铁运营服务的管理中来，在互动中共同提升运营服务质量。

（2）网络系统开放。通过零换乘、社区共建联建和微博互动等社会化活动，让地铁主动融入城市，开放和谐的地铁网络系统，并成为城市公共管理的重要组成部分。

（3）安全由社会共管。通过建立政府、社区等参与的应急联动机制，强化安全应急能力；通过整合民警、保安武警等管理力量，协同做好早晚高峰客流疏导工作；积极呼吁新闻媒体等给予配合与支持，营造社会理解与支持的舆论氛围，将地铁的安全管理与城市融合在一起。

二、网络化运营管理理念创新的支撑

理念创新是运营管理持续提升的思想先导，通过体制创新、制度创新、服务创新和管理创新等的支撑，进而实现乘客满意的总体目标。

（一）体制创新

城市轨道交通运营企业要持续深化体制创新，根据网络发展需要，转变管理职能。以体制创新带动网络能级提升，通过建立健全与网络化发展相适应的体制、标准、政策，规范管理流程，实现从直接管理向标准管理的转变，营造宽松的、具有活力的管理氛围。

（二）制度创新

城市轨道交通运营企业需要持续强化网络标准体系的构建，完善网络标准。一要强化标准之间的衔接，明晰标准边界，特别是强化新建标准与既有标准，以及既有标准之间的衔接调整，使得网络标准整齐划一、流畅贯通。另外，要做好政府、行业标准的跟踪贯彻工作动态响应上级主管部门最新的要求，做好企业标准与上位标准的衔接。二要积极推动标准的更新完善工作，理顺标准的立项、修订、废除机制，建立标准的执行反馈机制，使得标准贴合运营生产需要。

（三）管理创新

城市轨道交通运营企业需要适应管理体制的要求，在进一步提升管理能级、提高管理效率的同时，扩大管理的社会化比重。在一些专业性较强而不影响网络整体效能的业务领域，深化社会化共建管理机制的探索。如部分特色性较强的车站运营管理、一些辅助性机电设备的维护管理等，可借助社会专业力量服务轨道交通。

（四）服务创新

城市轨道交通运营企业需要根据轨道交通网络整体功能的延伸，不断拓展服务内涵。

一要强化服务的一体性，探索轨道交通与周边商业、居民区、大型活动场所等的一体化共建模式，将轨道交通融入区域一体化服务态势，形成整体服务效能。二要强化服务的对外延伸，扩大服务信息在网络、电视等新兴媒体渠道的推广力度，有条件地选择更多的关系居民日常生活的服务信息传递给更广大的市民。三要强化服务的品牌建设，以标准服务为基础，以特色服务为亮点，完善品牌的管理维护机制，加大品牌服务的公众宣传，形成地铁文化，塑造城市名片。

第三节　安全运营技术

一、技术内容及主要技术性能

城市轨道交通是城市公共交通的组成部分，与一般产品不同，其产品是人、车公里，或者说是为乘客提供位移服务。因此它的研究对象、技术要求等也具有特殊性。对于城市公共交通，系统的安全性和可靠性是至关重要的。对于设备使用，故障的预防应该是第一位的，应尽可能地查明引起设备故障的原因，降低设备故障发生率，提高系统的可靠性，从而保障系统的安全性；如果故障的预防已成为不可能，就应该有预警的方法或手段；当事故不可避免时，及时、果断、正确、高效处置就是唯一的选择。因此，本研究根据运营安全管理的目标需求，将研究分为四个部分七个专题进行。即：总体研究、预防关键技术研究，预警关键技术研究及应急处置关键技术研究，以期达到构建轨道交通运营安全保障体系的目的。

总体研究主要是以地铁系统安全性和可靠性为对象进行研究；预防关键技术研究主要是对故障发生率较高的客室车门系统和列车辅助逆变器，以及安全保障至关重要的电力调度典型操作票系统进行研究；预警关键技术研究主要对故障危害大的电力设施缺乏在线检测手段和轨道电路基本参数进行研究；应急处置关键技术研究主要以事故处置为对象进行研究。

项目研究涉及车辆工程、电气工程、通信信号工程、运输管理工程、安全科学与工程、可靠性工程、控制工程、计算机科学与技术等多项专业学科，具有难度大、牵涉面广、交叉学科多等特点。

（一）总体研究

总体研究分为运营安全性与可靠性框架及其模型、运营安全性分析、运营可靠性分析、可靠性指标体系及分析模型、分析评估软件研制五个部分。系统安全原理和可靠性工程理论在城市轨道交通领域的应用是课题研究的技术关键与创新之处。

1. 运营安全性与可靠性框架

采用安全系统工程和系统可靠性工程的观点，对城市轨道交通系统的运营安全性工程及其研究、运营可靠性工程及其研究所包含的内容进行归纳分析，构建了运营安全性框架和运营可靠性框架。

2. 运营安全性分析

根据对上海轨道交通的现场调研和事故记录统计资料，进行了危险物源、危险能源、危险功能源3种危险因素分析，确定了11类共62种潜在的危险状态，得出了系统潜在危险状态清单。对各种潜在危险状态按系统、子系统、子系统界面、操作与支持4个专项分析进行初步危险分析(PHA)，确定出每项潜在危险状态的引发原因、触发事件、导致事故的严重级别、危险状态发生频率、触发事件发生概率、事故发生频率、危险等级、预防与改进措施等内容，最终形成按危险等级由高到低进行排列的安全评价项目列表。列表中排列靠前的潜在危险状态需要在安全管理和项目改造中特别给予关注。分析结果显示，危险等级为B级的潜在事故有3项，C级的有31项，D级的有14项。

3. 运营可靠性分析

根据上海轨道交通设施的功能和结构，将轨道交通系统划分为系统、子系统、设备、部件、元件五个层次。以子系统为分析对象，部件为基本单元，根据场调研和故障记录统计资料，分别对车辆、通号、供电、线路、车站五个子系统进行了故障模式、影响及危害性定性分析(FMEA)和定量分析(CA)，得出各基本单元的各种潜在单点故障模式、故障原因、故障对局部/上层/系统的影响、故障发现方法、应急与改进措施、故障危害严重度，以及单元故障率、故障模式频数比、故障影响概率、故障模式危害度、单元危害度等内容。分析共确定了489种潜在的故障模式，并以此确定了反映各基本单元危害严重度和危害度的危害性矩阵。

4. 可靠性指标体系及分析模型

以“保障乘客准时到达目的地”为运营可靠性基本要求，定义运营可靠性为：系统在规定的条件下和规定的时间内，完成列车按运行图准时到达各站的能力；定义运营可靠度$R(t)$为：系统在规定的条件和规定的时间内，完成列车按运行图准时到达各站的概率，即$R(t)=P(T\geqslant 1)$。另外，对运营故障间隔时间T、运营故障分布函数$F(t)$、运营故障、运营故障概率密度$f(t)=\mathrm{d}F(t)/\mathrm{d}t$、运营故障率$\lambda(t)=f(t)/R(t)$、平均运营故障间隔时间$MTBF=\int f(t)\,\mathrm{d}t$、运营恢复性、运营恢复度$M(t)=P(Q<t)$、运营故障恢复率$\mu(t)$、运营故障时间$Q$、平均运营故障时间$MmTR=\int t\mu(t)\,\mathrm{d}t$等指标给出了相应的定义。

5. 分析评估软件研制

软件基于PHA，FMECA及故障树分析(FTA)原理，采用SQL SERVER2000作为数据库系统，Visual basic6.0和VisualC++6.0编程，在Windows2000中文平台上进行编制。软件采用功能模块化程序结构，由信息管理、安全性分析评估、可靠性分析评估、故障树分析四大功能模块组成。软件采用人机对话界面对信息进行管理，通过控制菜单和图标来实现系统的功能操作，图形化和数字化显示分析或评估结果。

（二）客室车门系统研究

1. 车门可靠性分析

针对上海轨道交通系统现有列车的3种不同类型客室车门(内藏门、塞拉门和外挂门)所存在的缺陷和运行中出现的故障进行了统计分析，并采用FMEA方法和FTA方法进行可靠性分析。通过对车门各组成单元潜在的各种故障模式及其对车门系统功能的影响进行分析，寻找导致车门故障发生的原因和原因组合，识别所有潜在故障模式，并把每一个故障模式按其危害严重程度进行分类，提出了可实现的改进措施、改进运行和维修方案，以提高车门可靠性。

2. 车门设计技术改进与优化

通过以上可靠性分析，对所发现的 3 种车门存在的故障模式及其组合，提出了相应的改造措施。

（1）塞拉门改造措施。针对车门结构薄弱的零部件结构进行了改造。对车门关闭功能（如障碍物探测功能）和关门夹紧力大小等进行了优化。规范了车门尺寸的调整方法，改善了车门驱动系统的工况。对车门电路进行了整改，实现了单扇门再关门功能。另外，采取了增加门控旁路开关的措施。在 AC03 型列车的试运营过程中，多次发生因客室车门故障而又无法判断故障车门的位置和原因，也曾发生过对故障车门无法实施切除，这些均导致了牵引系统自动封闭，使得列车无法自行退出运营，从而必须要其他列车进行救援的事故，给正线的运营带来很大影响。根据现有其他列车的运营经验，司机室内设有车门“门控旁路开关”，可以实现对客室车门的旁路，从而避免列车牵引系统的封闭。

（2）内藏门改造措施。内藏门改造措施主要为对驱动气缸活塞的零部件进行技术改造，以解决伸缩管强度不够的缺陷。防护是指对橡胶的硬度和刚度进行分析和试验，提出合理的参数值以满足车门检测障碍物功能和防夹伤功能。通过对车门节流阀进行调整解决了车门解锁气缸的故障。针对门钩复位弹簧销、开关门止挡和门钩限位销的结构进行技术改造以增加强度。分析与研究 S1 和 S2 限位开关故障的原因并全面实施改造。在车门开门电路中并联加装开关元件，以提高开/关门功能的可靠性。对车门控制的中间继电器的不同供货商的相同型号进行研究和试验，以提高继电器固有高可靠性。采用冗余措施，并联安装继电器或并联连接继电器的空余出头，以提高车门控制系统的可靠性。

（3）外挂门改造措施。分析了客室车门的结构和控制原理，针对客室车门产生的故障现象，编写司机现场排除故障的应急处理办法。对车门系统的密封性进行研究和试验，以保证客室的压力要求，提高在隧道内运营的舒适性。调整车门控制软件的相关参数，如减小车门在障碍物探测后再次打开的宽度以及缩短车门打开状态的停顿时间，以适应上海大客流的实际运营需求。

（三）列车辅助逆变器启动失效分析及其新型控制器研制

通过理论及试验分析，研究了 DC01 型电动列车逆变器启动失效机理，研制了分级启动与启动专用 DC/DC 变换器，改造与优化了逆变器控制器。课题研制过程分为三个阶段：试验分析阶段、地面与装车调试阶段、控制器改造与优化阶段。

1. 试验分析阶段

为查找蓄电池电压降落造成车辆逆变器启动失效的原因，首先在实验室中模拟蓄电池电压跌落时启动逆变器的各种工况。通过模拟各种工况下的启动试验，记录了启动正常与启动失效时的各种波形与数据。通过失效机理分析得出结论：

（1）由于蓄电池电压较低，在启动过程中斩波器输出的直流电压 U_{DX} 上升时，控制电源

电压 U_{110} 也按相同的规律上升，当 U_{110} 大于蓄电池端电压 U_B 时，控制电源输出电流 U_{110} 冲击较大而导致启动失效。

(2) 从故障代码 F161、F105 和 F201 等来看，这些故障的原因是蓄电池电压跌落过大，或是对控制电源的干扰，或是由不明原因造成的误触发等引起的。

分析结果表明，蓄电池电压较低时逆变器启动失效的原因并不是一个单纯因素造成的而是控制电压、控制电流及相应的干扰等综合因素造成的。

2. 改造与装车调试阶段

从上述分析可以看出失效的原因大致有三个方面：①干扰；②控制电源电流冲击；③蓄电池电压降落大。为此，从控制电路出发，采取了以下改造措施来解决启动逆变器失效问题：

(1) 采用抑制干扰措施，即在 110V DC 控制电源输出端加装滤波电路。

(2) 在控制器的控制电路板中，对原来设定的参数值进行调整。

(3) 研制和加装车辆逆变器启动专用 DC/DC 变换器。加装启动专用 DC/DC 变换器的目的是当蓄电池电压跌落较大时，经 DC/DC 变换器使其输出电压仍能保证逆变器正常启动的控制电压值。

DCO1 型电动列车安装该启动专用 DC/DC 变换器后，可以不用应急电池启动，因而不仅解决了蓄电池电压跌落带来的启动问题，而且还减轻了应急电池的负担，甚至可以不用或取代应急电池，从而带来可观的节约效益。

3. 控制器的改造与优化阶段

在研制辅助逆变器的新型控制器中，保留了上述的研究成果，同时采用分级启动的原理，同样解决了目前辅助逆变器存在的当蓄电池电压跌落而启动失效加上采用应急电池启动又不能实现正常启动的严重问题。考虑到原 GTO 辅助逆变器中的这类规格的 GTO 器件目前已淘汰，采用新一代性能更好的 IGBT 模块替代，所研制的新型控制器对 GTO 和 IGBT 辅助逆变器是通用的。

(四) 电力调度典型操作票系统

电力调度典型操作票系统为保障电力系统操作安全提供了一个智能型操作票生成专家系统。该系统通过采集电力系统的设备运行状态，针对现有系统的现状，结合本系统的操作条件，在操作之前自动形成满足工作条件的操作票。调度员可以根据这个操作票进行发令，从而保证了操作发令的正确性。此外，该套系统还具有操作票管理打印、操作权限和操作规程的管理、操作时一次图形的生成和显示、实时数据采集等功能，同时留有与其他设备的通信接口，可满足电力调度多方面的需求。

1. 系统结构设置与功能特点

电力调度典型操作票系统根据不同的使用要求采用了不同的编程方案，既有客户机服务器方式，也有浏览器/服务器方式。所有数据库及核心处理程序均集中在服务器端。

系统可以实现以下几方面的功能：

(1) 电力系统图生成(Client/Serve 程序)，用于提供绘制地铁电力系统图的功能。

(2) 典型操作票开票(Client/Server 程序)，用于根据生成的电力系统图进行电力典型操作票开票和管理。

(3) 临时操作票开票(Client/Server 程序)，用于值班电工生成临时使用的电力操作票。

(4) 电力系统图浏览(Web 客户端程序)，用于显示上海轨道交通 1 号线主变、各牵引站、降压站的供电系统图。

(5) 操作票培训(web 客户端程序)，用于典型操作票的仿真培训。

(6) 操作票考试(web 客户端程序)，用于典型操作票的仿真考试。

(7) 调度日志(web 客户端程序)，用于电力调度的日志输入、修改、查询以及交接班文档的输入、修改、查询等调度信息管理。

(8) 信息查询，用于公用文档、操作票规程、考试记录及临时操作票等的查询。

(9) 系统配置，用于管理员进行用户管理、试题管理、准考证管理等系统功能设置。

(10) 实时采集，用于从现场控制系统中采集所有设备的状态，并写入典型操作票数据库，提供其他功能的调用和显示。为实现上述功能，系统对进入的用户进行权限分级，不同用户将使用不同的功能项。系统管理员根据实际要求配置相应的用户级别。

2. 系统功能模块

系统由以下功能模块组成：电力系统图生成系统、典型操作票开票系统、临时操作票开票系统、web 网页设计、电力系统图浏览、操作票培训和考试、调度日志、信息查询、系统设置、实时采集系统。

(1) 电力系统图生成模块提供了生成电力系统图的方便工具。通过选取工具菜单上的各种设备并拖至系统图相应位置，即完成该设备的绘制。对每个设备，可以直接在系统图上改变初始状态，并可以修改许多相关的设置。

(2) 典型操作票开票系统是整个系统的核心，采用的开票方式不同于手工开票模式，其核心是基于图形化的操作。用户完全通过模拟电力设备的操作来实现开票，期间仅需要对某些辅助操作进行一些输入和修改即可完成整个开票过程，操作简便直观，不易出错。

(3) 临时操作票的开票系统与典型操作票开票系统类似，是为了让值班员开出一些典型操作票中没有包含的一些操作内容，供实际运行时使用。与典型操作票开票系统不同的是，临时操作票开出的票保存在系统特别设计的表中，供当班操作员和系统管理员调用。

(4) web 网页设计是电力操作票的基础工作，如电力系统图绘制、操作票和临时操作票管理等。面向管理员任务的功能采用 Client/Server 编程方式，面向值班员任务的功能则采用 web/Server 的编程方法，以方便用户使用。为此，系统大量采用了 ASP 和 JAVA 技术，并采用 ActiveX 控件，以满足复杂的操作控制和处理。

(5) 电力系统图浏览功能用于值班员或其他科室人员动态了解电力系统状态，以便对其进行分析。电力系统图浏览控件采用 ActiveX 控件，可以直接打开系统图绘制模块所生成的全部系统图，并根据实时系统采集的设备状态数据，每 15s 刷新一次系统画面，基本上可以做到与实际系统同步。

(6) 操作票培训和考试功能用于地铁值班电工仿真学习典型电力操作票。系统中培训和考试采用的是同一个 ActiveX 控件，系统会自动根据输入参数的情况选择培训或考试的功能。目前采用的方案是所有培训工作通过 VIP 用户进入，对培训的具体内容实时判断操作的正确或错误，并在错误时给出正确的操作步骤。对考试工作，先由系统管理员禁用 VIP

用户，再设置考题和准考证号，然后参加考试的人员分别用自己的用户名进入系统参加考试。系统对考试的每一步操作都进行记录，同样也对操作过程的对错进行判断，与培训不同的是，考试过程不提示正确的步骤。

（7）调度日志功能用于实现调度内容和交接班记录的计算机管理。调度日志功能根据当前日期和时间以及系统中设定的排班表，自动地计算当前的班号和值号，并对登陆的用户进行分析，只有当班人员具有日志和交接班记录的填写、修改功能。

（8）信息查询系统属于标准的 web 应用，其功能较为简单。主要包括公用文档查询、单一操作票规程查询、全部规程查询、临时操作票查询、考试记录查询等。这里面主要是对具体的功能按照用户级别进行了限制。对公用文档的查询，采用了独立的界面，并调用 Acrobat 程序显示文档。

（9）系统设置功能用于用户管理，并对系统的一些应用做初始化设置，主要包含对操作票考试的初始化设置工作，即进行试题设置和准考证设置。

（10）实时采集系统用于系统从控制系统中读取模拟数据和开关数据，以便系统能够实时反映地铁电力设备的真实情况。电力系统图在绘制时需要对所有动态设备和模拟数据进行选点配置，以便在实时模式下，系统会根据配置表刷新数据或状态。

（五）牵引变电站直流 1500V 馈出电缆在线监测系统

1. 局部放电评估电缆绝缘状态技术研究

研究了宽频带技术与传统的脉冲电流法相结合的局部放电信号的检测技术。由于牵引变电站直流 1500V 馈出电缆的电压等级相对较低，因此在研究局放信号的检测技术基础上重点研究了该类电缆发生放电的条件、局部放电信号特性与直流电缆绝缘状态的关系等相关技术，特别研究了接近火花放电的局部放电特征并建立了专家系统。

2. 直流泄漏电流评估电缆绝缘状态技术研究

当在直流馈出电缆上施加直流电压时，它就与大地之间存在一个电场。由于介质的绝缘性能总是相对的，因而在电场的作用下电荷可穿过电缆的绝缘层，形成漏电流。当漏电流增大时，电缆的绝缘电阻下降、绝缘性能降低，因此可以通过监测直流电缆的漏电流来分析电缆的绝缘性能。在解决非接触弱电流信号的测量技术基础上，通过对实验室老化模型的研究探索了直流泄漏电流数值大小与电缆绝缘状态的关系，并给出了相应判据。

3. 监测系统工作原理

监测系统通过监测直流电缆的放电信号为主、监测电缆泄漏电流为辅，对直流馈出电缆绝缘状况实现智能在线监测与评估，所有监测信号均采用非接触式测量。监测系统由信号传感器组单元、前置数据采集预处理单元以及后台监控单元三部分组成。

4. 监测系统参数

（1）直流放电监测系统信号响应带宽为 2~7M；

（2）直流放电监测系统灵敏度：传感器最小检测信号电流折合到原边 100μA；模数转换精度 $1/(2^{12}-1)$；

（3）抗干扰技术：局部放电在线监测一个关键技术就是干扰信号的剔除，本系统综合使用了前端硬件抗噪和后台软件滤波分析相结合的抗干扰技术，整个系统采取良好的屏蔽措施。

(4) 微电流传感器量程：0~100mA 分辨率 30μA；耐电流冲击能力：500A 持续 30s，300A 持续 3min。

(5) 数据处理功能：建立了专家系统监测分析软件，综合使用了频域分析、小波分析、模式识别以及数据统计处理等数据处理算法，具有故障自动分析，识别功能；后台服务器配有 SQL 数据库软件，具有数据统计、查询、显示、打印及报警功能；多通道并行实时处理系统最大可实现 20 根电缆同步实时在线监测。

(6) 系统自启动功能：系统具有定时自启动，并支持掉电运行 3min，来电自启动功能。

(六) 运营设施安全及事故应急处置研究

1. 运营故障与事故界定及其影响分析

通过对上海城市轨道交通现有运营线路事故和故障的统计分析，总结了事故和故障发生的特点；进行了上海轨道交通事故和故障影响的乘客问卷调查分析，得出以下事故和故障影响的客观评价。

(1) 乘客遇到列车运行故障的比例并不高，从未遇到过地铁事故或故障的乘客比例为 63%，多次遇到事故或故障的乘客仅占 1%。大多数的乘客感到发生故障或事故时车站相对拥挤，说明列车运行延误造成了一定量的乘客滞留。

(2) 列车运行延误发生后，列车停运时间 60%以上在 10min 以下，而多数乘客愿意等待 10min 以内的时间，说明目前列车的延误影响多数乘客能够接受。

(3) 乘客反映遇到的轨道交通故障频率最高的是车门关不上，因此，改进车门设计是减少列车运行延误的主要途径之一。

(4) 在发生故障的情况下，绝大多数乘客愿意服从地铁运营公司的指挥，对故障的排除采取配合的态度。

(5) 运营公司还需要利用多种宣传方式和手段，让乘客了解轨道交通列车运行的基本特点，并及时提供相关信息。

2. 事故、故障管理信息系统

开发研制了上海地铁运营有限公司事故故障管理信息系统(FMIS)。该系统具有数据实时录入、规范管理、快速查询、科学统计等特点，能够及时记录和获取事故故障相关信息，减少管理方面的工作量，维护数据的真实性，并且可运用相对指标和绝对指标的分析进行事故故障的预警及控制。主要功能模块有：线路和车站信息管理、事件等级管理、事件责任管理、事件类型管理、事件记录管理、事件记录查询及报表输出、事件记录分类统计及图表输出、事故故障预警及控制。

3. 列车运行延误影响分析

列车运行延误可分为初始延误和连带延误：初始延误是由于设备故障等外界干扰因素而导致的列车运行延误；而连带延误是由于系统中前行列车发生初始延误而导致的后行列车运行延误。在发生初始延误的条件下，一方面，前行延误列车将导致后续列车排队等待现象，延误在时间与空间上呈现向后传递；另一方面，则会由于车的接续等原因造成对向列车的运行延误。在网络条件下，某一轨道交通线路的列车运行延误还会直接或间接地引起网络中其他线路的运行延误。列车运行初始延误所造成的这种影响称为列车运行延误的传播。

4. 轨道交通事故、故障处置预案研究

研究了轨道交通事故和故障应急处置的反应机制和处理机制。在对现有反应机制信息流程和事件处置机制的分析基础上，提出了相应的改进建议；并就轨道交通故障状态下应急预案的处置原则和程序等方面进行了综合分析和优化。

5. 故障处置预案管理系统

开发研制了城市轨道交通故障处置预案计算机管理系统(FPMIS)。该系统运用文字、音像、图片等多种形式存储各种规章法规和运营管理规程、故障处置预案，可实现方便查询搜索、易于修改更新、资源共享、学习和培训等功能。

二、技术特点

本项目以总体和预防、预警及应急处置三个技术体系为对象全面开展运营安全性和可靠性关键技术研究及实施工作，体现了多学科交叉研究的特点。

目前国内外有关城市轨道交通运营安全性与可靠性方面的研究主要集中在技术和管理两方面，如安全管理体制与制度、地下结构风险评价、地震等环境对地铁的影响、应用软件安全性技术、ATP/FAS/BASISCADA、设备可靠性、列车运行故障分析预测等单一状况和设备研究。国内城市轨道交通及铁路系统均未见有整体性的运营可靠性研究报道，安全性方面仅有关于地铁运营安全保障体系概念性研究报道。国外城市轨道交通及铁路系统均未见有整体性的运营安全性与可靠性研究报道。国际城市轨道交通专业组织 UTTP(国际城市轨道交通协会)和 COMET(国际地铁协会)组织的网站上以及由他们所组织的各种国际会议和论坛上均未有同类研究成果报道和论文发表。本项目提出的城市轨道交通系统运营可靠性指标体系、提出的层次有色随机 Petri 网构建运营可靠性模型的方法，应用 PHA 和 FMECA 方法对系统整体的安全性与可靠性分析、提出的 FMECA 维修因子概念与算式等国内外均未见同类报道。

目前国内外对电缆局部放电在线监测的研究集中在高压交流电缆上，未见直流电缆方面的报道，而检测直流泄漏电流判断电缆绝缘状态主要用于电缆耐压形式试验方面，未见在线监测直流泄漏电流判断电缆的绝缘状况的同类报道。对直流电缆局部放电问题研究，所提出的监测电缆放电为主和泄漏电流为辅的综合评价模式和建立的故障诊断专家系统、研制的大口径微电流传感器等方面均有创新性，开发的智能化直流 1500V 馈出电缆在线监测系统达到了国际先进水平。

目前在城市轨道交通车辆采购招标中，要求蓄电池电压应急供电 45min 后，车辆辅助逆变器仍可正常启动、运行及对蓄电池正常充电。国外地铁车辆生产商一般都能响应此条件，只是所采纳的方案不一定相同。本项目提出的解决车辆辅助逆变器启动失效问题的技术方案和措施，经过试验与运行考核，证明完全能满足以上要求，其成果同国际同类先进产品具有相同的技术水平。

本项目应用 FMEA 和 FTA 方法对列车车门开展的可靠性分析及车门横向比较研究国内外未见同类报道，具有创新性。对车门的多项改造优化措施在国内均属首创，其中门钩复位弹簧销和车门紧急释放装置已申请中国专利。

国外电力调度操作票专家系统较著名的是日本 Virgo 专家系统，它采用知识描述语言

KDL，但功能比较有限，限4种操作任务和3种设备类型，并且操作票不涉及压板和自动安全装置。国内目前电力调度操作票专家系统主要有：产生式系统方式、查询开票方式、子程序模块方式、图形校核开票方式、开关控制逻辑方式以及面向对象方式六类，这些方式在电力系统中都有一定程度的应用。本项目开发的典型操作票专家系统采用了浏览器/服务器编程方式，在图形直接生成操作票、与实时SCADA系统进行安全性校验、网上操作票培训考试等功能方面具有创新性。填补了轨道交通电力调度应用方面的空白，并获得了软件著作权。

目前，国外在轨道交通网络运输组织的研究中，开发的RailSys(德国)、RailPlan(英国)、Open Track(瑞士)等软件系统除了运营管理功能外，还具有系统故障分析(列车运行延误或设备故障等)功能特点，但这些软件系统主要用于这些国家的铁路运输部门，目前正在逐步引入城市轨道交通运输组织领域。国内已有的相关研究成果中，尚无具有上述功能特点的软件系统。本项目开发的城市轨道交通网络运输组织仿真系统具备以上功能特点，该系统和同时开发的轨道交通故障处置预案仿真系统都达到了先进水平。

世界城市轨道交通权威组织COMET(Community of Metros)2005年10月发表的世界大型城市轨道交通运营企业绩效比较报告(KPI REPORT)显示：上海轨道交通在系统可靠性主要指标“两次事故之间平均间隔的车公里数”、企业效益的主要指标“设备利用率”和“总收入/运营成本”以及服务质量主要指标“列车准点率”等方面均处于前三位。

第六章 智能化及其他前沿新技术

城市轨道交通系统的建设随着计算机技术、通信技术、控制技术、图形显示技术的发展，其智能化程度越来越高。轨道交通智能化系统上游行业为电子设备制造业及相关信息技术行业、工程材料行业。其中，电子设备产品包括前端设备、传输设备、控制设备、显示设备、存储设备等。下游行业主要是铁路和城市轨道交通两个行业。我国铁路和城市轨道交通的发展对轨道交通智能化系统的发展有较强的带动作用。

第一节 综合监控智能化系统

一、技术内容

以综合监控系统（Integrated Supervisory Control System，简称 ISCS）和设备监控系统（EMCS）为主体，集成了火灾自动报警系统（FAS）和电力监控系统（SCADA），形成了统一的监控管理平台，达到了信息共享。对车站的通风空调系统设备、给排水设备、自动扶梯、电梯、车站公共区照明、广告照明、车站出入口照明、车站事故照明电源、屏蔽门、人防密闭隔断门、电变所和接触网供电设备等机电设备进行全面、有效的自动化监控及管理，确保设备处于高效、节能、可靠的最佳运行状态，创造一个舒适的地下环境。并能在灾害或阻塞事故状态下，联动应急控制，更好地协调车站设备的运行，提高了综合自动化管理水平，充分发挥各种设备应有的作用，保证乘客的安全和设备的正常运行。

基于设备监控的综合监控系统网络结构采用分布式网络结构，由通信传输网、中央级和车站级局域网及现场总线构成，形成中央、车站、现场三级控制和中央、车站两级管理的监控管理体制。

二、主要技术性能

（一）主要设计原则

（1）利用设备监控系统（EMCS）平台组建综合集成系统，集成 EMCS、FAS、SCADA。

（2）采用分布式计算机系统，由中央管理级、车站监控级、现场控制级及相关通信网络组成。

(3) 火灾自动报警系统(FAS)与设备监控系统(EMCS)之间设置高可靠性通信接口，防排烟系统与正常的通风系统合用的设备由EMCS统一监控，火灾时由FAS探测火灾信息，并发布火灾模式指令，EMCS优先执行相应的控制程序。

(4) 车站控制室/中央控制室工艺设计满足运营进行集中监控和管理，总体布置便于操作维护、管理。

(5) 监控对象以通风、空调及制冷系统为重点，并包括给排水系统、供电和照明系统、电梯和自动扶梯系统、屏蔽门系统、人防门系统等，并在火灾情况下进行系统联动控制。

(二) 主要系统、设备指标

(1) 系统总物理点数36000，可扩展至>120000。

(2) 控制中心控制响应时间<2s。

(3) 控制中心信息响应时间<2s。

(4) 车站控制响应时间<1s。

(5) 车站信息响应时间<1s。

(6) 画面响应显示时间<1s(画面数据点500点内)。

(7) 系统平均无故障时间>8000h。

(8) 系统平均修复时间<1h。

(9) 系统有效性99.98%。

(10) CPU平均负荷率≤50%(服务器)，<20%(工作站)。

(11) 网络使用率<10%。

三、技术特点

(1) 综合监控系统采用深度集成方式集成了三个子系统，提高了系统的可靠性和可维护性。采用成熟可靠、具有自主知识产权的国产系统，降低了建设和运营成本，节约建设投资近千万元；采用变频节能系统，节约能源20%~30%；采用运营管理及应急监控统一平台，提高应急能力和运营水平；控制室的工艺设计以人为本，为运营管理创建了舒适、便捷的工作条件。

(2) 以设备监控系统为主体，构建了统一的运营管理平台，协调各机电设备系统的工作，提高各系统间的联动水平，提升地铁运营智能化和自动化水平。

(3) 对车站公共区通风空调采用变频节能控制技术，具有正常通风与防排烟双重功能，节电20%~30%。

(4) 对车控室内各系统进行了集成设计，采用了集中式控制台/盘，提高了地铁应急指挥、协调和控制的水平。

(5) 对中控室内各系统进行了集成设计，采用了DLP大屏幕投影系统，总拼接面积114m^2，单一逻辑桌面显示分辨率为63677952像素，是中国最大的智能大屏幕投影系统。

深圳地铁一期工程采用了基于设备监控的综合监控系统，是国内第一个在地下车站实现综合监控系统功能的地铁。工程范围包括一号线15个车站、四号线5个车站(含1号、4号线换乘站)、竹子林车辆段及综合维修基地、行车调度指挥中心(OCC)。综合监控系统运行稳定，操作使用简便，控制系统自动化水平高，并且维护工作量较小，维护管理手段先进。

第二节　乘客信息智能化系统

现代社会人们的工作、生活节奏加快，出行速度加快，计划性增强，他们需要很好地把握自己的行程，越来越重视对公交行程时间的准确掌握。城市轨道交乘客资讯动态显示系统是向乘客提供服务资讯的系统，通过正确、适时的信息引导，使乘客便捷地乘坐轨道交通。

系统发布的资讯主要是与乘车相关的信息，也能发布其他公共信息和紧急信息；同时系统充分利用地铁网络资源，实现了视讯广告信息发布，获得了收益，反过来促进系统建设。

一、乘客资讯动态显示系统的作用

（一）疏解乘客等车的焦急情绪

人们喜欢掌握自己的行程，在不能知道行程准确时间、等待过程较长及时间临近等情况下表现出比较焦躁的情绪。如果乘客乘坐公共交通工具产生了不能掌控的隐约焦虑情绪，交通部门可以通过信息告知、准点运行和优质服务等手段有效地加以安抚。地铁系统可以通过多种信息发布方式，告知列车的到发时刻，尽量让乘客知道有关行程的信息，有效疏解他们候车的焦躁情绪，保证站台的候车秩序。

（二）满足乘客服务的心理预期

乘客对于旅行服务(包括信息获取)有一定的心理预期，这种心理预期出自人心目中的成本与回报的公平推定，也受环境选择因素以及经验比照的影响。人们根据出行的计划性、重要性设计出行成本(如经济成本和时间成本)，经济成本付出较高时，必定要求接受高标准的服务。同样，人们处于高标准的生活环境时，会选择心目中理想的运输方式，相应地形成某种服务等级预期，而信息预告体现了经营者对乘客的尊重。城市轨道交通提供快捷方便的运输服务，乘客对其时间长短、准点、旅程舒适性比较敏感，形成了一定服务层次的预期。

（三）发挥娱乐大众和宣传的作用

为乘客提供实时的时政、体育、娱乐等资讯信息和全面的导乘服务，以大量、快捷的视讯信息吸引乘客，增加地铁的客流量；也可以实时播放控制中心发出的公共信息或个性化的导乘信息，遇到重大的突发事件可作为紧急运营信息发布通道。地铁具有运效高、客流量大的特点，成为城市的名片和对外窗口。凭借客流优势、传播优势以及经营媒体的配合，可以展示公司优势、城市形象，成为城市信息化系统的一部分。

二、乘客资讯动态显示系统的信息流程组织

地铁中发布信息的手段有多种，听觉方面主要是通信广播，发布自动报站、背景音乐

和人工广播信息。视觉方面要丰富得多，有指示牌、标志和灯箱、显示屏等。标志依附装饰装修立面，进行印刷和张贴；指示牌可以独立安装并立体展示，置于人员流动路径，用于固定信息的公示；灯箱用于显示通过/关闭状态、紧急状态等简单信息；显示屏发布大容量信息，可以包含文字、画面、声音等多媒体动态信息。乘客资讯系统目前整合了车站电视机发光二极管显示屏（LED）和车载液晶显示器等多种信息显示媒介，还预留了扩充信息查询的能力。系统首先是满足乘客知晓行程信息的需求，其次才是增值超值服务。地铁行程信息主要有行车方向、目的地、到达时间等，其他还有到站、越站、晚点时间提示等列车动态信息。

（一）ATS 循环报文信息

乘客资讯系统的列车相关信息主要来自信号系统的自动列车监控子系统（ATS），包含列车自动跟踪功能、列车自动调整功能、运营时刻表功能、自动进路排列功能等。列车自动跟踪功能实现列车在线路上实际占用位置的识别和回传，和线路的特性一起为列车调度提供了所需现场信息。信息发布也需要预测到达时间，通过系统特有的功能模块来计算列车行驶时间。

PIS 系统与 ATS 系统在 OCC 接口，有利于集中管理。信息从 ATS 系统向 PIS 系统传输，基于 TCP/IP，每隔 30s 发送一次报文，分为测试报文、信息报文、接近预报报文和更新报文以及其他已定义类型的通信报文。在信息报文中，每个车站占用 20~30 字节的信息位，从而使得 PIS 可以在车站站台上显示估计的列车到达时间和列车目的地等乘客信息。

（二）应急信息

通过接口接受其他系统的触发信息，也可以人工参与，系统能够发布运营受阻信息或者紧急信息。系统在触发后通过预先定义的格式，显示公示的内容。

（三）其他信息

在过分拥挤、运营阻塞时需要分流人员，在城市不同交通方式和线路之间进行换乘，这些交通信息有利于帮助管理运输秩序，方便乘客选择换乘，而交通枢纽换乘引导系统侧重于对这些信息进行组织。这些信息来自售检票系统、CCTV 监控系统及其他运营相关系统，其收集和分享工作还需要进一步扩展。

（四）多媒体视讯信息

多媒体视讯信息通过网络传播，提供预先录制的公共信息、个性化导乘信息和突发事件应急的视频信息，也播放实时的时政资讯、体育娱乐信息、广告信息等。总之，多媒体视讯信息发布在城市窗口，形成良好的宣传平台，也是较有吸引力的招商平台。

多媒体信息处理包括多媒体信息的编制、导入、转换、传输、合成及显示等各环节。多媒体信息导入可为模拟视频信号、MPEG 标准、H. 26X 标准、互联网压缩编码标准等多种形式及格式，在处理过程中又要进行多次编码转换，多媒体信息处理应满足信息质量损失小、高压缩比、高信道适应能力的要求。在因特网络部分以流媒体方式传输，每路高清晰度视频一般需占用网络带宽 15~40Mbit/s。

三、乘客资讯动态显示系统的构成和功能

乘客资讯系统依托多媒体网络技术，以计算机系统为核心，以车站、车载等显示终端为媒介，向乘客动态发布信息，它由播控中心、车站/车载控制、网络、显示终端等部分组成。

乘客资讯系统完成文字、图片、动画、音/视频、实时资讯等信息的导入、编辑、编码、传输及显示的一系列处理过程，具有许多功能。与文字信息相比，视频媒体占用更多的系统资源。视频从标清标准向高清标准转变，系统处理能力会有进一步提升。

（一）系统维护管理功能

系统维护管理功能使系统具有良好的操作维护性能，能够实现系统参数(包括系统、子系统、网络及设备的结构、配置及性能等系统程序应用)的设置修改。为了便于运营管理，系统应具有用户权限、登录管理记录功能，能生成各种日志，记录各项运行参数、操作记录及故障信息等，具备设备状态、故障诊断、电源管理等监控功能。

（二）多媒体信息管理功能

多媒体信息管理功能完成多媒体信息的浏览、制作及编辑工作，处理多媒体信息的导入素材列表、素材预览以及播放节目实时监控的流程。乘客导向信息管理功能通过接口数据以及人工参与，将行车信息及引导、应急信息加以收集整理，通过网络传递到目标点，在相应的显示窗中发布。

（三）系统播出控制功能

系统的播出控制可在中心和本地两级进行。在通常情况下，由中心进行播出控制，以本地的播出控制为中心的后备模式增加了播出控制的灵活性。系统的播出控制功能是由设置并执行播出控制列表来实现的，因此播出控制列表是播出控制的核心内容。

（四）乘客显示终端显示功能

乘客显示终端作为播出控制列表的播控对象，应能按照播出控制列表的设置进行显示。乘客显示终端应能实现分割和层叠显示，显示多个多媒体内容。乘客显示终端在故障情况下，自动进入安全模式，显示本地预存内容。

轨道交通乘客咨询系统是一项人性化设施，通过多种信息发布，有效地引导乘客乘坐，同时起到娱乐旅程和宣传告示的作用。系统通过设计研发及工程实践，已经形成了较成熟的结构，而在信息互通和实现换乘信息显示方面有待继续研究。

第三节　综合安防智能化系统

一、技术内容

城市轨道交通设备维修管理系统(Computer Maintenance Management System，简称CMMS)是针对城市轨道交通系统的组成、运行和维修特点，基于设备状态、维修过程建模

和优化技术对城市轨道交通系统中的维修工作进行不断优化。CMMS 由 3 部分组成，中心数据库、方法模型库和建模优化推理子系统。

（一）中心数据库

城市轨道交通系统一般有车辆和轨道、车站机电设备、供电子系统及通信信号子系统等，对土建设施不予考虑。

中心数据库中应存储数据包括以下内容：

（1）相关各类设备的型号、购买日期和基本参数。

（2）各类设备运行维修记录，包括每次运行起止时间、运行里程、维修起止时间、维修参与人员、维修项目、所耗维修备件。

（3）所有设备历次故障的记录，包括故障时间、故障部位、故障原因等，设备状态监控数据，主要是自动在线监控或离线检测结果，以及人工检测得到的各类设备状态监控数据。

（4）维修人员数据，包括维修人员年龄、性别、职称、入职时间，分机情况和所参与的维修工作记录。

（5）各类维修备件的生产厂家、型号、基本参数、采购时间、储存地点、采购数量、所需金额、当前剩余数量，以及各备件的领用日期、领用人员和使用原因。

（6）维修工具记录，主要是各类维修工具的储存地点、类别、价格、数量、消耗情况。

（二）方法模型库

方法模型库是计算机维修管理系统实现决策自动化和智能化的核心。方法模型库中存储了大量的用于诊断、决策和分析计算的数学模型，以及代表专家知识和行业标准的规则库。

（1）维修决策模型和维修过程模型用于设备维修决策支持维修活动过程优化。

（2）故障诊断和故障预测方法库中存储了城市轨道交通系统各类设备故障诊断、故障预报所需要的各种方法，实现故障预警、事故预防，尽可能避免运行安全事故。

（3）行业维修标准规范库和专家经验知识库采用恰当的方法，描述和存储现有的各类设备维修的经验和规范，如地铁车辆的日检、月检、定修、架修和大修规程。

（4）指标和相应计算方法，包括各设备或部件平均无故障时间、平均维修时间、列车行驶每公里所需的维修保养费用、每名维修人员平均支出等。

（三）建模优化推理子系统

建模优化推理子系统基于方法模型库，根据设备运行数据、维修记录、状态监测数据等各项记录，用软件方法自动生成各类维修工单、维修质量分析报表、设备可靠性分析报表等。

二、关键技术内容

（一）维修决策建模和优化技术

维修建模和优化技术侧重于对系统或设备的失效，以及对维修工作进行定量的描述和分析，从运筹学角度指导维修工作进行定量的描述、分析和开展。维修决策建模和优化技术正处于快速发展阶段，设备系统的定期维修决策建模和优化理论已经较为成熟。目前，由于缺少维修决策支持软件系统，在地铁、轻轨和独轨等系统设备的维修保养中，主要还是依据专家经验和行业规程进行维修计划制定和维修决策。要在轨道交通系统设备维修管理中应用维修决策建模和优化技术，必须重视设备故障和劣化数据的积累，这是维修决策建模和优化的基础。

（二）维修过程建模和优化

维修过程建模和优化，对城市轨道交通系统管理部门合理安排维修作业、优化维修资源配置十分必要。维修过程模型就是使用数学解析模型或仿真模型描述维修活动的执行顺序，维修活动所需要的资源及其获取，以及这些活动间的相互关系，分析维修过程的平均维修时间、资源利用率等。维修过程模型必须考虑在维修过程中确定维修活动顺序和分配维修资源的限制规则，从而更好地模拟维修过程。已有的维修过程建模和优化方法，是基于 Petri 网理论。

（三）故障诊断和故障预测技术

故障诊断是通过信号检测和信号提取，识别设备所处状态（正常状态、故障状态和临界状态等）。设备故障诊断方法包括：基于专家系统的智能化诊断方法、灰色系统理论诊断方法、神经网络诊断方法、模糊系统诊断方法、信号处理技术诊断方法等，且这些理论已较为成熟。

故障预测技术目前的研究仍然不够充分，已有的故障预测技术可分为：基于经验的故障预测方法、特征的故障预测方法和对象物理模型的故障预测方法。

（四）备件采购决策模型

维修作业需要的维修备件，从维修资源需求角度考虑，存储的维修备件越多越好。然而，维修备件采购受到资金和储存场地的限制，因此存在采购维修备件的最佳数量和最佳时机问题。解决这一问题需要维修备件采购建模和优化技术。在城市轨道交通设备维修管理信息系统中，嵌入备件采购模型必须有相应专家支持。

三、技术特点

城市轨道交通系统的计算机维修管理系统，可采用 Client/Server 结构，基于有限和无线局域网，由系统服务器、在线监测系统、便携式测试设备和人工管理终端等组成。

中心数据库、方法模型库和建模优化推理子系统，运行于系统服务器中。中心数据库的构建可采用 SQL Server 等数据库平台；方法模型库的设计和实现可给予对象建模技术和构件对象模型技术；建模优化推理子系统要求能够根据设备档案、设备故障记录、设备状态监测数据，利用方法模型库中的各种数学模型、解析模型、诊断预测方法和知识库，基于模糊推理、案例推理、统计推理等理论，实现系统设备维修决策和故障预报等的自动化。

在线监测系统包括地铁系统中的各种设备在线监测设备，例如供电系统杂散电流实时监测系统、车辆走行部轴承温度检测等。

便携式测试设备包括各类离线的、手持式的设备状态监测设备，如车辆轮对磨损检测。

在线监测结果和离线检测结果应该通过通信网络传送至系统服务器进行保存，通信网络可以是现有地铁内部的电话线路和网络线路。

人工管理终端主要负责设备维修管理信息系统的手工输入数据操作、系统输出显示打印、系统交互等工作。工程实践中，方法模型库、建模优化推理子系统和管理终端软件都可采用 VC++软件编程实现。

第四节 通信智能化系统

随着城市轨道交通线路的网络化发展，城市轨道交通的安全隐患也日益增多，线网运营指挥调度、应急抢险组织需要智能化的专用调度系统，确保现场工作人员随时随地实现有线、无线 WIFI 等高速接入，与线网指挥中心和线路控制中心保持多媒体通信，实时掌握现场情况，以便做出正确决策，保证运营安全。软交换技术是一种针对与传统电话业务和新型多媒体业务相关的网络和业务问题的解决方案，它能够减少资本和运营支出，提高收入。未来基于 LTE(Long Term Evolution，长期演进)技术专用无线多媒体调度系统会成为轨道交通无线调度网的首要选择。软交换已成为未来通信行业的主流技术，是实现三网融合的推动力量。轨道交通专用通信网积极推进软交换技术的发展符合国家产业政策，不仅有利于整体通信网络效率提升，而且对轨道交通行业自身的规模化建设、网络化运营和智能化管理起到积极的促进作用，其社会、经济效益是明显的，对轨道交通行业未来发展具有重大的战略意义。

一、轨道交通专用通信系统现状

现有专用通信系统是按照地铁线路组网，采用数字程控电话设备，可以提供必需的语音和调度服务，但是没有考虑轨道交通大规模建设和运营的情况，没有站在整个线网的高度统筹规划，因此网络结构复杂，地铁线路间缺乏有效沟通造成资源浪费。

电路交换设备的线路利用率低、设备功耗高、集成度低、新业务开发部署复杂、扩容升级困难、维护成本高、单一窄带业务、设备供应商绑定等因素，越来越不能适应轨道交通开展灵活、多样的多媒体、智能化新业务的发展需要。此外，程控电话交换设备已停止研发投入，技术陈旧、利润低，面临停产。如果专用通信系统继续使用程控交换设备将会出现设备维修、升级困难，缺乏备品备件和有效的技术支持，严重影响运营安全。

近年来软交换技术已在世界范围商用，成为未来电信网演进的方向，其容量大、性能高、组网灵活、业务提供能力强，在轨道交通行业发展潜力很大。

二、软交换技术的适用性

软交换比电路交换具有较高的集成度，可以站在整个路网的高度整体规划轨道交通体系，相比既有线路组网方式有更大的容量和呼叫处理能力，取消地铁线路控制中心交换节点，网络结构更简单，投资明显降低，资源配置率更高。

传输网 MSTP(Multi-Service transfer platform，多生成树协议)支持 IP 分组业务，共享带宽，结合软交换设备应用，可大幅提升整个专用通信系统的线路利用率，带宽高达 10Gbit/s，保证实时多媒体业务的开展。软交换实现车站等场所的接入，可以采用传统双绞线，也可以采用五类线。而平面组网方面已有大量案例，其组网灵活、结构扁平、体积小、功耗低，可以用于城市轨道交通的软交换中心建设，节省机房面积和设备投资，提升线网互联互通的能力，且扩容升级方便。交换功能方面，容量、稳定性、计费和话务统计已经达到商用要求，呼叫控制功能完善。业务应用独立于网络，提供新业务速度快，集中维护效率高。软交换接口标准开放，给设备采购带来更多的选择。

软交换技术的安全性、可靠性，从业务层、控制层、承载层和接入层的网络物理设备上得到保证。由于系统集成度很高，一旦出现问题影响面比较大，因此对重要板卡电路和控制层设备要采取冗余备份。轨道交通专用传输光纤链路保护倒换时间短，且支持 MPLS (Multi-Protocol Label Switching，多协议标签交换)差分服务，能够在承载层保障传输 QoS (Quality of Service，服务质量)。专用传输系统的内嵌 RPR(Resilient Packet Ring，弹性分组环)的 MSTP 支持 MPLS VPN 技术，隔离轨道交通内网用户之间、内网用户和公网、业务子网间的路由信息，克服了 IP 网简单、通用、易遭攻击的弱点，保证软交换系统不受非法攻击。通过加密和认证等手段保证软交换设备和终端之间的信令协议安全，用户间的媒体流安全和用户私有信息安全。

目前，市场已发生深刻变化，软交换技术已经成为主流技术，采用软交换构建集话音、数据、多媒体业务和第三方新业务一体的轨道交通软交换专用通信平台是未来的发展方向。

三、软交换网络规划原则和措施

轨道交通建设软交换网络应该首先建立行业的软交换准入标准，以城市为单位统一规划部署，明确设备的选型要求，有计划、有步骤地实施，确保网络技术先进、设备可靠、网络设备和业务可扩展。注重网络设备的集约化、规模化建设中的资源共享，充分利用既有网络资源，保持运营线路的业务稳定、循序渐进地推进软交换网的建设。网络的软交换改造是一项长期工作，新建线路先上马；既有线路应根据网络设备的年限、设备工况进行改造，有计划、有步骤地切换到软交换网上来。

新建线路实施软交换，初期建设线网级的软交换中心，容量不宜大但要有平滑扩容能力，可通过后续线路逐步接入。新建线路的控制中心、车辆段和车站设置接入网关，实现语音、数据和视频接入。软交换可以融合既有的电路交换网络，通过中继网关保证既有线路和新建线路之间的互通。

既有电路交换网的软交换改造应首先在汇接层面展开，建成软交换中心、用户数据中心和业务中心。其次，在端局层面当某条线路的程控交换机老化需要退网时，在地铁车站设置接入网关(AG)，可以选用由 TDM 到 P 转换接入板卡，实现由铜双绞线承载的模拟语音、数据到 IP 分组的转换。可以避免重新布线，减小施工难度以及对运营的影响。预先对 AG 进行配置和调测，利用夜间停运期间完成割接。各车站可以有计划地分期、分批实施，割接成功后将车站程控模块拆除。应当注意软交换与电路交换设备之间互通，以保证新改造站和未改造站之间的通话。对于车辆段和控制中心地上建筑，可以利用局域网实现接入。当所有接入点完成接入后，再拆除控制中心的程控交换机。

软交换的实施，应根据线网设备和轨道交通相关标准，在保证安全、可靠的前提下，充分考虑未来智能交通业务应用、设备维护管理、网络演进等因素，遵照以下原则进行：

（1）软交换核心控制设备应该以所在城市路网为大区布局，遵循大容量少局所的原则。大区内宜采用平面组网方式，网络设备静态配置与之互联设备的路由。

（2）软交换设备的处理能力，宜按照实际需求除以 70%考虑冗余。

（3）软交换的控制设备应该成对配置，互为热备，物理位置分开，以便主用设备故障时异地备份设备能够接管整个系统。

（4）独立信令网关中继媒体网关的设置，应遵循大容量少局所的原则，网关尽量成对设置，放置在不同物理位置，采用话务负荷分担方式工作。

（5）接入网关的设置原则，以车站、车辆段和控制中心为单位，100 用户以上可以设置 AG。

（6）媒体服务器应尽量靠近媒体网关设置，应考虑冗余热备，其主要部件也应概率冗余热备份。

（7）应用服务器尽量与软交换设置在同一物理位置，应考虑主、备冗余及关键部件的冗余备份。应用服务器应按照提供的业务种类划分。

（8）用户号码编制原则，应与现有地铁用户编号原则一致，方便路由选取和用户使用。

（9）软交换网络设备的 IP 地址规划，应尽量用公有 IP 地址，相关网络设备应集中布置，设在同一网段内。内部网管、计费等端口可以考虑使用私有地址。终端设备的 IP 地址可以采用私有 IP，借助 NAT 穿越实现外网访问。

四、轨道交通专用通信系统演进策略

专用通信系统向软交换技术演进是渐进的，为了保护既有投资，已建成的电路交换网在相当长的时间里仍将存在。可以考虑在新建线路上率先采用软交换技术，已建成的线路待将来设备维护升级困难或设备老化故障率高时，再切换到软交换上来。发展软交换可以按照技术的成熟度，依先公务电话、专用电话，再无线数字集群次序逐步发展，最后这 3 个子系统合用一个全路网的软交换控制中心。

公务电话目前是轨道行业软交换技术应用的热点领域。在组网应用上可以考虑在连接各条地铁线路光网络的上层骨干光传输网附近，设置主、备用 2 套软交换核心控制设备，媒体网关控制器互为备份保护。软交换核心控制设备初期通过信令网关和中继媒体网关与控制中心的公务电话汇接交换机相连，软交换网与公网软交换网的互联可以在时机成熟时通过 SIP-T 或 BICC 协议实现。各条新建线路车站、车辆段、控制中心设置接入网关，采用 POTS、ISDN 终端和以太网接口的综合接入设备，支持模拟电话、数字电话、IP 电话和计算机上的软件电话等。新建地铁线路之间通过软交换实现多媒体互交。软交换通过信令网关和中继媒体网关实现新建线路和既有线路的信令和媒体流的转换，达到互联互通的目的，并且将地铁通信网融合到 IP 网上来。

采用软交换技术公务电话系统可以整合专用电话、OA、会议视频系统、无线 WIFI 应用等系统，提供语音、数据、视频和第三方新业务的新一代轨道交通综合通信平台。生成全方位的智能化的管理、服务新业务，如无线 WIFI 可以建立三维立体街区图的电子图库，实现乘客与轨道交通专网的互动，接受乘客的询问，乘客与轨道交通专网互动，向乘客手机推送向导信息、道路拥堵信息、车站周边建筑和道路信息等。为乘客出行提供决策信息,引导乘客快速到达目的地。

城市轨道交通专用电话软交换接入方式和公务电话系统类似，只是偏重智能化的调度功能。因此未来可能和公务电话合二为一。物理设备实体是同一套，业务逻辑可由软交换对不同端口加以区分。传统专用电话子系统中，线网指挥中心，各维修专业调度、各维修专业值班室之间以及线网换乘站之间缺乏有效沟通手段，运营指挥效率及安全性低。采用软交换技术在网络层面有效解决了专用调度系统的互联互通问题。

第五节　信号智能化系统

一、西门子 CBTC 信号系统

随着中国城市轨道交通的载客压力日益增加，地铁行驶速度不断提升(目前最高速度已超过 100km/h)，如何在高速环境下确保运营安全，缩短行车间隔，提高运营效率，这对地铁车辆、信号系统、通信系统等都提出了极高要求。从最初的固定闭塞到准移动闭塞，再到现在最先进的基于通信的列车控制(Communications Based Train Control，简称 CBTC)移动闭塞系统的应用，信号系统的持续改进是推动列车提速、保障行驶安全的最关键技术。

西门子凭借“全面交通解决方案”的理念，将其先进的 CBTC 解决方案引入到中国城市轨道交通中，并提供模块化产品“Trainguard MT”列车自动控制系统。

(一) Trainguard MT 系统结构

Trainguard MT 系统主要由列车自动监控系统(ATS)、计算机联锁系统(IXL)、轨道空闲检测系统(TVD)、列车控制系统(列车自动防护 ATP 及列车自动运行 ATO)、双向通信系统(WLAN)等 5 个子系统组成。这 5 个子系统被划分到 4 个层级，以便分级实现系统指定的功能。

第 1 层：ATS 系统的集中控制层，包括中心控制和车站控制 2 级。VICOSOC501 实现线路集中控制功能及其备用功能；VICOSOC I01 则为车站控制和后备模式的功能提供操作员工作站和列车进路计算机。

第 2 层：沿着线路分布的轨旁层，包括联锁系统(IXL)、ATP 轨旁系统、轨道空闲检测系统(TVD)及信号机、应答器部件等，执行联锁和 ATP 轨旁功能。联锁系统(IXL)采用西门子计算机辅助信号(Sicas)。Sias 基于联锁表原理，能够灵活调整，适应相关铁路运营商的运行规则和不同的用户需求。

第 3 层：通信层，包括局域网络、无线 WLAN 通信系统，以及应答器等车地通信设备。

第 4 层：连续式或点式通信级别时，Trainguard MT 的车载 ATP 和 ATO 控制功能。

(二) Trainguard MT 系统特点

与以往的固定闭塞和准移动闭塞相比，西门子 Trainguard MT 系统属于移动闭塞控制系统，通过配备在列车上以及轨道旁的无线设备，实现车地间不中断的双向通信。控制系统可以根据列车实时的速度和位置动态计算和调整列车的最大制动距离，2 个相邻列车能以很小的间隔同时前进，从而极大地提高运营效率。

Trainguard MT 系统在保证安全的前提下提供了大量的自动化功能，例如 ATO 和无人折返功能，不仅使司机从繁重的例行工作中解放了出来，还保证了列车在站台屏蔽门前的精确制动，极大地缩短了运行时间和行车间隔，从而确保了安全、可靠、稳定、舒适的载客环境。

除此之外，Trainguard MT 还具有以下显著特点：

1. 支持混合运营模式

Trainguard MT 系统是西门子在以往系统的基础上进行创新、完善的成果。一方面，各个子系统都相对独立、完整地保留在系统中；另一方面，各个子系统相互接口，逐层逐级扩充系统功能。

这种设计理念使得 Trainguard mT 系统能够区分对待其管辖范围内的非装备列车、点式控制列车和连续式控制列车，为列车提供不同的安全防护策略，从而允许不同控制级别的列车在同一信号系统的控制下安全运行。对于非装备列车，联锁系统提供进路保护；对于点式控制列车，联锁系统通过应答器为车载 ATP 提供安全移动授权；对于连续式控制列车，则由轨旁 ATP 设备通过无线系统向车载 ATP 提供安全移动授权。采用 Trainguard MT 方案，将点式列车控制和连续式列车控制融合在一个系统中，让客户在特定情况下拥有多种运营策略和建设策略的选择。

2. 列车控制级别和信号机的自动切换

Trainguard MT 系统中，列车在进入线路、具备升级条件后，可以自动从联锁级升级到点式控制级，最后到连续式控制级，无须人工介入。对于连续式控制列车，信号灯处于灭灯状态，司机依据车载提示驾驶；对于点式控制列车或非装备列车，信号灯点灯，司机必须遵守实际信号。信号灯的点灯或灭灯控制，完全由信号系统依据信号灯前的列车控制级别来自动选择。列车控制级别和信号机的自动切换设计，极大地简化了复杂情况下运营人员的操作强度。

3. 车载设备的前后冗余功能

Trainguard MT 系统大量采用冗余设计提高系统可靠性，其中，车载设备的前后冗余功能是难点。当一端车载无线设备、ATP 设备、ATO 设备、ITF 设备发生故障时，另一端的车载设备会接管列车，在乘客毫无察觉的情况下继续保持列车的平稳运行。

4. WLAN 和无线加密技术

出于在成本、可维护性、可用性和通信稳定性等方面的考虑，Trainguard MT 采用基于无线 AP 的 WLAN 作为车地通信通道。WLAN 无线通道提供了一个强大的数据传输通道，其功能可以在整体系统中进行扩展。WLAN 数据通信基于 IPSec 标准，专用加密模块在应用层为数据提供 256 位加密、专用数据通道格式和密钥协商，防止对数据的访问和篡改；在 AP 数据链路层采用防火墙机制，拦截非法的数据报文。从而，使无线系统在满足 CTC 系统对数据通信高实时性的要求同时，最大限度地减少了黑客侵入的风险。

综上所述，基于 WLAN 的 Trainguard MT 列车自动控制系统为中国城市轨道交通的发展提供了一种新的选择和方向。北京地铁 10 号线项目采用西门子公司的 Trainguard MT 系统，为北京奥运会献上了一份厚礼。

二、城市轨道交通计算机联锁系统

（一）技术内容

计算机联锁系统负责处理进路内的道岔、信号机、轨道电路之间安全联锁关系，接受ATS或者操作员的控制指令，向ATP、ATS输出联锁信息。计算机联锁技术在铁路上使用已形成系列产品，有TYJL-Ⅱ型、Ⅲ型、TR9型、ADX型计算机联锁系统。其中TR9型的硬件采用美国TRICONEX公司的TRICON三取二容错控制系统，ADX型的硬件采用日立公司的二乘二取二结构铁路专用安全计算机系统，Ⅱ型为自主研发的双机热备结构，Ⅲ型为自主研发的二乘二取二硬件安全冗余结构。在城市轨道交通领域的联锁产品使用最多的是Ⅱ型联锁。

（二）主要技术性能

（1）全面采用高可靠性的工业控制产品和全新的安全智能模块，其关键核心部分更是采用专门研发的高可靠专用控制系统。

（2）全面和多层次的故障—安全设计，多年积累的经验和坚持不懈的努力确保系统的安全性。

（3）采用可灵活配置的系统结构，具有远程和区域控制能力，可满足从特大型枢纽站场到城市轨道交通等不同规模和不同功能的需求。

（4）超强的容错和自诊断能力、结构紧凑易于维护。

（5）具有优良的性能价格比。

（三）技术特点

（1）高安全性、高可靠性、高可用性。

（2）结构简化、组态灵活、层次分明。

（3）更高的性价比，适应国内需求，符合国际标准。

（4）软硬件模块化结构，易于系统组态。

（5）单元模块通用性：各模块可满足不同场合需求

（6）区域控制：实现对远距离系统的集中控制。

（7）可升级性：易于由新系统替代

（8）易扩展性：低成本扩大系统规模。

（9）开放式接口：易于和其他系统（如调度集中控制系统，Centralized Traffic Control System，简称CTC）集成。

（10）DDMR硬件冗余结构：具有高可靠性。

（11）双套上位机实现完全热备。

（12）软件差异性：双套联锁软件。

（13）通信冗余：安全信息通道。

（14）自诊断技术：定期的系统自检。

（15）比较表决：对冗余部件进行比较、表决，提高安全性。

（16）系统自动重组、无缝切换、热备冗余、高可用性。

(17) 隔离、防雷技术：抑制外部条件导致的冗余部件共模失效。

(18) 安全智能 I/O 单元内部采用双套 CPU 比较和输出电源切断防护保证模块安全。

(19) 安全智能 I/O 单元支持热拔插，实现在线维修。

(20) 取消动态驱动单元，24V 直流电压供电。

(四) 适用范围及应用条件

适用于我国城市轨道交通信号设备中的车站联锁和车辆段、停车场计算机联锁。

第六节 供电智能化系统

一、城市轨道交通供电系统综述

(一) 城市轨道交通供电系统研究价值

城市轨道交通作为城市规划建设的重要组成部分，大致有地铁、轻轨、磁悬浮列车和有轨电车等几种，是城市交通出行最经济环保的方式之一。由于其同时具备快速、安全、舒适、载客量较大的优势，轨道交通现已成为各大中型城市的交通骨干。为保障轨道交通线路的正常运行需要消耗大量的电能，供电系统的主要作用就在于对电压和电流科学处理成合适的电力从而支持轨道交通的正常运转，可见供电系统在轨道交通的日常运转中占据关键位置。供电系统通过高压输电网来完成电力输送过程，之后经由 110/35kV 主变电所进行降压，配合轨道交通内部的供电网络为全线牵引和动力照明负荷供电。可以说，供电系统的安全性及可靠性，为城市轨道交通的各个方面的设施安全稳定运营奠定了基础。

(二) 城市轨道交通供电系统简介

轨道交通牵引系统采用直流供电，具有电压质量高、调速范围大、方便易控、牵引网结构简单等优点。整个供电系统包括：外部电源、主变电站、牵引供电系统、动力照明供电系统和电力监控系统等。其中牵引供电系统担负着为电动列车和运营设备提供电能的任务，具体包括牵引变电站、接触网、车辆、轨道等组成部分。而动力照明系统则包含降压变电所、动力照明配电系统，主要负责向车站、区间动力系统、照明系统提供电源。

二、城市轨道交通电力监控系统智能化

(一) 智能化电力监控系统的结构

现阶段我国的智能化电力监控系统主要是依靠高速光纤实施通讯，同时由主控制来实现统一的监控、管理、调度等，而其他的相关设备则处于分散监管的状态。其中变电所的位置通过智能通信设备管理机实现，使屏蔽双绞线和智能管理机之间相互连接，从而形成能够智能控制系统内所有设备的网络。此外，智能化管理机可以通过与光纤通信网络连接实现数据交换，进而通过监控计算机，实现实时通信功能。

（二）智能化电力监控系统的功能

1. 数据采集处理功能

智能化的电力监控系统首先具备信息收集功能，通过对日常运行的数据采集处理，收集归纳模拟变量、开关数量、突发状况等有效信息并计算分析，从而实现交通设备智能化的管理与监控。同时对设备日常故障和维护等信息保存形成日志，为后续的故障检修以及突发情况的预防工作提供数据依据。

2. 自动报警功能

通过在系统中录入大量的事故信息、预告信息等，使整个系统具有对线路运行过程中的自动检测功能，准确判断出设备运行状态，对于意外情况发出预警信号，从而防止事故发生。比如用电回路中电压、电流参数超出负荷允许范围；变压器温度超过最高警戒范围等。如果长时间问题未得到解决，保护装置可以操作断路器切断故障回路来防止严重事故的发生。同时，当设备发生故障时，智能电力控制系统还能够通过预设的报警信号来通知工作人员进行检修维护。

3. 事故追忆画面显示功能

当故障发生时，系统能够立即检测出并且自动采用设置的保护方案。同时，系统能够详细地记录故障发生过程中的数据参数，在检修人员到达现场时就可以通过读取数据记录、工况图等来缩短排查故障、检测维修的时间。同时事故追忆功能也能够为系统日后的维护保养提供有效数据来作为参考。

4. 远程控制功能

通过将各个现场的运行设备与电力调度控制中心相互连接，实现在电力调度中心通过操作计算机来控制各个系统设备的运行状况，达到远距离控制设备的目的，实现智能化管理。为了保障远程操作的准确性，系统还设置了多级口令，只有当各级口令顺利通过才能够实施具体操作，从而避免了失误性的操作出现。

5. 自动备份历史数据功能

通过设置历史数据库，读取记录设备运行中的各项数据，如正常运行数据、运行故障数据、维修数据等，来实现存储设备各项历史数据的功能。备份时间长达两年以上，同时数据记录周期可根据实际情况进行调整。后期设备维护或处理故障时就可以通过读取历史数据来了解设备的运行历史和故障数据，从而达到快速排查、维修的目的，为列车的正常运营打下良好基础。

三、城市轨道交通照明系统智能化

城市轨道交通的智能化照明主要是利用计算机智能化和无线通信技术等来遥测、遥控照明系统，达到调节灯光强弱、开关、场景设置等目的。轨道交通线路尤其是车站范围内一般为较封闭式空间，且大多数线路为地下线路，为达到节能的目的同时兼顾乘客乘坐舒适度的需求，照明系统的智能化管理十分必要。

（一）智能化照明系统的结构

智能照明由于需要控制的范围较广，实际中一般是以车站为管理单位来控制。按照其功能一般分为 3 个模块：第一个是输入输出部分，包括照明开关控制、负载反馈控制、RS-485 接口模块、RS-232 接口模块等；第二个是现场控制部分，包括彩色触摸屏、智能传感器、可编程控制面板等；第三个是监控调试部分，主要包括系统管理软件、可移动编程器、系统调试软件等。通过屏蔽数据双绞线的连接，将区域内的设备进行有序连接形成一个可智能控制的网络。

（二）智能化照明系统的功能

智能化照明系统可以实现多项功能的智能化，通过控制软件对场景模式、时钟、数据统计等多项功能实现控制并且控制方式较为灵活。比如智能照明自带定时器，可以通过数据设定来调整控制照明时间；根据照明需求，可以预先设定场景模式或者根据时钟来对灯具进行管理，达到预期照明目的，大大减少了日常管理的工作量。管理软件可以通过图形化界面来实现智能管理，完成具体到单个灯具的开关控制、参数读取，以及灯具群控功能，这对于大范围内的灯具管理、寿命周期管理和保养维护等具有重要意义。场景模式的预设功能也可以实现自动依照全年固定模式表来运行。分散供电与集中照明合理结合，在提高管理效率的同时也能够做到节能减排。

智能化照明系统同时具有智能预警功能，通过读取回路中的电流、电压等相关数据，在数据超出安全范围值时进行预报警，提醒运营维修人员第一时间处理故障并提供参数依据。若在设定时间内故障未得到处理，控制系统将会依据自我保护功能的相关设定，自动切断回路，预防故障范围的继续扩大。对于相关参数的记录反馈，还可以为维修人员日后优化系统、保养维护提供依据。

四、城市轨道交通供电系统智能化方案

（一）供电智能运维系统的分析

新建智能化的运行与维护系统，基于智能化的运维平台将所涉及的相关数据进行共享，结合设备获取的监控信息和具体的生产与管理要求形成对应的作业要求，同时使用行业先进的设备和工具对整个生产过程进行全面的监测和记录，以此达到供电系统的运维需求。

设备监控和生产管理所涉及的数据信息主要包括以下 4 个方面。

(1) 实施综合监控的过程中，供电系统中的变电所设备运行所涉及的历史数据记录，以及所有故障信息的统计结果。

(2) 生产管理系统中涉及的生产相关数据信息，如年度等生产计划、设备维护和检修相关数据信息等。

(3) 生产管理的各个环节所产生的数据信息，主要有操作流程标准、图纸资料、实施维护工作的操作标准等信息。

(4) 在生产过程中所产生的数据信息。主要有参与生产工作的相关人员的个人资质、使用设备的质检报告、各类仪器的试验数据信息等。

在进行管理方式的变革时，技术人员应侧重以智能化的运维系统为基础，深入掌握设备的使用寿命，通过系统平台的运行和对历史数据的分析实现下述功能：

(1) 在基础和业务相关数据的循环卡控基础上实现的逻辑过程。在落实日常生产计划

的过程中，同步更新设备的使用记录、库存和工时等相关信息。

（2）针对SCADA系统产生的故障进行预警提示，对EAM平台出现的故障进行日常统计和计划的分析，从而实现系统的分类，生成针对不同设备的个性化运维规划。

（3）结合数据的标准化分析结果，针对设备的具体故障自动形成解决的方案，此外还可对故障的相关性的专业、设备等进行图纸的推送，以便专家系统能够出具更为科学的决策。

（二）供电系统智能运维平台组成

该类平台能够对供电系统所有的设备实现实时的监测、处于运行状态下的设备数据传输和同步处理，并可进行智能化的诊断、故障排查和分析，最终形成科学、有效的处理方案。该平台的运用可将设备的相关监控信息自动修改成为生产计划，针对核心的设备、故障设备及具有不同需求的设备实施针对性的维护策略，能够保证计划中的所有要素，包括设备、材料、流程等符合标准要求，同时能够对各类故障提前进行分析，规划处理方案。平台使用多个接口，对不同的终端设备进行连接，促进现场作业实施的高效性和智能性。

此系统的主要构成要素为操作界面、中心数据和数据采集三大模块。操作界面主要囊括任务池、人事管理、数据中心等供现场维修和工程师人员操作的界面。任务池的主要功能为：可结合具体的权限管理内容，有相关人员实施生产任务的审核、批准环节，并有具体的生产和技术方面的负责人员对生产计划进行抽样检查综合管理方面主要的功能为：针对所负责维护的线路系统进行图纸、设备及生产需要的工具、物料等相关信息的管理和记录，同时可系统分析所涉及元素的质量是否达到标准要求，如生产管理方面的相关文件、工具设备的合格期限、备件的存储等。

人事管理方面的功能为：系统记录参加生产过程的相关人员个人资质，如教育经历、职业资格的持证情况，具体指高压证、试验作业证等。如果人员的资格证临近期限，系统则会提出预警，提示人员及时参加考试取得新的职业认证。

维修中心具有的功能为：可将所有设备的使用记录进行整理，并在执行具体的生产计划时自动对设备信息和具体的参数进行核查，完成生产任务后可自动对设备的使用情况进行更新，保证数据的完整性和时效性。

数据中心可集中记录对系统故障实施的维护信息，主要包括对故障内容的描述、产生原因的推测和具体采取的处理措施等，同时还会以影像形式对故障处理的过程进行记录，使数据信息更为完整。此外数据中心还可完成巡检和运行中的设备信息进行及时输入，从而出具更具智能化的分析结果。

在整个运维平台的数据库中，主要包括维修知识、检测标准、关键设备的故障预测及监控规则等系统化的信息。数据采集层所运用的数据来源主要为监控数据库、离线数据等。

第七节　现代通信技术在智能交通网络的应用

信息化水平的不断提升，对社会治理的要求不断提升。更多的信息技术应用到我们生活的方方面面，不断提升社会治理水平，提升现代社会管理能力。随着社会发展和人民生活水平的日益提高，交通拥堵问题成为制约城市发展的主要瓶颈问题，如何能将现代化通信技术融入到数字城市，通过智慧交通手段提升指挥疏导能力，提升城市活力，构建数字交通“大脑”神经网络。

一、我国智能交通网络的基本情况和特点

我国交通网络时间起步较晚，但是发展速度十分迅速，笔者总结出目前智能交通通信网络和系统建设的基本情况和特点如下：物联网应用需求巨大，网络质量和稳定性随着技术水平的提升不断提升，数据系统不断融合共享，数据交互能力需求进一步提升，智能分析和实时指挥和传输能力需进一步完善。

二、智能交通网络技术和系统的基本情况及其优势

本次智能交通网络采用了目前应用成熟的 3/4G APN 技术，部分试点区域开始投放 5G 设备作为今后智能交通的测试实验区。系统核心部分采用数据中台大数据平台作为核心数据融合和决策中心，汇聚层到中心核心采用裸光纤网络实现网络互联，在保证目前网络信号不被第三方窃取的前提下也为后期网络扩容预留了空间。智能交通主要包括：交通信号系统、交通诱导、专用道视频监控、电子警察、流量采集系统、治安卡口系、系统测速系统等。运营商采用光纤组网及 3/4G 无线 APN 组网两种解决方案为智能交通提供通信线路，提供有线到无线 3/4G 信息化专用通道，实现前端外场设备到公安网络的传输通道，实现指挥中心与外场设备组网的通信需求（见图 6-1）。

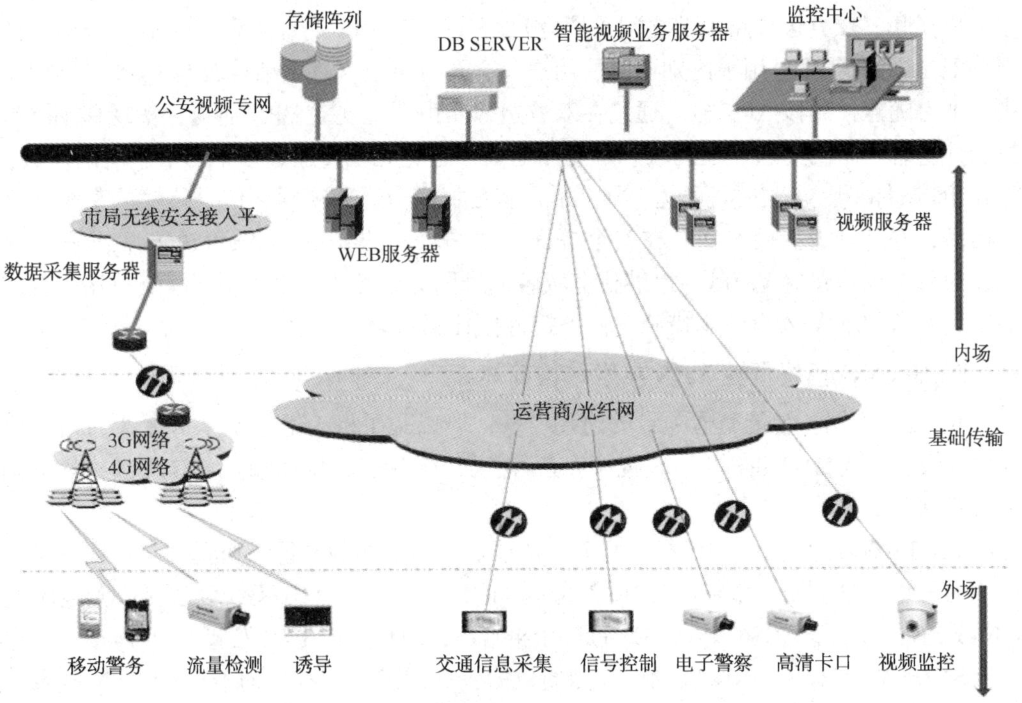

图 6-1　智能交通整体网络图

考虑网络的冗余性和稳定性、可靠性、安全性等多方面因素，智能交通交警大队指挥中心到路口监测点采用光纤网络进行通信，全程采用管道保护，多条主干光纤从两个方向进入指挥中心机房。3/4G 无线通信采用 APN 专网的方案，通过公安的无线统一接入平台接入公安视频网，只有合法用户才能进入网络进行数据传输。中国联通的 WCDMA 3G/LTE 4G 无线传输网，同时支持 3G 及 4G，能在网络中进行自动或手动的切换，兼容各类设备应用。

在网络高速性方面，有线网络采用裸纤的组网方式，根据需求，目前提供的有线传输为 1000M 全双工的以太网电接口，未来有需要，带宽可以根据需求协商升级；无线传输方面，中国联通的 LTE 网络 4G 下行速率 143.51Mbps，上行速率为 47.78Mhps。为了配合部分区域的 5G 物联网超大链接和未来无人驾驶的升级改造，我们部分区域实验了 5G 无线接入方式，但由于目前 5G 模块价格比较昂贵，应用场景尚未全部铺开，仅处于实验阶段。在未来 5G 时代，联通 5G 可以为用户带来超 1Gphs 的超高速体验，同时低功耗、大链接、全国产的技术安全优势也能为我国的交通信息化起到进一步的提升作用。

光纤网络采用骨干层、汇聚层、接入层的网络架构，骨干层采用 288、144 芯大对数光缆，汇聚层采用 144、96 芯大对数光缆，接入光缆采用 48 芯、12 芯等相对较小的光缆。在汇聚节点设立光交接箱，负责接入层光缆的跳接；光缆在路口机箱、机房均熔接成端，采用尾纤跳接到连接的设备上。

（一）3G/4G 网络行业 VPN 技术基本情况

无线接入方面采用的 APN 技术，APN 网络首先需通过一条数据专线网络打通运营商网络与客户互联，双方边缘路由器之间采用运营商分配专用 IP 地址进行相互通信。运营商为用户分配专用的 APN 号用于区别不同的用户，必要时可以通过电话号码与 APN 绑定限定其他用户不得随意使用该 APN 号。通过在双方边缘路由器上建立 VPN 通道，实现移动终端与客户内部私有网络的互通。建立端到端专用通道，避免无线传输过程中的信息泄漏。

在 4G 条件下，速率最高可达 100Mbps，满足智能交通从视频到信号传输的整个网络的通信需求，并有升级扩展空间。在安全方面，中国联通的 3/4G 无线解决方案，采用 APN 方式，为每个用户建立 VPDN，提供私有域名、号码绑定等认证手段，同时支持用户叠加数据加密、AAA 认证等安全技术措施。业务接入拓扑网络见图 6-2。

（二）3G/4G 网络行业 VPN 技术结构简述

3/4G 无线终端：智能交通项目的前端设备，可以是手机、笔记本、带无线通信模块的监控检测设备、无线 Modem、无线视频设备等，具体根据项目不同的 3/4G 无线模块分别接入无线基站。

GGSN/PGW：运营商 3/4G 行业网关支持节点，目前物理同址，逻辑分类。用户设备根据使用的无线网络不同，分别通过 RNC 或 eNodeB 分别通过 3/4G 无线设备接入到逻辑上的 GGSN 或 PGW 设备，GGSN/PGW 判断是 VPN 用户，向指定的 LNS 发起 VPN 连接。

SGSN/SGW：SGSN/SGW 收到无线侧的数据包文后通过鉴权，对登录的 VPN 域名、号码进行核对、验证，通过 APN 号将专用 APN 业务与普通互联网区分，将相关数据包传输到专用 VPN GGSN/PGW 服务器上。

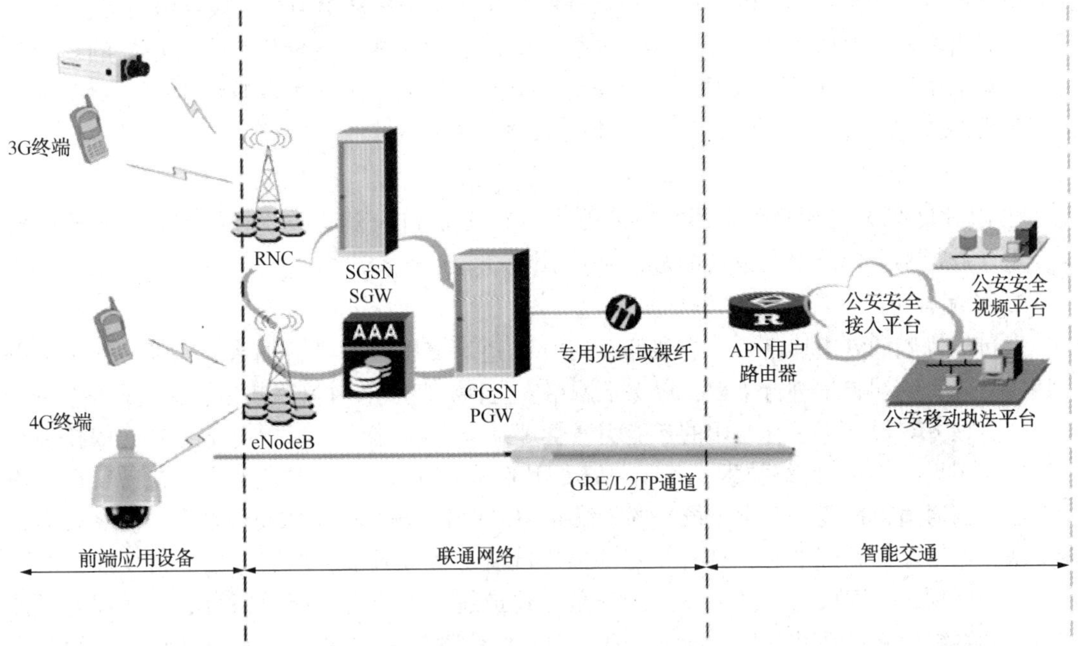

图 6-2 APN 网络图

专线：通常采用运营商的专有传输电路或裸光纤，此专线将 2G/3G 网关和用户的 LNS 设备连接起来。

用户侧路由器（LNS）：也叫 APN 接入路由器，支持 L2TP 或 GRE 等 VPN 协议，RADIUS 协议，与 GGSN 建立 VPN 隧道并进行 VPN 终结。

APN 接入路由器通过有线传输专线或裸光纤接入 3/4G 分组核心网，实现客户内网与联通 3/4G 分组数据网通信，互联路由器之间采用私有 IP 地址进行连接，在 GGSN 与 APN 接入路由器之间采用 GRE 隧道或 L2TP 端对端数据进行加密。APN 接入路由器数据经数据采集服务器后接入公安系统的无线接入安全平台后连接公安视频专网。

(三) 移动网采用安全策略与安全优势

在数据分组交换端，运营商采用了多种的安全机制。

1. 多重身份认证功能

根据移动终端本机串码、手机号加密传输认证确认移动终端接入的合法性。APN 无线接入解决方案具备安全机制，防止外部用户窃取内部网络信息。在无线网络端，提供了双向认证，不但提供基站对 MS 的认证，也提供了 MS 对基站的认证，可有效防止伪基站攻击，提供了接入链路信息令数据的完整性保护；加密算法长度为 128bit，具有较高的安全性；接入链路数据加密延伸至 RNC。安全机制还具有可拓展性，为将来引入新业务提供安全保护措施。为客户分配专用的 APN 域名，无线设备接入请求发往运营商网络，运营商网络根据上报 APN 域名判断是否为合法专网用户。

提供移动应用系统对移动用户的身份认证功能。本项目指定 APN 域名的号码需要在 HLR 上配置对应的 APN 解析数据（如绑定 APN 域名、指定 IP 地址等），只有完成解析数据的号码才可以使用指定的 APN，未通过认证的其他非法用户被拒绝接入该专用网络。

提供由客户直接管理的认证接入，进行二次认证的功能。支持用户自行添加的安全认证、数据加密手段。在中国联通已有的安全措施的基础上，用户可以自己根据需要增加包括端到端的 AAA 认证、数据加密、应用程序加密等多种安全保密措施。

2. 隧道加密功能

在 GGSN/PGW 与用户路由器之间采用二层或三层 VPN 隧道技术。根据客户不同的安全需求，进行不一样的安全级别加密，应对不同的安全需求。

3. 抵抗各种网络攻击的能力

通过无线侧的安全加密、专有线路、VPN 通道等多种技术进行加密和保证，甚至可以对用户号码和终端类型进行鉴权，以保证网络安全性，抵抗各种网络攻击，保证通信安全。

通过该方案设计了一套专用的智能交通管理系统专网(简称"智能交通网")，依托现有成熟的商用无线 3/4G 网络技术，建立公安专用的移动通信管道，构筑数据、视频安全传输的核心传输通道，搭建一个全市统一的无线 3/4G 网络传输与应用软硬件平台，使之成为智能交通数据传输的基础平台，具有一定的推广价值。智慧城市、平安工程是当今社会的一大主流，该项目的建设为市民生命财产安全保驾护航，为公安智能道路智慧、远程遥控提供数据和网络保障。在此基础上配置车载、单兵、指挥系统等更多 NFC 无线设备，为用户各警种开展实时指挥、应急图像传输、现场执法监督等提供有力支持。

第八节　城市轨道交通 5G 通信技术中的应用展望

在移动通信需求日益增长的背景下，5G 通信技术的商用指日可待，届时，5G 通信技术必将迎来性能的全方位突破与升级，其频谱利用率及能效必将大幅提升，其传输速率和资源利用率将提升至少 1 个数量级。此外，5G 通信技术还会在性能可靠安全、传输延时及覆盖能力等方面获得全面提升。其应用领域的进一步拓展使得 5G 通信技术具有 D2D 通信功能，同时还具备海量传感设备及 M2M 通信支持功能，推动万物互联目标的实现。

根据 5G 通信技术的发展趋势，其所采用的如高频段数据通信技术、多载波技术、多址技术、D2D 通信技术、密集网络等技术功能必将带来网络性能改善、网络功能扩展，顺利推动 4G 网络向 5G 网络的成功转换。5G 网络频谱效率、传输速率、网络容量、移动速度、能源效率及端到端时延、效率分别是 4G 网络的 5~10 倍、10~100 倍、1000 倍、2 倍、100 倍、1/10，100 倍，性能提升显著。此外，5G 网络还具有设备到设备(D2D)通信功能，可实现设备与设备的直接通信，从而有效减轻基站的信息负荷与负担，缩短通信延时。5G 通信技术中 D2D 通信所占用的频谱资源仅为蜂窝通信的 1/2，因此其在信息传输的可靠性、安全性等方面更优越，其应用能有效改善城市轨道交通通信系统性能。

一、5G 通信技术基本概述

近年来，随着科学技术的不断发展，我国在具体建设通信技术方面也取得了一定的成果。目前，我国普遍使用的通信技术仍旧为 4G 技术，但是 5G 技术已经逐渐普及，并且在一部分地区得到了广泛应用，并且由于5G网络的优势，其在发展过程当中也逐渐被商用，并有效推动了相关产业的建设与发展。5G技术实际上就是对4G技术的创新与变革，以4G技术为基础进一步提高通信速度与效率等方面内容，从而出现了5G通信技术。对于5G技术来说其在具体应用的过程当中其技术要求相比于4G来说更好，能够将各种技术进行整合与转化。以其中的正交频分复用技术为例，其在具体应用中能够将通信信号进行不断叠加，保障通信信号的正常传输工作，能够有效实现多路传输，更好的满足人们对网络通信的要求。除此之外，通过借助该技术还能够有效地开拓数据通信，建立通信网络系统，使得通信容量不断增多。当然，这种技术只是5G通信技术当中的冰山一角，其中的各项技术都能够有效地发挥自身作用来推动我国各领域的工作建设，保障我国社会经济稳定发展。通过对我国5G与4G通信技术的对比我们可以发现其在具体发展过程当中有效地改变了4G网络性能不够稳定，功能不齐全等方面的问题，在4G网络的基础上有效创意各种通信技术、实现通信技术的创新与进一步发展。其中5G技术当中的D2D通信功能可以实现设备之间的通信，不需要借助其他中间媒介进行信息传输，可以直接实现信息传输工作，这种功能的实现在一定程度上减少了信息传输延时等方面的问题，并且这种通信技术相比于蜂窝通信技术来说其频谱占用资源空间也相对减少，可以节约资源空间。

二、5G通信技术在城市化轨道交通中的重要性

在发展过程中，城市轨道交通的通信系统往往包括两大部分，分别是无线通信系统以及有线通信系统。然而在当今的发展过程中，城市轨道交通中无线通信技术的发展非常迅速，可以实现救援人员的实时通信，帮助救援人员实现更好的定位与沟通。5G通信技术在城市轨道交通中的应用，已经成为了未来的主要发展方向，相比较于4G通信技术5G通信技术的信息传输时间更短。这对于城市轨道交通来说，不仅仅能够保证信息的及时性，同时也能保证城市轨道交通系统的正常运行。除此之外，对于城市轨道交通来说，5G通信技术已经成为了重要的组成部分，除了信息的及时性以及可靠性，5G通信技术还能够提高城市轨道交通对于事故的处理能力。而5G通信技术的好处还不止上文中提及的这些，还能够帮助城市化建设过程中建立更好的物联网系统，实现不同地域之间的用户联系。除此之外，在5G通信系统的发展过程中，D2D通信功能也是较为常见的一种功能，而5G通信技术的出现增加了D2D通信功能的技术。D2D通信功能主要的作用在于能够降低相互靠近的用户传输信息彼此能源消耗，因此发展D2D通信技术能够更好地节约能源。与此同时，对于信息传输的安全性和可靠性，5G通信技术也做出了较大的贡献，帮助城市轨道交通在进行信息传输过程中，安全性以及可靠性进一步提升。

三、城市轨道交通系统中对于5G通信技术应用存在的问题

虽然在当下的发展过程中，5G通信技术带给轨道交通极大的便利以及发展，但城市轨道交通发展过程中主要的问题就是依旧没有将5G通信技术设定成为完全化的通信网络。其原因就是城市轨道交通应用5G通信技术过程中还存在着一些问题，主要的问题在于无法保证安全性，尤其是信息安全。在5G通信技术发展的过程中，城市轨道交通系统得到了全方

面的提升与发展，但安全性问题始终影响着城市轨道交通的发展与进步，因此如果安全性问题无法解决，那么将影响我国通信技术的可持续发展。除此之外5G通信技术正处于发展阶段，在实际应用的过程中，由于5G通信技术还存在着不足之处，往往会在使用中出现种种问题。因此在未来的发展过程中，需要始终坚持对技术的应用性和可扩展性进行落实，保证5G通信技术能够实现实时通信，从而落实列车运行的安全。除此之外还需要落实更好的扩展化运行方案，也就是除了5G网络通信技术之外，还需要建立额外通信技术来保证整体列车运行的安全。

四、5G通信技术在城市轨道交通中的应用

通过上述分析，我们可以有效地了解到5G通信技术如果在城市轨道交通系统当中得到了广泛应用，那么将会极大地推动我国交通行业的发展与进步。将5G技术与4G进行有效对比，发现5G通信技术中的技术创新能够更好地满足信息数据的传输工作，同时还能够从各方面推进城市轨道交通体系的进一步完善，那么以下通过介绍与分析5G通信技术在轨道交通当中的具体应用，帮助我们进一步了解其发展方向。

（一）在高速通信中的应用

通过对我国目前的城市轨道交通系统进行相关分析我们可以发现，一般情况下其主要使用LTE-M系统进行相关工作，而这一系统的应用需要受到频段限制，通常处于1785-1805MHz但是这一频段还非常容易受到其他地区的资源使用的限制，通常情况下只按照10MHz的频率进行轨道交通运营工作。并且，为了保障信息系统的信息传播功能的实现，还会将宽带分为两种冗余方式进行有关工作。在此前提下，数据通信模式的数据吞吐量平均为上行通信3.3，下行通信吞吐量平均为8.4，虽然目前对于调度工作没有具体要求，但是按照常规操作来说，单路高清视频必须小于4Mbit/s(H.264)。在此基础上，我们可以发现10MHz的宽带在分为A、B两种冗余方式之后根本难以有效满足相关工作需求。例如，在同一小区内，多辆车辆要进行多列图像传输和通信传输，一个网络系统不能接收多列车辆，工作扩展有限。因此，为了有效解决这一问题就需要5G通信的应用。

5G通信技术有多种技术，可以提高频率效率，比起现有的宽带，可以提高通信速度。5G通信技术又包含了更为高级的频段，可以消除以往频率资源的稀少，实现高速和短距离通信。利用各种技术，频率效率可以比4G通信提高5至10倍。因此，5G通信技术不仅可以通过单一网络统一传送多个数据，而且还可以添加多个HD录像带，简单化新的线路网络设计方式，保障以后的维护工作顺利进行。5G通信的普及，既能减少城市铁路周边的工程量，又能保证空间改造和施工。

（二）端到端通信

目前，在CBTC控制列车的系统中，为了防止列车运行的老化及停止，在列车运行线路上，一般来说，会将宽带分为A和B两种冗余方式进行通信工作，并且这两种通信网络之间相互独立，相互进行通信。但是，正因为如此，线路网络在具体建设过程中会增加通信设备使用，增加工程费，延长工期，不利于今后运行和维修，同时在一定程度上还增加

了今后维修的工作量，不利于对旧线路的改造。在5G通信中，没有经过基站，而是引进了装备之间进行数据通信的D2D(纵向间)通信技术。D2D通信是另一种重复通信方式，当铁路方面网络出现故障时，列车和列车可以直接通信，并相互报告各位置和运行情况，以安全为前提，保持安全运行，不会出现由于网络故障影响列车之间的正常运行，与此同时，还保障了信息的正常传输。D2D通信技术能够进一步缩短列车和列车之间的通信等待时间，缩短列车运行间隔，提高运行效率和通信可信度。与此同时，D2D通信技术还可以有效地组织网络系统，使得终端仍旧可以接入设备作为与其他设备通信的中间媒介，避免出现列车在低高建筑周围行驶过程当中出现网络断连等现象，使整个网络变得更加强大而提供网络中继为其他装置提供通信连接。这项技术能够进一步提高通信网络的稳定性。

总之，从某种程度上来看，D2D通信技术提供了通信列车终端和终端的新手段。以前，由于在前车和后部的车身控制器之间设置管控线进行通信，对旧车进行改造比较困难。

D2D技术可以不通过车内网络，直接通过车辆断裂的控制装置和无线进行通信，而且可以不铺设车辆断裂贯通线进行通信，因此在缩短施工、改造时间的同时，可以方便车辆后的整修。D2D通信技术提供了更加灵活的通信手段便于各项工作的具体开展。

（三）海量用户超密集组网

随着5G网络的通信带的不断扩大，5G网络可以传送更多的流量，同时很多无线装置可以通过网络进行通信。如果将现有车辆和地面用有线连接起来的集团网络设备的一部分变更为无线网络方式，将大幅减少电线分散部署设备，具有灵活性，设备的安装或维护也将变得更加容易。为提高系统的安全性和可信度，适当增加无线传感器设备和防盗设备，通过无线网络实时采集车载设备和线路旁的设备状态在线大数据分析，及时发现设备故障和潜在问题，及时获得反馈，控制中心及相关人员也能够及时准确地获取第一信息，确保列车安全，保障其安全运营。此类服务面临着许多终端存取的问题，SG技术在支持大容量终端接近的同时，提供了符合装置特性的带宽、优先顺序、安全的认证方法，为5G的扩散提供了技术基础。

（四）在大规模天线列阵中的应用

利用天线的空间分离特性，保证同一频率资源，为不同用户提供服务，既提高光谱效率，又保证数据信息传送的可靠性。5G通信技术的应用，解决了未来城市铁路大规模的设备准入问题，并利用光敏增强了列车的干涉阻力。与此同时，波束赋形能够在波束的具体传播过程中明确列车位置，跟踪列车运行轨迹，最大限度地保证列车安全运行。

（五）在绿色通信中的应用

近年来，随着我国科技水平的不断提高，我国在实际进行通信技术发展过程中不可避免地浪费了一定的资源。为了有效保障我国的可持续发展，必须有效地改变这一现状。而城市轨道交通作为我国的主要产业，在具体发展中也应当注重对生态环境的保护，减少不必要的资源浪费，有效地借助5G网络对网络系统进行不断优化，借助相关通信功能实现降低能源消耗。这样一来，在其系统的不断优化下，城市轨道交通能够得到良好的发展，同时也能够避免资源浪费。

五、城市轨道交通中5G通信技术的应用展望

（一）能加快信息传输速率

城市轨道交通当前所使用的LTE-M系统频段为1785~1805MHz，因受到不同频率资源的使用限制，城轨批准使用带宽也仅为10MHz，10MHz带宽又进一步分为5MHz的A网和5MHz的B网，通信方式冗余。此情况下单网单漏缆上行通信最大、最小及平均数据吞吐量为3.7Mbit/s、2.9Mbit/s和3.3Mbit/s，下行通信最大、最小及平均数据吞吐量为8.6Mbit/s、6.0Mbit/s和8.4Mbit/s。根据《城市轨道交通运营技术规范》(GB/T 38707—2020)的相关规定，自动运行等级(GOA)不同的情况下，综合承载列车运行的不同业务数据信息传输速率要求不同，具体如表6-1所示。

表6-1　综合承载列车运行的不同业务数据信息传输速率要求　Mbit/s

速率	车辆运行控制	车辆紧急下发文本	车辆运行状态监测	INS视频监控	PIS视频业务	合计	自动运行等级
上行速率	0.256	—	0.024	2/路	—	2.3	GOA1/2
下行速率	0.256	0.01	—	—	2~8	2~8	
上行速率	0.512	—	0.10	2/路	—	2.5	GOA3/4
下行速率	0.512	0.01	0.001	—	2~8	2~8	

对于业务最小单位的情况而言，5MHz带宽的通信速率无法满足综合承载列车运行的不同业务数据信息传输速率要求，如遇多业务并发的情况，单网承载根本无法满足信息传输要求。通过设计承载不同业务系统的多个网络解决此类问题，势必会增加网络建设的复杂程度及后期维护的难度。

而5G网络通过多种技术的运用可增大频谱效率，在原有带宽下能加快通信速率，其对更高频段的采用能缓解频谱资源的紧张情况，传输速率可提升5~10倍，上行通信和下行通信的平均通信速率能提升至18.5~37.5Mbit/s及42~85Mbit/s，既能通过单网综合承载列车运行的不同业务数据信息传输，还能简化网络设计的复杂程度，降低建设成本，满足更多业务所需。

（二）具备延时性与可靠性

追踪间隔是衡量列车运行控制系统性能好坏及运行效率的关键性指标，CBCT系统追踪间隔的实现以无线通信为基础，当前无线通信普遍存在的通信延迟问题会造成车载设备与地面设备信息使用的异步性，影响列车追踪间隔、安全运行效率等。

根据《城市轨道交通运营技术规范》(GB/T 38707—2020)，城轨通信系统数据单路单向传输的时延超过150ms的概率应控制在2%以内，超过2s的概率控制在0.08%以内。对新建城轨线路数据单路单向传输时延情况的调查表明，单漏缆最大时延、最小时延、平均时延为67.5ms、11.5ms和15.6ms，双漏缆最大时延、最小时延、平均时延为55.5ms、11.5ms和15.6ms。基于列车追踪间隔及最佳速度值判断，在通信时延为0和200ms时，列车追踪间隔分别为33.06s和37.28s。而通过5G通信技术，上述时延可降至1ms以内，可

缩短运行间隔，实现编组运行与虚拟联挂，系统运行的安全性与可靠性有更大保障。

(三) 端到端(D2D)通信

当前城市轨道交通普遍采用CBTC列车控制系统，并在其运行线路方面设计了A、B两套独立的列车-地面通信网络，以防止网络设备出现故障后影响列车正常运行，这就要求在轨道旁设置大量的通信设施，建设与运行维护成本较高。通过5G通信的端到端(D2D)技术，数据通信无需基站中转，可实现列车与列车之间的直接通信(如回报位置信息及安全运行状态信息等)，降低了列车之间通信的时延，通信可靠性增加，在目前的通信方式下，城市轨道交通列车通过铺设贯通线实现首尾车载控制器通信，而5G端到端(D2D)技术可实现列车首尾车载控制器的无线通信，彻底省去了老旧线路车辆首尾贯通线的铺设和改造。端到端(D2D)技术还支持多跳技术和自组织网络，以终端接入设备为网络中继向其他设备提供通信链路，防止因基站故障、个别信号干扰等所导致的无法通信现象，增强整个网络的稳定性。

(四) 无设备组网通信

5G网络通信带宽增加后所能承载的业务也不断增大，使车载、地面连接组网等海量无线设备联网通信成为可能，可有效减少布线，设备设置灵活，安装维护更便捷。通过增加无线传感器能使系统稳定性、安全性增强，通过采集车载及轨旁设备运行状态数据，进行潜在故障的诊断与准确定位，可为事前控制提供依据。5G通信技术支持海量无线设备接入，并提供与终端性能所匹配的带宽、优先级及认证方式等。

(五) 天线阵列及绿色通信

5G通信技术中应用大规模天线阵列能实现同频资源同时服务多个用户的目标，在提升高频谱效率的同时能增强数据传输的可靠性与抗干扰能力。通过波束赋形能增强波束传递的方向性，在车辆段、换乘站及地面段等场景应用还能辅助获取列车行驶状态及位置信息。

随着城市轨道交通建设规模的不断增大，相关部门越来越重视通信能耗问题，陆续出台了通信节能减排方面的政策及指标要求。5G通信网络通过网络部署、资源调度、链路技术等的优化，能降低通信传输系统能耗、提升系统运行效率，有助于实现节能减排和绿色通信的目标。

5G通信网络应用于城市轨道交通后能有效解决当前困扰城市轨道交通通信系统运行的诸多问题，还能优化城轨交通运行系统，提升系统运行效率、降低能耗、助推绿色通信、实现节能减排等目标，能为城轨交通设计、建设及运行提供新的发展机遇。

第九节　智慧城轨交通通信技术的分析与展望

一、引言

我国城市轨道(简称城轨)交通建设正逐渐步入信息化、智能化时代，开始向高效、安全、可靠的智慧型城轨迈进。随着移动边缘计算(Mobile Edge Computing，MEC)、物联网、人工智能、5G 等新兴技术的发展，城轨交通系统将与新兴技术逐渐融合，采用更智能化的通信技术，不断提升城轨交通智能化水平。

城轨交通是我国关键基础设施与产业的核心。根据中国城市轨道交通协会发布的最新统计数据，截至 2020 年 12 月 31 日，中国(不包括港澳台)已有 45 个城市开通轨道交通，运营里程达 7978. 19km，其中地铁总里程达 6302. 79km，占比 79. 00%，2011—2020 年，城市轨道交通新增营业里程达 7655. 92km，根据新增在建线路，预计到 2021 年年底，我国城市轨道交通累计营业里程将达到 8728km。近年来，北京、上海两市城轨交通年客运总量均已接近 40 亿人次，占公共交通出行总量的 50%以上。从城市建设规划的角度来看，未来人们选择城轨交通出行方式的占比将大幅度提高，城轨交通将长期保持高速发展，同时，城轨场景通信需求随之大幅增长。

中国城市轨道交通协会发布的《中国城市轨道交通智慧城轨发展纲要》是“智慧城轨”的指导性文件。该文件指出“智慧城轨”是城市轨道交通领域为响应“交通强国”战略，与智慧城市对接的一个具有深远研究意义的课题。本书响应“智慧城轨”发展纲要，对城轨交通系统中的通信技术进行分析、阐述与总结，考虑从传统的轨道通信技术向具备智能化的新型智能通信技术过渡问题，同时进行横向对比，分析目前已有的观点、解决方案，指出最新的研究方向与面临的挑战，以期从通信层面对“智慧城轨”开展研究。

二、智慧城轨通信发展需求

城轨交通安全、高效地运营离不开列车运行控制系统(简称列控系统)，伴随智慧城市发展，城市逐渐开始沿着智能化、集群化的方向发展，市民的出行需求逐年提升。列车智能控制、海量数据监控以及人工智能等技术的发展都促使城轨系统内部的通信需求激增。

(一) 列车运行控制系统驱动下的通信需求

从轨道电路到无线通信，从单向通信到双向实时通信，列控系统的发展历经了质的跨跃。基于通信的列控(Communication-Based Train Control，CBTC)系统采用与轨旁设备进行无线通信的方式解决了列车到地面(Train to Ground，T2G)的实时双向通信问题。早期的 CBTC 系统采用无线局域网(Wireless Local Area Network，WLAN)技术，能够承载较大容量的传输信息、更为可靠的传输状态和控制命令信息，在一定程度上增加列车运行的可靠性，降低运行中存在的安全风险。然而，采用 WLAN 的 CBTC 系统存在功能子系统及相关设备繁多、各个子系统间耦合程度较高、数据传输稳定性差以及易受干扰等问题，限制了整体系统的灵活性。

为了更好地解决上述问题，地铁长期演进(Long Term Evolution for Metro，LTE-M)技术被提出，LTE-M 技术是目前应用于城轨交通通信系统的先进技术，但该通信技术不能应对较为复杂的紧急情况，并且无法提供如自动驾驶和铁路物联网(Railway Internet Of Thing，RIOT)的大规模连接等某些潜在的铁路服务。此外，由于车地间无线资源短缺，资源利用效率较低，LTE-M 技术仍然存在传输时延高、稳定性差等缺点，长期来看也无法满足日益增长的城轨交通的数据传输要求。

目前，新一代的全自动运行(Fully Automatic Operation，FAO)系统已经进入了实践和完善的快速发展阶段。国内已有北京、上海、广州、武汉、香港 5 座城市开通 7 条全自动运行线路(GoA3 级~GoA4 级)。新一代 FAO 系统是基于现代高性能计算机、高速通信、可靠控制和系统集成等技术实现的，以行车指挥为核心，融合集成了信号系统、行车综合自动化系统、车辆系统、通信系统、监控系统等，整体自动化水平有了很大提升，FAO 系统目前采用 LTE-M 技术对一些实时性和关键性的数据进行传输，同时利用无线局域网技术发送和接收非实时性数据及记录文件。

不论是基于 WLAN 还是基于 LTE-M 的列控系统，均以 T2G 通信架构为主，传输时延高，抗灾与防突发事件性能较差。近年来，更多的研究开始转向一种新型的基于列车到列车(Train to Train，T2T)通信的运行控制系统。该技术考虑列车间的通信需求，使得列车无须经过地面中转即可进行列车到列车间的直接通信，在降低时延的同时能够进一步保障列车安全运行。

(二) 万物互联与海量数据监控驱动下的通信需求

万物互联的时代，终端节点数目和数据通信量表现出爆发式增长的态势，传统的云计算模式虽然有较强的计算和存储能力，但是，随着市民出行需求的增加，大量电子终端、传感器数量增加以及海量数据的涌现，异构数据融合与优化等问题变得尤为突出。传统云计算将带来较高的传输时延，消耗更多的带宽资源。为了满足万物互联应用的发展需求，需要一种高效的数据传输处理技术。与此同时，为了保障城轨列车安全可靠运行，还需要对大量基础设施设备进行数据采集与监控，保障关键运营信息低时延传输。

城轨综合监控系统包含闭路视频监控系统、乘客信息系统、无线列调、广播系统、火灾自动警报系统、自动售检票系统、互联门禁系统、车辆运维和紧急呼叫系统等。上述系统均需与外界进行联动，紧密依赖于城轨通信系统。特别是乘客信息系统，每辆列车最低需要支持 2 路 8Mbit/s 的下行带宽，而闭路视频监控系统则需要高达 30Mbit/s 的传输带宽的支持，目前我国各地的城轨通信制式不一，新老线路的数据互通、跨线运营以及不同制式之间的互联互通等问题就会出现；在一定时期内，需要宽窄带通信进行融合，并在业务上混合编组、统一编号、统一调度，甚至在关键业务传输上可以以元余链路的形式出现。

随着列车智能运维技术的发展，更多的车载监控应用需要进行无线数据传输。例如，智能列车诊断、智能运程下载、自动弓网关系监视等，这些新型智能化应用对传输带宽的需求越来越高。综合监控系统作为承载列车运营安全的关键系统之一，承载了除列控系统以外的绝大多数数据传输任务，作为城轨系统的核心之一，其将与新型通信技术结合应用。5G 的商用也为城轨系统迅猛增长的数据提供了新的研究思路和设计方向。城轨交通的快发展、高需求也将为通信技术带来新的驱动力。

(三) 人工智能驱动下的通信需求

计算机计算能力的不断提升以及人工智能领域算法的不断完善使机器学习在计算机视觉、自然语言处理、语音识别、机器人和智能交通等领域中取得了较大的成功。特别是深度强化学习(Deep Reinforcement Learning，DRL)算法的提出，其将强化学习(Reinforcement Learning，RL)和深度学习(Deep Learning，DL)结合，利用 RL 的决策控制能力定义目标问题，对复杂问题进行决策与判断，利用 DL 的深层感知能力进行复杂参数的特征提取，解决策略与决值函数之间的建模问题，目前在通信与控制领域已经出现了相关的研究。

由于轨道交通的特殊性，如列车运行线路固定，车站位置固定，轨道列车在无人驾驶领域能够发挥其巨大的优势。随着城市内出行需求的急速增加，城轨交通列车必须提升其运输效率，需要进一步缩短列车追踪间隔。传统 T2G 架构下的列控系统由于时延、可靠性等参数无法满足进一步缩短行车间隔的需求，一种基于 T2T 通信的新型列车编队控制思想逐渐出现在相关研究领域，并引起了相关研究人员的注意。列车编队旨在从系统层级的角度全方位感知线路中每辆列车的动作及位置，通过全局视野，能够在保证列车运行安全的基础上，将追踪间隔缩短。列车编队建立在 T2T 通信的基础上，是实现无人自动驾驶与控制的基础技术之一。而无人驾驶列车的核心又包含智能通信、智能控制等与人工智能结合的相关技术，因此以人工智能技术为基础的智能化解决方案将不断刺激城轨系统的发展与完善。城轨列车在行驶中由于高速移动状态所导致的信道时变特性会使得通信传输性能剧烈下降，因此可以通过无线通信网络管理，在动态变化的无线环境中对网络的各个参数进行优化。这类动态环境中的最优决策问题，与 DRL 的设计目标相契合，DRL 也是智能无线通信的重要赋能者之一。DRL 强大的学习和决策能力可以对城轨通信网络进行智能管理，使其在复杂的通信场景下可以对不同应用的服务需求进行精准匹配，最终提高网络的实际传输承载能力。通过引入 DRL 算法，可以对城轨无线通信网络参数以及列车控制参数进行优化决策，可以提升整体系统的鲁棒性与服务质量。基于 DRL 的智能化列车控制以及通信资源管理等技术是目前突破城轨列车运营效率瓶颈的重要途径之一。凭借人工智能技术强大的特征提取、优化等算法，能够极大地促进通信资源充分利用以及控制策略性能提升，保障高效、低能耗的城轨运营形态。因此，人工智能技术将助力“智慧城轨”的发展。

三、智慧城轨通信关键技术

“智慧城轨”通信技术为各个子系统提供保障和技术支持，分别从承载列控的通信关键技术、移动边缘计算技术、人工智能与列车编队技术这 3 个角度对城轨智慧通信关键技术进行阐述，同时结合最新的研究进展，指出未来“智慧城轨”智能通信技术的发展方向。

（一）承载列控的通信关键技术

1. 车–地无线通信关键技术

目前正在使用的 CBTC 系统主要基于 WLAN 技术，该技术采用 IEEE 802.11 标准，通过竞争接入的方式使用 2.4GHz 非授权频段传输列车运行状态以及控制命令，具有开放、进步、融合的技术发展路径。WLAN 技术共用开放频谱资源、方便认证接入、支持移动及宽带接入等性能。其新标准融合了很多前沿技术，支持不断提升的网络带宽。

作为一种依靠车地间通信的列控系统，CBTC 不依赖于轨道电路，能够实现高精度的列车定位和双向连续、高数据容量的车地通信。该系统中车载、地面的安全功能处理器实现的是一种连续自动列车控制系统。基于 WLAN 的 CBTC 系统能够同时承载列车运行监控、乘客信息、闭路视频监控等业务。然而，采用 WLAN 技术的车地无线通信系统并不能满足未来城轨发展的高行驶速度、广覆盖、资源优先分配以及较强的抗干扰能力等需求。

基于通信的列控技术会随着通信系统的发展进行演变和更替。新兴通信技术和列控技术的融合可以满足城市轨道交通目前以及未来的发展需求，不断推动其向智能化、信息化发展。目前已经投入运营的基于 WLAN 的列控系统，其性能受非授权频段干扰，列车紧急制动事件时有发生。为了解决这一问题并提升 CBTC 系统性能，城市轨道交通协会提出了一种利用专用授权频段部署基于 LTE-M 的解决方案。LTE 是基于正交频分复用(Orthogonal Frequency Division Multiple，OFDM)的第四代移动通信技术，该技术采用扁平化的网络架构，依靠 20MHz 的无线带宽，支持下行 100Mbit/s 以及上行 50Mbit/s 的传输速率，在全球得到了广泛应用。此外 LTE-M 系统有严格的服务质量(Quality of Service，QoS)保障机制，针对系统不同业务选择具有不同 QoS 性能保障的数据链路并分别进行任务承载，一定程度上能够为乘客提供安全可靠的服务，提高铁路网络基础设施的利用率。基于 LTE-M 的 CBTC 系统结构如图 6-3 所示，其在接入架构以及地面设备方面有所简化，网络结构与 WLAN 系统相比更加扁平化。

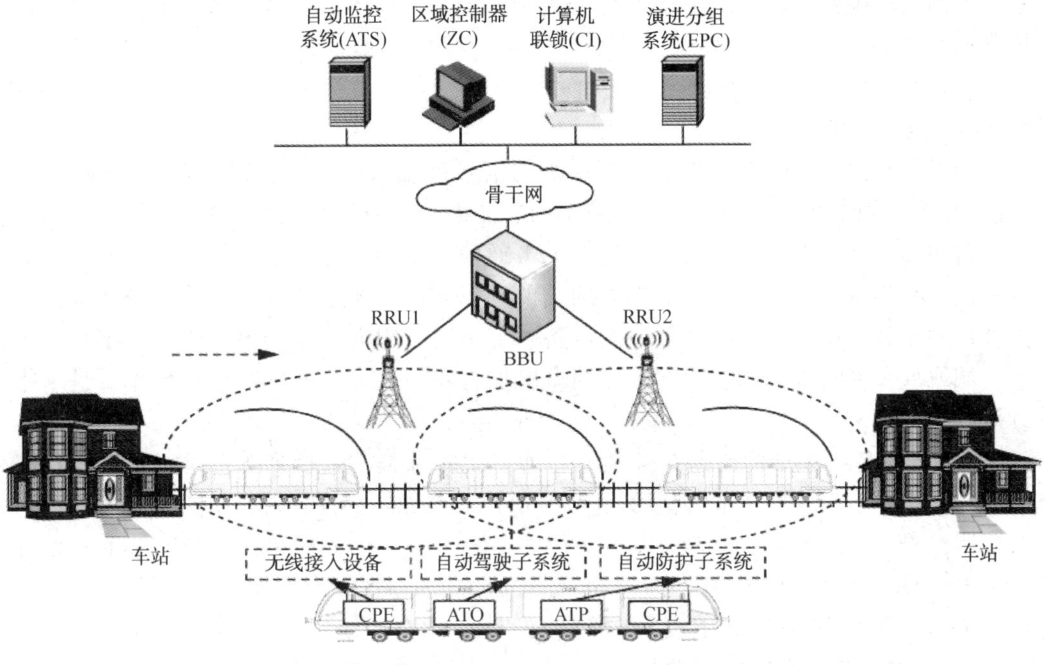

图 6-3 基于 LTE-M 的 CBTC 系统结构

然而，由于授权频段资源稀缺，现有城轨交通通信网络的可用授权频段紧张，因此授权频段将无法满足综合承载 LTE-M 系统业务的要求。与现有传统的城轨通信系统相比，LTE-M 采用频段为 1785~1805MHz 的授权频段，基本能够提供较为全面的铁路信息服务。考虑到 LTE-M 频谱资源仍存在一部分交叉不可用带宽以及城轨交通业务对于可靠性和实时性的需求，目前已经商用的 5G 系统成为解决城轨交通系统数据承载的重点研究对象。有学者提出了一种基于毫米波的列控系统，仿真结果表明该系统可以有效解决列车传输频谱资源短缺的问题，提升频谱效率。5G 系统的目标是实现无缝、可靠的全球互联互通，解决网络发展困境，满足未来社会的大数据需求。

城轨交通列车乘客流量大、换乘频率高、运行速度快等特点对承载数据的传输系统提出了极为严格的要求，这也符合 5G 提出的三大典型应用场景：增强移动宽带(Enhanced

Mobile Broad Band，EMBB）、超高可靠低时延通信（Ultra-Reliable Low-Latency Communications，URLLC）以及海量机器型通信（Massive Machine Type Communications，MMTC）。作为异构集成网络，5G将向后兼容现有的无线通信技术。这意味着在5G-M能够支持现有的铁路服务的情形下，还能提供各种新兴的铁路服务，例如轨道沿线的实时视频监视、多媒体调度以及大规模连接的RIoT业务，这将为"智慧城轨"发展奠定基础。

2. 车-车无线通信关键技术

该系统参考设备到设备（Device to Device，D2D）通信的思想，实现列车之间的信息交互。在早期，T2T通信被当作避撞的冗余手段，例如2007年德国宇航研究中心（Deutsches Zentrum fur Luft-und Raumfaht，DLR）Andreas等提出了铁路避撞系统（Railway Collision Avoidance System，RCAS），该系统获取的速度、位置等信息能够以列车间广播的形式发送给邻近区域内的其他列车。采用T2T通信的列控系统，无须再进行集中式的地面控制，因而可以降低车地间的信息交互频次，减小传输系统载荷，从而提高整个系统的性能。基于T2T通信的列控系统以列车为核心，通过列车间的交互、轨旁资源的控制等方法实现列车的自主安全运行控制。

基于T2T通信的CBTC系统是更高层级的信号控制系统，它使得城轨交通网络中"左右、前后"多个列车之间互联互通、协调运行，是新一代具有更高可靠性、更高运行效率、更节省时间、更低成本的列控系统。基于T2T通信的新型列控系统目前已经引起了较为广泛的关注。有学者提出了一种基于T2T通信的列车防碰撞系统，该系统将传统的地面部分功能移植到车载设备上，以此降低地面设备的复杂度，增强系统的灵活性、稳定性。由此看来，城轨列车之间直接通信能够保障列车更加可靠稳定运行，提升运营效率，是未来发展和研究的趋势。

T2T系统总体框架结构如图6-4所示，通过T2T通信，每辆列车都可以获取其相邻列车的状态信息，自主计算并生成移动权限（Movement Authority，MA），不再需要地面设备的相关控制权限。在此系统下，地面设备得到了简化，其仅包含自动测试系统（Automatic Test Supervision，ATS）、列车管理中心（Train Manage Center，TMC）、对象控制器（Object Controller，OC）以及轨旁信号基础设备（道岔），TMC具有传统区域控制器（Zone Controller，ZC）的安全功能，例如列车的注册与取消、列车信息存储和转发等。OC作为简单的对象状态采集和控制单元，本身不具有复杂的逻辑处理功能，它负责获取信号灯和开关等基础信号设备的状态，并传达相关控制指令。作为一种新型列控系统，当车-地间通信与车-车间通信并存时，通信资源（如信道资源）会出现抢占问题，同时也会出现资源分配冲突问题，从而导致编队列车控制问题的出现。

（二）移动边缘计算技术

现有网络场景下，无线传输空口资源有限，系统带宽以及时延等指标依然无法满足当前城轨交通运营的业务场景需求，存在链路资源短缺、吞吐量低、传输时延高等问题。为了进一步对城轨无线通信系统进行优化，满足超大带宽、海量链接、超低时延、高可靠、高能效的城轨通信需求，相关研究人员将目光转向MEC技术。在现有通信系统的基础上结合MEC技术，在列车、基站、车站等地分别部署MEC服务器，利用MEC服务器自身具备的计算、存储等能力提供智能服务，使得原本需要在城轨专网或者外部云平台

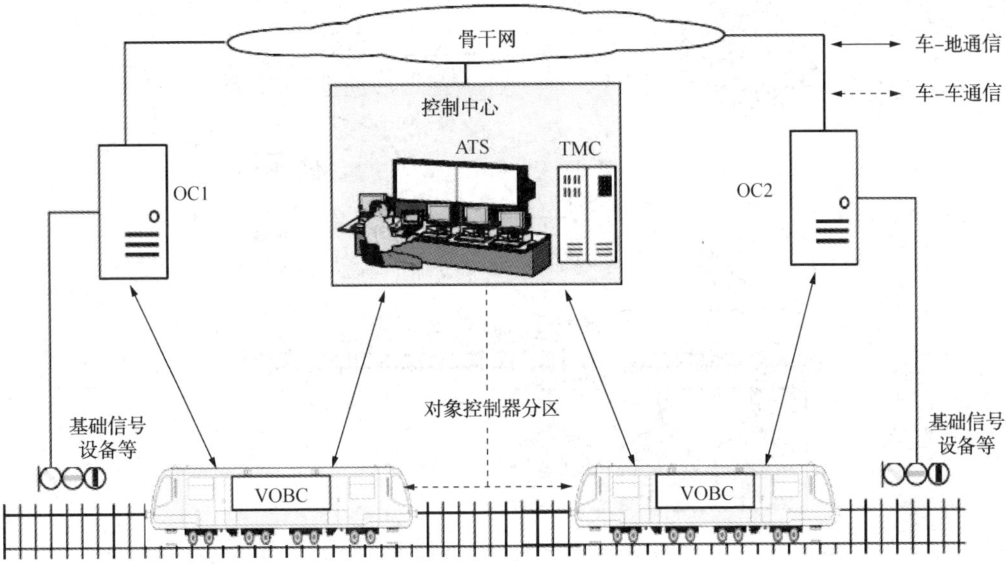

图 6-4　T2T 系统总体框架结构

处理的业务下沉至列车或车站等边缘侧，从而降低了网络服务响应时延，提高了通信资源使用效率，优化现有通信系统，实现通信、计算与存储资源的高效融合以及弹性分配。有学者提出在高铁通信网络中部署 MEC 服务器，并通过实际网络试验结果显示该部署方案能够有效提升传输速率、减小传输时延。尽管该文献是从高速铁路的角度进行分析的，但提出的架构和相关策略只要进行适当调整也可为其他场景（例如城市轨道交通场景）提供支持。

未来轨道移动通信网络架构如图 6-5 所示，采用 MEC 技术优化城轨交通通信系统，其主要思想是在铁路沿线部署 MEC 服务器，使列车通信数据在源头附近就能得到及时有效的处理，达到提升无线传输稳定性和降低时延的目的，并最终提升用户体验。另外，基于 MEC 技术的城市轨道交通系统中，列车实时感知的道路状况、障碍物和周围环境等信息可通过 MEC 技术实现快速计算和传输，从而预测下一步该如何行驶，进而提升列车全自动驾驶的可靠性。采用 MEC 辅助的城轨通信网络架构可以在通信、娱乐、视频监控、系统维护和 RIOT 等多个方面给予支持，为相关业务提供低时延、高带宽的运营环境。

（三）人工智能与列车编队技术

与人工智能技术结合的智慧城轨交通系统可以简化列车与地面之间复杂的通信系统结构，从而得到运营效率高、资源利用率高的优化方案。采用 T2T 通信的列控系统，增加了列车与列车之间的直接通信技术，系统内部的 T2G 链路和 T2T 链路之间可能会出现资源复用的问题，使得频谱资源更加紧缺，给城轨通信系统带来了更大的压力。

为了解决 T2G 与 T2T 之间同频干扰问题，针对 T2T 通信资源分配问题，提出了一种基于多智能体深度强化学习（Multi-Agent Deep Reinforcement Learning，MADRL）算法，该算法将每辆行驶中的列车看作一个智能体，智能体与环境进行交互后独立地选择下一步的动作，实现信道资源的有效分配。

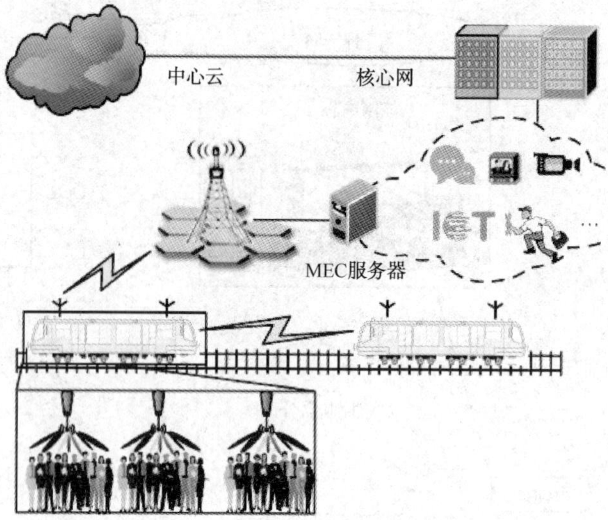

图 6-5　未来轨道移动通信网络架构

T2T 架构系统中的列车数量与系统的总吞吐量之间的关系如图 6-6 所示，与随机方案相比，所提方案可以有效地提高系统的总吞吐量，并且随着列车数量的增加，所提方案的优势更加明显。随着列车数量的不断增加，系统的总吞吐量也随之增加。然而，随之增加的 T2T 链路和 T2W 链路数量会带来更多的同频干扰，从而导致系统吞吐量的增加速率变慢。仿真结果验证了 MADRL 算法在通信资源分配场景的优越性，该方案可以有效解决频率资源紧张、同频干扰等问题。

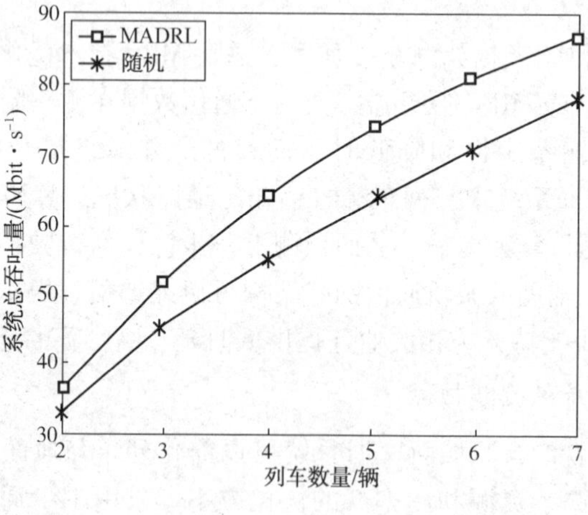

图 6-6　系统总吞吐量与列车数量之间的关系

在类似于 T2T 通信架构的系统中，编队控制是一种能够提升系统效率的有效控制手段，在相关领域已经有了非常多的应用实例，例如舰艇编队、战机编队等。通过编队技术可以发挥系统内各组成部分的最大优势，提升系统整体性能。早在 2014 年“Shit2Rail”项目问世以来，欧洲便将研究方向聚焦于虚拟耦合列车。虚拟耦合列车编组技术可以实现更加灵活的列车编组控制。列车协同编队以 T2T 通信为技术基础，以自动控制和驾驶为操作手段。

T2T 通信架构下的列车协同编队系统结构如图 6-7 所示，在列车协同编队系统中，每辆列车在高精度定位技术下，可以知道自己所运行的准确位置。通过 T2T 通信，相邻列车周期性地获取彼此的位置和速度，基于这些信息进行列车追踪，可以进一步缩短列车行车间隔，提升城轨运营效率。

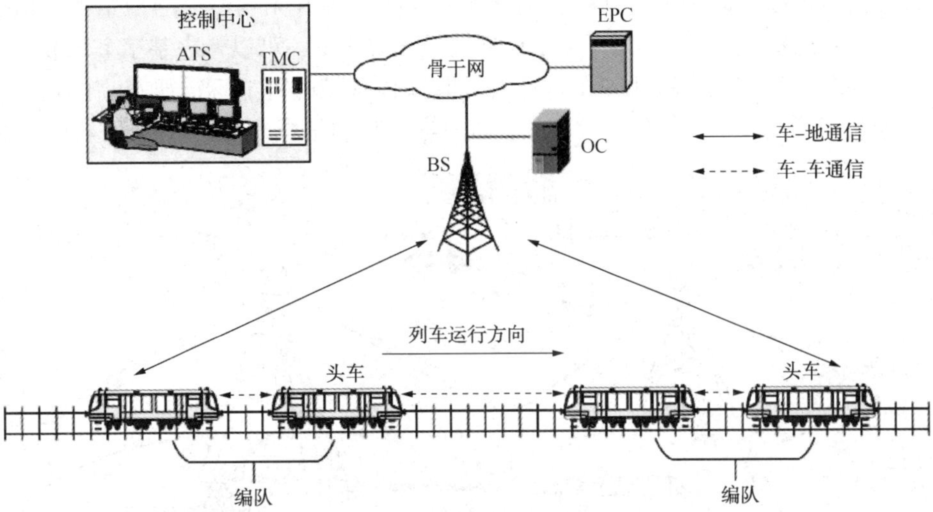

图 6-7　T2T 通信架构下的列车协同编队系统结构

随着我国城轨交通的快速发展，行业信息化建设也已进入快速发展阶段，高速、稳定的通信业务需求不断产生和扩展，自动驾驶、RIOT、高清视频监控、列车信息实时远程监测、智能列车、智能化旅客服务等多种新型智能化业务需求不断地涌现。然而，全国城轨交通发展条件、起步时间、基础建设水平和目前所处的阶段均存在差异。伴随一系列先进新兴信息技术的高速发展，城轨交通智能化水平将在现有发展的基础上大大提升。以机器学习为代表的与人工智能技术相结合的新型通信、控制解决方案将为城轨交通系统的发展注入新鲜血液，推动“智慧城轨”的发展与完善。

四、技术与挑战

（一）无线通信覆盖

毫米波频段和 5G-M 系统的提出，在给城市轨道交通系统提供大带宽和高数据速率传输能力的同时，也带来了无线覆盖的问题。得益于大规模天线阵列的使用，集中式的大规模多输入多输出与波束成形技术相结合，能够形成方向性佳、增益大的窄波束，从而追踪移动中的列车，同时大幅提升系统容量。虽然联合波束成形可以将辐射的能量集中在预期的方向上，以最大限度地减少干扰并大大提高用户的数据传输速率，但列车较高的移动速度给波束搜索带来一定的阻碍，波束可能无法实时进行调整、对齐，这极大地影响了通信传输的质量，需要对波束、列车移动性进行联合管理。5G 的高频带传输和较低的覆盖能力，意味着 5G 高频基站的部署将更加密集，由此引发的频繁切换问题也将更加严峻。

由于城轨场景较高的复杂性，毫米波频段带来丰富带宽资源的同时，可能会因为某些遮挡地形环境带来短时的链路中断，从而造成巨大的安全隐患以及经济影响。

5G-M 高低频组网架构如图 6-8 所示，5G-M 系统以低频段基站部署宏小区覆盖，保障高速移动条件下的关键安全数据可靠传输，提供高鲁棒性广覆盖；以高频段基站进行微小区部署，提高非安全类数据的传输速率。另外，在新的移动通信网络架构中，T2T 通信以及边缘计算设备可以保证一些时延敏感型业务的需求，提升无线传输的稳定性，但势必也会引入边缘设备的覆盖和切换问题。在 5G 通信系统架构下，可以考虑基于毫米波的 T2T 传输方案。尽管 T2T 通信用于城轨列车盲点警告和碰撞预警时可能不需要很高的带宽，但预计未来其他应用可能需要系统具备较高的传输速率，如列车自动驾驶所需的自动巡航控制。

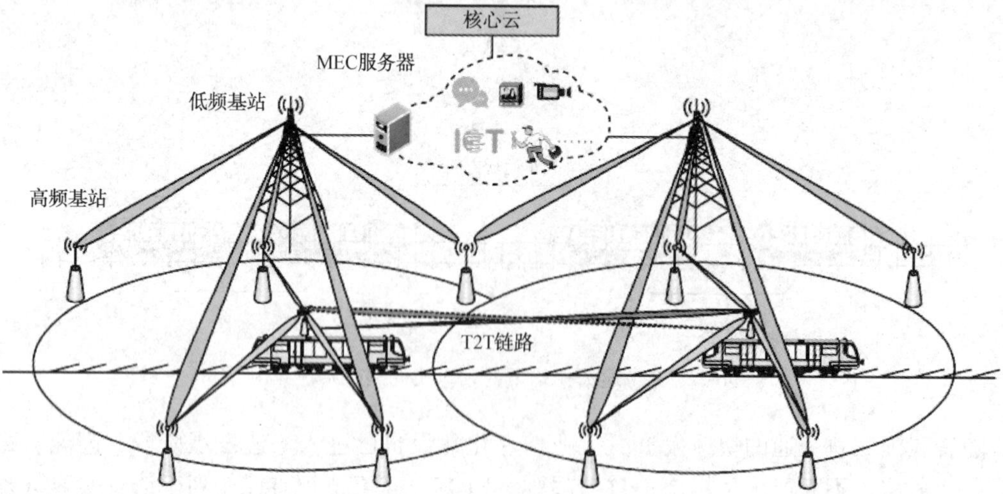

图 6-8　5G-M 高低频组网架构

此外，列车毫米波通信系统在图像和高速数字通信等大容量传送信息方面也能发挥作用。由毫米波多天线技术所带来的接收信号信噪比的大幅度提升，可以保障 T2T 通信的可靠性，这进一步促进了城市轨道交通系统中毫米波 T2T 通信的应用。

近期较多的研究将目光转向了异构网络(Heterogeneous Network，HetNet)的研究。在轨道通信系统中，通过将相互重叠的不同类型网络融合，可以满足未来城轨交通的业务多样性需求。目前存在一个服务对应一个网络架构的现象；为了能够同时接入多个网络，移动终端应当具备可以接入多个网络的接口，这便涉及在不同网络之间的切换问题。这种为各类业务建立不同独立网络的方式，无法实现城轨交通系统下多业务的综合承载，极大地增加了网络复杂性和建设维护成本，同时也不利于未来城轨交通业务的灵活发展。

（二）协同控制与互联互通

当前城市轨道交通通信系统采用 T2G 双向通信结构，距离未来可能使用的基于 T2T 通信的列控系统还有很长一段路。在这一演进过程中，必然会存在 T2G 和 T2T 通信共存的局面。此时，T2G 和 T2T 通信的协同问题影响着列控系统的效率和安全。考虑到资源和能耗的有效利用，以及不同业务对时延和可靠性等性能的需求，应设计出一个恰当的协同通信方案，而不仅是将其中一种通信方式作为另一种的冗余手段。随着设备计算和通信能力的提高以及分布式或者非集中式思想的发展，多系统合作能够以更小的代价完成更复杂的任务这一理念开始被人们普遍认同。与单个系统相比，多系统架构，尤其是分布式多系统，具有很多明显的优点。因此在 T2T 通信场景下，可对多辆行驶方向、运行状态和路线一致的列车进行编队控制，从而更加有效安全地完成行驶任务。在完成多列车根据需求的分层式体系结构设计任务之后，多列车编队控制问题便转化为多辆列车之间行为的相互协作问题，即多列车之间相对运动状态控制问题的研究。而如何选择多列车之间的协同控制方案，也是一项具有挑战性的任务。

此外，由于城轨交通线路主要采用单线建设，运营的方式、设备供应商数目繁多，通信信号制式和接口种类并非统一，资源无法进行共享，各线路列车无法互联互通，城轨交通系统设备的种类、制式等都不尽相同。这给城轨系统带来了极高的维护成本与培训成本，无法为乘客带来良好的乘坐体验。互联互通能够实现城轨列车跨线路运行，对应列车的通信、信号、运营商等解决方案能够协调统一。但是互联互通意味着，设备厂商需要进行协调一致，但这种协调非常困难，近乎不可能。另一种方案是在城轨系统内加装多套通信以及信号设备，但由于成本过于高昂，可实施性较低。统一规范标准的通信信号互联互通设备是未来发展的方向；基于统一规范标准，不但可以保护各个厂商的核心技术与知识产权，还可以形成良性循环的产业链，促进相关技术的发展。

（三）安全与效率

轨道交通安全运营是轨道交通发展的重中之重，其永恒不变的主题包含绿色、安全和高效，但是轨道交通运营效率与安全本质上存在着一定程度的冲突。随着无线通信以及列车控制技术的不断发展，技术复杂度也不断提高。为了应对未来可预期的庞大客流，城轨交通列车也将不断提速，行车密度将不断增加，追踪间隔变短，因此对其运营效率提出了极高的发展要求，安全隐患也随之上升。由于任何系统出现非正常的情况都会导致全线列车的混乱甚至瘫痪，因此需要整个系统各子功能模块高度协作，这就要求在各类技术发展的同时加大安全系统设计力度并对其协作方式进行优化。

随着通信技术以及配套列控技术的不断发展和完善，城轨交通系统已经实现部分线路的全自动驾驶，未来智能城轨交通系统也将更大程度地采用自动控制、远程监控的驾驶模式。与此同时，故障监测和诊断技术也将随之不断提升，这就要求承载城轨列车数据传输的系统与时俱进，共同营造一种安全、可靠、智慧、互联的城轨交通系统。然而随着列车智能化、信息化的发展，信息安全方面的隐患也浮现；不法分子利用网络系统漏洞进行网络攻击，因此需要构筑一种信息安全防御体系，设置紧急恢复系统与安全冗余装置，将信息安全隐患造成的风险降至最低，这对智能化、信息化城轨交通系统的发展也提出了一定的挑战。

新型通信技术的快速发展，为城市轨道交通开启万物互联的智慧轨道交通时代提供了重要的基础建设支撑。在此应用背景下，本书从城轨通信需求的多个角度出发，介绍了不同驱动因素下城轨通信技术的发展以及未来的演变趋势。同时分析了一些具有挑战性的可与“智慧城轨”结合的研究方向，包括 T2T 通信技术、MEC 技术、基于 MADRL 的通信资源分配技术和列车编队技术。通过采用新型通信技术与机器学习相关算法优化城轨通信系统，在合理的理论分析前提下，实现更可靠的数据传输与更高效的列车控制；在满足一些未来潜在轨道交通业务需求的同时，保持高质量的用户体验。此外，也对未来城轨交通发展的挑战进行了分析与讨论。基于新型通信技术与人工智能等技术的“智慧城轨”交通系统，将助力“智慧城市”的打造，推动相关产业换代升级。我国城轨交通向智能化发展势在必行。

第七章 城市轨道交通安全管理

第一节　安全管理基本概念与思路

一、基本概念

（一）安全

安全是指在生产活动过程中，能将人或物的损失控制在可接受水平的状态。这个概念从另一方面来理解，即意味着人或物遭受损失的可能性是可以接受的；如果这种可能性超出可接受水平，就意味着不安全。安全的内涵主要包括以下 5 个方面。

（1）这里所讨论的安全是指生产领域中的安全问题，既不涉及军事或社会意义的安全与安保问题，也不涉及与健康、疾病有关的安全问题。

（2）安全不是瞬间的结果，而是对于某一种过程状态的描述。

（3）安全是相对的，不存在绝对的安全。

（4）构成安全问题的矛盾双方是安全与危险，而不是安全与事故。所以从这个角度看，衡量一个生产系统是否安全不应仅仅依靠事故指标，这对后续进行安全评价是非常关键的。

（5）不同的时代，不同的生产领域，可接受的损失水平不同，因而衡量系统安全的标准也不同。

本质安全是指通过设计等手段使生产设备或生产系统本身具有安全性，即使在操作失误或发生故障的情况下也不会造成事故。

本质安全有两大功能：①失误安全功能：操作者即使操作失误，也不会发生事故或伤害；②故障安全功能：设备、设施和工艺发生故障或损坏时，还能暂时维持正常工作或自动转变为安全状态。

本质安全是安全生产管理“以预防为主”的根本体现，也是安全生产管理的最高境界，是我们为之奋斗的目标。

（二）安全生产

安全生产是指在生产过程符合物质条件和工作秩序的条件下，防止发生人身伤亡和财产损失等生产事故；消除或控制危险、有害的因素，保障人身安全与健康，保证设备和设施免受损失。

城市轨道交通运营安全管理就是在运营过程中保证乘客和员工的人身安全以及设施、设备的完好无损的工作。

（三）安全生产管理

安全生产管理是管理的重要组成部分，是安全学科的一个分支。所谓安全生产管理就是针对人们在生产过程中的安全问题，运用有效的资源，发挥人们的智慧，通过人们的努力进行有关决策、计划、组织和控制等活动，实现生产过程中人与机器设备、物料、环境的和谐，达到安全生产的目标。

安全生产管理的目标是减少和控制危害与事故发生的概率，尽量避免生产过程中由于事故所造成的人身伤害、财产损失、环境污染以及其他损失。安全生产管理的内容包括安全生产法制管理、监督检查、行政管理、工艺技术管理、设备设施管理、作业环境和条件管理等。安全生产管理的基本对象是企业的员工，涉及企业中的人员、设备设施、物料、环境、财务、信息等方面。

（四）事故

至今为止，对事故的内涵还没有一致的、准确的定义。我国安全生产界认为：事故是指在生产经营活动过程中发生人身伤亡或者造成直接经济损失的事件。美国安全工程师海因里希认为："事故是非计划的、失去控制的事件。"综合以往对事故的不同表述方法，可以把事故的概念概括为以下 6 方面。

（1）事故是违背人们意愿的一种现象。

（2）事故是不确定的事件，既受必然性的支配，也受偶然性的影响。

（3）事故可以预防、减少，但是不能消灭。

（4）事故一旦发生，往往造成人的伤亡或物的损失。

（5）事故发生的原因有：目前尚未认识到的；目前已经认识到的但尚不可控制的；已经认识到的、目前可以控制但未能进行有效控制的 3 种。

（6）事故是隐患突变并失去控制的外在表现。

（五）危险

危险是指系统中存在导致发生不期望后果的可能性超出了人们的承受范围，通常用危险度来表示。

危险发生的原因归根结底还是因为危险源的存在，危险源指的是可能造成人员伤亡、疾病、财产损失、作业环境或其他损失的根源或状态。在生活中，危险源无处不在，它可以是一次事故、一种环境、一种状态的载体，例如汽车轮胎爆炸；也可以是产生不期望后果的人或物，例如平时在开车过程中就经常遇到的，不遵守交通规则的电动车；还有液化石油气在生产、储存、运输和使用过程中也可能发生泄漏，引起中毒、火灾爆炸等事故，因此充装了液化石油气的储罐就是危险源。

二、城市轨道交通安全管理的必要性

（一）城市轨道交通企业需要安全管理

城市轨道交通系统本身具有独立性和封闭性，拥有自己的信号指挥系统，相对于其他公共交通工具来说，安全程度较高，但是由于轨道交通运量大，设施设备的科技含量较高，一旦发生事故就会造成比较严重的后果，所以，安全管理对于轨道交通运营发展的影响不容小觑。

城市轨道交通行业本身就具有特殊性，在生产过程中，除了要保证乘客和员工的人身安全外，还要保证各种设备设施的运行安全，同时由于其自身存在着许多不可预测的安全隐患，所以安全责任重于泰山。

城市轨道交通的公益性决定了安全运输乘客才是最大的利益。从这个意义上讲，安全就是财富，就是资源，就是生产力。当安全与运营发生矛盾时，应服从于安全；当安全与日常管理工作发生矛盾时，应服从于安全；当安全与个人利益发生矛盾时，更应当服从于安全。

（二）城市轨道交通企业必须实行安全管理

以严格明确的责任制为保证，建立完善的安全保障体系；以提高和增强全体员工的安全意识为前提，强化安全知识学习，重视安全教育，营造一个良好的安全氛围，即“人人讲安全，上下抓安全，大家为安全”。让每名员工自觉遵守安全规定、不能也不敢违反安全规定。通过各种宣传方式提高乘客的思想认识，加强乘客的安全知识教育，增强乘客的安全意识，促使其提高自我约束能力和防范意识，自觉遵守安全规定，有效避免事故的发生。

三、城市轨道交通安全的特殊性

城市轨道交通因其自身的特点，其运营安全除了具有一般安全问题的普遍性之外，还有其明显的特殊性，主要表现在以下 4 个方面。

（一）行车安全影响面广

城市轨道交通在城市公共交通中所占的比重越来越大，已成为广大人民群众工作、学习、生活中不可或缺的重要部分。一旦城市轨道交通系统发生运营安全事故，就会影响整条线路乃至整条线网，造成运营中断，给整个城市的地面交通带来巨大的压力，直接影响社会生产、人民生活及社会安定。

（二）行车安全涉及的工序和人员多

城市轨道交通是一架庞大的联动机，它是由线路、车站、车辆三大基础设备以及电气、运行和信号灯控制系统组成的。其一年四季持续地运转，每一次运输工作的完成都需要许多部门、许多工序互相配合；每个工作环节必须紧密联系、协同动作，才能确保安全运输。任何一个部门、一个环节出了问题都会影响行车安全。

城市轨道交通的运营生产要经过复杂的生产过程，由奋斗在不同岗位上的广大员工参与、共同劳动才能完成。安全生产贯穿运营生产的整个流程，与生产过程中的每一个环节、每一位员工息息相关。在生产过程中，各个工作环节都必须严格遵章守纪，才能确保运营安全。只要某一个工种、某一个员工违章作业，就将造成行车事故或人身伤亡事故。

（三）行车安全受自然和社会环境影响

大外界自然环境的变化也影响着城市轨道交通运营的安全生产，如阴天、下雨、刮风、下雪、雾霾等，都会对乘务人员瞭望信号和观察线路的情况产生影响，稍有不慎就可导致事故的发生；南方沿海的强台风、北方冬季的严寒天气，都有可能损坏运输设备，影响安全生产；通信、信号设备可能因强烈雷电的冲击，带来损坏或干扰，影响行车安全；地铁线路车站多在地下隧道内，一旦发生火灾、爆炸等事故，疏散乘客、灭火、排除有害气体都十分困难。

另外，城市轨道交通的运营安全工作受社会大环境的影响较大，很多因素都直接影响着城市轨道交通的运营安全，如社会治安秩序、沿线人民群众对城市轨道交通安全知识的了解程度等。

（四）运营安全风险大

城市轨道交通设备先进、结构复杂，车辆密度大，客流量大，在运营中不可预知的因素很多，人民群众对轨道交通服务质量的期望值越来越高，运营安全的风险也就越来越大。

四、城市轨道交通安全的重要性

第一，城市轨道交通安全管理与乘客的生命财产安全直接相关。它既可以满足乘客的出行需求，又是一个城市能够拥有良好交通秩序的前提和保障。

第二，城市轨道交通安全管理符合城市公共交通可持续发展的需求。过去，由于城市轨道交通企业员工工作失职、设备故障、乘客安全意识不强等造成过严重的城市轨道交通事故，因此，城市轨道交通企业必须从长远利益出发，实施安全管理条例，加强乘客安全知识教育，增强责任意识等，以保障我国城市公共交通的可持续发展。

第三，城市轨道交通安全管理是提高效益的有效途径。一方面，城市轨道交通因其无污染、噪声小，能够符合社会环保要求；另一方面，轨道交通安全性好、便捷，能够更好地满足乘客的出行需求。

第四，城市轨道交通安全管理有利于新技术在交通运输业生产中的应用。把质量标准化、安全信息化、管理精细化、装备机械化作为保障安全、发展生产、强化管理的重要举措，实现了以安全为轴心，以生产为中心，以管理为重心，以效益为核心的经营策略，使安全生产、企业管理和经济效益三管齐下、同步提高。

五、城市轨道交通安全管理的基本思路

（一）TQC 体系

全面质量管理(Total Quality Control，TQC)体系是以组织全员参与为基础的质量管理方式。全面质量管理代表了质量管理发展的最新阶段。它起源于美国，后来也在其他一些工业发达国家开始推行，并且在实践运用中各有所长。尤其是日本，在 20 世纪 60 年代以后开始推行 TQC 体系并取得了丰硕的成果，引起世界各国的瞩目。

1. TQC 的定义

TQC 是指在全社会的推动下，企业中所有部门、所有组织、所有人员都以产品质量为核心，把专业技术、管理技术、数理统计技术结合在一起，建立起一套科学、严密、高效的质量保证体系；控制生产过程中影响质量的因素，以优质的工作和最经济的办法提供满足用户需要的产品的全部活动。

2. TQC 的基本理论

TQC 的内容和特点可以用两个关键词来概括，即“三全”和“四一切”。

(1)“三全”。“三全”的含义是指在进行质量管理的过程中，要做到全部生产人员都能参与、全部生产过程都在管理范围内，以及对生产过程的全部方面都能涉及。

(2)“四一切”。“四一切”，指的是一切为用户着想、一切以预防为主、一切用数据说话、一切工作按 PDCA 循环进行。

3. 城市轨道交通企业实行全面质量管理的重要性

全面质量管理是一种现代化的质量管理，这种经营管理是一种以质量为核心的管理模式。城市轨道交通企业要想切实提高自身素质、加强安全生产、增强市场竞争力就必须实行全面质量管理。

(1) 城市轨道交通企业需要系统化安全管理。城市轨道交通运营涉及很多部门、很多专业技术，只要其中的某一个关键环节出现疏漏，就可能造成无法预测的安全事故，因此，安全管理控制已经成为一个复杂的系统工程。

(2) 乘客出行首选安全性好的出行方式。乘客之所以愿意选择城市轨道交通作为出行方式，其前提条件之一就是城市轨道交通的安全性好。采用全面质量管理就是为了解决乘客出行安全问题。城市轨道交通企业只有提高其安全管理水平和服务水平，才能提高自身竞争力。

(二) ISO 9000 质量管理体系

1. ISO 9000 质量管理体系的定义

国际标准化组织(International Organization for Standardization, ISO)的宗旨是“在世界上促进标准化及其相关活动的发展”，以便于商品和服务的国际交换，在智力、科学、技术和经济领域开展合作。

ISO 共有 2856 个技术机构，并通过它们开展技术活动。其中，技术委员会(TC)共 185 个，分技术委员会(SC)共 611 个，工作组(WG)2022 个，特别工作组 38 个。ISO 的 2856 个技术机构技术活动的成果(产品)就是“国际标准”。ISO 现已制定出国际标准共 10300 多个，主要涉及各行各业、各种产品(包括服务产品、知识产品等)的技术规范，但是，ISO9000 不是指一个标准，而是一族标准的统称。

2. ISO 9000 质量管理体系的核心管理思想

现代管理理论认为，如果仅仅注重产品本身的质量，加强产品检验工作，建立和完善质量控制体系，而不注重围绕产品生产的各个环节是否可以得到有效的管理和控制，就无法保证产品质量的稳定。

ISO 9000 系列标准的主导思想是不仅注重产品本身的质量能否满足顾客或市场的需要，

而且也注重对所有影响产品质量的活动实施控制，即对生产产品或提供服务的全过程实施控制，并预先考虑各种风险，采取有效的预防措施，在各种资源上予以保证。ISO 9000 的核心管理思想如下。

（1）以满足顾客的需求为己任。组织依存于顾客，提供顾客满意的产品是一个组织存在的前提。对于城市轨道交通企业来说，各项工作必须满足社会公众的需求，努力提高社会公众的满意度。

（2）重视过程控制。ISO 9000 标准对过程控制提出了 3 个方面的要求，即明确过程网络、确定控制方式、实施控制措施。

（3）预防为主的思想。质量的优劣不是由检验决定的，而是由过程形成的，因此 ISO 9000 质量管理体系强调预防为主，即事先分析影响质量的各种因素，找出影响质量的主导因素，采取措施将其消灭在形成过程中，防患于未然。

（4）持续改进的思想。质量改进是一项持续活动，主要是通过改进过程来实现的。这种活动以追求更高的过程效益和效率为目的。组织管理者追求的永恒目标是"只有起点，没有终点"。

（5）制度化管理的思想。ISO 9000 标准要求组织建立并保持文化的质量体系，制作并保存质量记录，明确内部质量审核程序和方法，形成制度化的管理体系。

3. 城市轨道交通企业推行 ISO 9000 质量管理体系的必要性

（1）城市轨道交通依照规章制度运营的必然要求。城市轨道交通一切行为的首要原则和行为规范就是严格依照规章制度运营。城市轨道交通安全运营最经常、最密切、最广泛地关系到社会公共利益和公民个人利益，必须加以规范约束。在与市场良性互动的过程中，城市轨道交通企业必须建立起自身的规范化和法制化的运行体系和管理模式。只有做到管理健全、行为规范、严格遵守国家相关法律法规，不断加强自身建设和提升内部管理能力，为广大人民群众提供更加高效和优质的服务，城市轨道交通企业才能树立良好的形象。城市轨道交通企业引入 ISO 9000 标准可有效转变思想观念，解决政策规范、运营程序、管理方式、操作技术等方面的问题，进而通过系统运作有效地提高城市轨道交通安全管理水平。

（2）城市轨道交通企业改进和加强安全管理的客观需要。改进和加强安全管理的前提，就是要建立健全科学的运营质量管理体系。近年来，城市轨道交通企业在完善管理模式、改善管理方法、加强质量控制方面做了大量的工作，安全管理水平有了很大提高。但由于企业员工职业道德、业务素质良莠不齐，以及在实际工作中存在着基础管理相对弱化等问题，因此距离规范化、科学化的管理还有一定距离。因此，城市轨道交通企业必须推行 ISO 9000 质量管理体系。

（3）迅速提高城市轨道交通安全管理水平的有效途径。城市轨道交通企业要实现具有福利性质和经济性质的综合效益目标，当前所面临的一个重要问题就是如何有效地提高其安全管理水平，实现工作职责明晰化，机构人员配置科学化。ISO 9000 标准是一种动态的、系统的质量管理标准，为建立质量管理体系提高产品和服务质量，提供了科学、系统的指导，对优化企业内部管理，增强竞争力，促进企业不断改进管理措施，保持持续发展和长期成功起着不可小觑的作用。从实践看，该标准为城市轨道交通企业提升管理水平、提高工作质量搭建了一个结构严密的管理平台，已被世界上不同类别和规模的城市轨道交通企业普遍接受。因此，我国城市轨道交通企业引入 ISO 9000 标准来构建安全管理体系、打破经验管理的常规思维、转变管理理念和手段，是深化安全质量管理创新安全管理机制、迅速提高城市轨道交通企业安全管理水平的有效途径。

（三）TQC 体系与 ISO9000 质量管理体系的联系与差别

1. TQC 体系与 ISO 9000 质量管理体系的联系

TQC 体系作为以质量为中心的现代管理方式，是指企业为了保证和提高产品质量，综合运用的一整套质量管理思想、体系、手段和方法，现已发展成为指导企业质量管理的学科。而 ISO9000 质量管理体系则是在总结了全国质量管理经验的基础上，经过广泛研究协商，由国际标准化组织所制定的一系列质量管理和质量保证标准，在技术合作、贸易往来上作为国际认可的标准规范。两者的形成和作用虽不同，但 ISO 9000 质量管理体系实质上是 TQC 体系的延续，两者存在一致性，具体表现在以下几个方面。

（1）两者遵循相同的原理。在 TQC 体系理论中，描述产品质量的产生、形成和实现运动的规律是朱兰博士提出的“质量进展螺旋”曲线，这是开展全面质量管理的基本原理。而 ISO9000 质量管理体系标准明确提出“质量体系建立所依据的原理是质量环”，这实际就是以质量螺旋曲线为依据。由此可见，两者遵循的原理是相同的。

（2）两者拥有一致的基本要求。TQC 体系的基本要求包括质量管理、全过程管理、全面参与、全面地综合利用各种科学方法，而 ISO 9000 质量管理体系也同样囊括这些要求。

（3）两者具有相同的指导思想及管理原则。TQC 体系与 ISO 9000 质量管理体系都同样贯彻以下思想：系统管理、为用户服务、预防为主、过程控制、全面参与、全面综合利用各种科学方法。

（4）两者都强调领导作用。TQC 体系要求必须从领导开始，ISO 9000 质量管理体系首先规定了企业领导的职责。两者都要求企业领导必须亲自组织实施。

（5）两者都重视评审。TQC 体系重视考核与评价，ISO 9000 质量管理体系重视质量体系的审核与评价。

（6）两者都强调不断改进质量。两者都强调任何一个过程都可以不断改进，并不断完善。因此，可以不断改进产品的服务质量。

通过比较可以看出，TQC 体系与 ISO 9000 质量管理体系可以相互结合，相互促进。TQC 体系把建立质量体系作为自己的基本要求，而 ISO 9000 质量管理体系则把建立质量体系视为达到全面质量管理的必经之路。推行 ISO 9000 质量管理体系可以促进 TQC 体系的发展并使之规范化，还可以实现与国际合作伙伴间的双边或多边认可；ISO 9000 质量管理体系也可以从 TQC 体系中吸取先进的管理思想和技术，不断得到完善。

2. TQC 体系与 ISO 9000 质量管理体系的差别

TQC 体系与 ISO 9000 质量管理体系之间存在以下 4 个差别。

（1）ISO 9000 与 TQC 体系虽然都提到了全面质量，但 ISO 9000 质量管理体系的质量含义比 TQC 体系所讲的质量含义更为广泛。ISO 9000 质量管理体系对质量的定义是“反映实体满足明确和隐含需要的能力特性综合”，这里的实体是指可以单独描述和研究的事物，可以是活动或过程、产品、组织、体系、人或它们的任何组合。可见 ISO 9000 质量管理体系所指的质量的对象非常广泛，而 TQC 体系所指的全面质量是产品的设计质量、制造质量、使用质量、维护质量等，其对象不如 ISO 9000 质量管理体系广泛。

（2）ISO 9000 质量管理体系与 TQC 体系都指全过程控制，但 ISO 9000 质量管理体系强调文件化，而 TQC 体系更重视方法和工具。

（3）ISO 9000 质量管理体系是通用的标准，可比较、可检查、可操作，而 TQC 体系没有规范化。

（4）ISO 9000 质量管理体系能够进行国际通用的认证，而 TQC 体系则不能。

纵观质量管理的发展历史，后一阶段从来都是在前一阶段的基础上继承和发展的，而不是对前一阶段的取代和否定。就像 TQC 体系不能取代检验和统计质量管理一样，体系标准也不可能取代全面质量管理，也不能借口推行 TQC 体系而不贯彻体系标准。正确的做法是以贯彻体系标准来促进 TQC 体系的规范化，以 TQC 体系的思想作指导来学习、贯彻体系标准，并结合实际充实和完善企业质量体系，这样才能取得更好的效果。

（四）城市轨道交通安全管理原则

城市轨道交通安全管理主要包括：乘客安全、职工安全、行车安全、设备安全、防火安全、意外事件等。加强安全管理的目的是在安全生产过程中，通过对人员、设备、材料、作业过程、环境等因素进行有效管理，提高现场自控能力，实现安全管理的目标。

1. 安全管理原则

（1）以人为本的原则。以人为本的安全管理包括两方面：一是城市轨道交通服务关系无数乘客的生命安全，确保乘客和员工的人身安全是安全管理的重中之重；二是要把安全管理的压力和企业员工的主人翁地位统一起来，注意关心职工的正当权益和合法诉求，尽可能满足员工的合理需求。

（2）抓生产必须管安全的原则。抓生产必须同时管安全，表明了安全和生产两者之间的辩证关系，也体现了安全生产的重要性。企业要达到安全生产的目的，必须坚持在计划、布置、检查、总结、评比生产的同时，要有安全生产的内容。企业在生产、技术、物资、财务以及党、政、工、团等部门的工作范围内，都必须有保证安全生产的工作内容。

（3）坚持教育与惩罚相结合的原则。实行奖惩制度，把思想工作同行政、经济手段紧密结合起来。在奖励上，坚持精神鼓励与物质奖励相结合；在处罚上，坚持以教育为主，惩教结合的原则，行政处分和经济处罚可以并处。

（4）防微杜渐的原则。从生产实践来看，小事故发生的频率远远高于大事故、重大事故、特别重大事故。“抓小放大”就是不放过任何小事故和事故苗头，其目的在于防止大事故的发生。对已发生的事故，要如实汇报，组织按照“四不放过”的原则，即事故原因不查不放过、事故责任者得不到处理不放过、整改措施得不到落实不放过、事故教训不吸取不放过，对事故进行调查分析，制定防范措施，严肃认真处理。

（5）责、权、利统一对等的原则。加强班组安全管理，保持班组安全的长期有序可控。首先，要保证班组责、权、利的统一和对等，明确班组在安全生产中的作用和地位；同时，要确定统一考核标准，规范工作流程，奖罚分明。

2. 安全管理的关键

（1）落实干部逐级负责制。逐级负责制实行谁主管谁负责，旨在落实分工负责，主要针对领导班子；谁分管谁负责，旨在落实专业负责，主要针对车间和机关干部；谁的岗位谁负责，旨在落实岗位负责，主要针对广大员工。对安全问题，按其性质实行分层管理：车站领导班子主要控制超前性、关键性、倾向性和具有全局性的问题；安全室主要负责前沿性、基础性、达标性的问题；班组主要负责岗位性、随机性的问题。

(2) 实施安全百日考核。安全百日考核包括企业百日大考核，车站、班组百日考核和个人岗位百日考核。实施的目的是要将安全工作的要求落实到每个车站、班组和岗位。

(3) 细化干部的工作标准。解决干部队伍中工作标准不高、安全责任落实不到位的症结。

(4) 严格员工的作业标准。

3. 安全管理内容

(1) 乘客安全。保证乘客在车站和旅行中不发生人身和财产事故。

(2) 员工安全。通过改善劳动条件和采取一系列措施，保证职工在生产过程中的健康和安全。

(3) 行车安全。它是衡量生产和管理水平的重要标志，对城市轨道交通企业具有特殊重要的意义。如果行车发生任何差错和事故，会直接关系到乘客安全，影响企业声誉和城市交通，影响国民经济发展。

(4) 设备安全。保证安全运行的物质基础，必须管好、用好、养护好设备。

(5) 防火安全。保证站内和列车运行途中，不发生任何火灾事故。

(6) 意外事件。防止进出站口因拥挤造成人身伤亡事故，防止站内、列车上坠落物伤人等。

(五) 城市轨道交通安全管理手段

由于城市轨道交通自身的特点，其安全性已越来越受到广大公众的密切关注，因此，及时有效地分析轨道交通运营安全及故障原因，制定相关对策及处理措施，对改善城市轨道交通运营的安全现状、预防事故和降低事故损失都具有重要的意义。对于城市轨道交通企业来说，做好安全生产工作是一项重要的政治任务，其关系到国家和人民的生命财产安全，也关系到和谐社会的构建，其安全管理的手段主要为“防、治、控、救”。

1. 预防事故发生

预防事故发生，必须牢固树立“安全第一，预防为主”和“隐患险于明火、防范胜于救灾”的思想。

(1) 开展公众安全宣传教育，推进轨道交通安全文化建设。大力开展公众安全宣传教育，积极推进建设运营安全文化，努力提高轨道交通企业全体员工和乘客的安全意识。通过多种方式宣传“安全第一，预防为主”“以人为本、安全至上”的安全理念，大力营造“关爱生命、关注安全”的氛围，将城市轨道交通运营安全管理中的“全员”理念延伸至“全民、全社会”，致力于建造“安全型社会”，从而确保运营安全。

(2) 加强员工培训，提高处理突发事件的能力。保证轨道交通系统安全高效运营的关键，就是要让工作在不同岗位上的每一位员工都能够高质量地完成本岗位的工作要求，因此，必须加强员工的业务素质和道德培养。对于运营中的关键岗位(尤其是关键性的操作岗位，如乘务、站务、调度等），地铁安全运营受到员工业务水平的直接影响，此类岗位员工的业务能力和应急处理经验，对于地铁安全运营关系重大。总之，重视员工培训是实现安全的条件和基础，是安全运营的成功经验之一。同时还要对员工进行安全教育，其内容主要有以下几方面：①安全思想教育：安全生产方针、政策、重要意义、劳动纪律、作业纪律、各项规章制度和典型事故案例教育。②安全生产技术知识教育。③事故应急处理教育。

（3）充分依靠科技成果，加强硬件设备的安全防范措施。采用科学技术成果是城市轨道交通安全生产工作的重要保障。从设备角度考虑，可以增强机械设备的安全系数。比如：防止因拥挤而失足落下站台导致的事故，可以采用先进的阻燃绝缘材料、使用安全屏蔽门；防止因滑倒而导致的事故，可以采用增加车站和列车上的安全监测和预防设施、防灾报警系统(FAS)、自动售票机(AFC)等。

2. 治理安全隐患

“治理”是指检查、整顿、消除安全隐患和不安全因素。

（1）完善城市轨道交通安全标准体系。根据我国城市轨道发展的情况，应尽快修改和完善影响城市轨道交通系统安全的有关车辆、消防、报警、监控、通风、排烟和应急照明等的设计规范，建立轨道交通安全技术标准和安全检查规范，补充完善安全设计、安全施工、安全运营，提高规划设计和施工的安全标准，提高整体安全水平。

（2）加强对城市轨道交通运营企业的安全评估工作。作为保障城市轨道交通企业安全运营的重要措施，开展对企业的安全评估工作是强化企业安全管理的主要基础。

（3）加强日常管理和检查，加大查处力度。在日常生活中，要加强对员工作业情况的检查。城市轨道交通企业可以通过日常检查和定期检查相结合，专项检查和综合检查相结合，检查员工是否按作业标准工作，要做到违章违纪现象彻底杜绝，及时发现隐患并加以整改。在城市轨道交通中，安全隐患无处不在，例如乘客跳轨、携带危险品上车等，城市轨道交通企业员工和安全协管人员必须加大查处力度，对此类行为进行阻止，设置安全栅、门，严禁“三品”上车。

（4）通过“6S”管理减少安全隐患。“6S”管理是指企业在运营安全管理工作中，及时开展整理(SEIRI)、整顿(SEITON)、清扫(SEISO)、清洁(SEIKETSU)、素养(SHITSUKE)和安全(SAFETY)活动，是企业行之有效的现场管理理念和方法。其作用主要表现在：提高效率、保证质量、使工作环境整洁有序，以预防为主、保证安全。6S 的本质是一种执行力的企业文化，强调纪律性的文化，不怕困难，想到做到，做到最好，作为基础性的 6S 工作落实，能为其他管理活动提供优质的管理平台。“6S”管理对现场进行全面的排查和规范，从“人、机、料、法、环”各个方面深入查找不安全的活动场所、设备和不安全环节；对于与安全有关的操作、作业场所、作业过程进行必要的目视化提示与警示，对重要的操作进行现场目视化指引。通过划分管理区域和确定管理责任人等措施，让员工一开始就养成事事“讲究”的习惯，减少因现场混乱或误操作造成的不安全故障或事故。

3. 控制不安全因素

“控”指控制，也就是控制各种隐患和不安全因素，控制突发事件和运营风险。

（1）实时监控措施。城市轨道交通企业必须具备专业的维修保养业务监督验收能力。通过诸如工作进度表、工作总结会议和年审会议，对外包活动进行适时调整和监控，包括总结合作经验、制订改进方案等复杂的工作；保持和稳定双方良好的合作，达到避免风险、实现双赢的目标。

(2) 引进 ISO 9000 质量管理体系，严格执行并提高管理水平。为确保系统处于良好的运营状态，为乘客提供安全、舒适的出行环境，城市轨道交通企业对安全管理工作应实行目标化管理，即“人员配备专业化、业务技能熟练化、设备管理规范化、设施运营正常化、日常养护制度化、事故救援快捷化、安全管理目标化、安全服务人性化”。同时要依据 ISO 9000 质量管理体系，制定安全管理工作控制程序并严格执行。

(3) 保持与其他单位的良好协作，控制外部因素干扰。城市轨道交通系统往往要穿越复杂的城市建筑，受到很多约束条件的限制。城市轨道交通企业与施工单位保持良好的协作关系，可以提前了解施工范围和内容，对侵入轨道接线的工程应及时制止和控制，以免给运营安全带来影响；共同建立警地联动机制，共保地铁一方平安。目前，国内地铁大多建立了相应的公安部门，地铁运营企业要加强与地铁公安的合作，充分依靠公安力量，保障地铁的平安秩序，明确联动例会制度、工作联系机制及联动应急机制；与地方供电局保持良好沟通，密切关注有关停电信息，以便及时调整运营策略。

(4) 及时有效地采取措施，将事故控制在萌芽状态。事故发展的开始阶段是有效控制事故、避免其恶化的关键时期。在事故或故障发生时，应正确及时地采取有效措施，将故障或事故控制在一定范围内，最大限度地降低损失，减少影响，阻止事态进一步恶化。

4. 救援事故与险情

“救”指的是救援，即在发生险情及事故时，以最快、最有效的办法确保安全，减少损失，恢复正常，维持服务。

(1) 正确处理。当事故和险情发生时，城市轨道交通企业员工应根据有关制度和应急处理预案，迅速做出判断和处理，安全疏散乘客，确保国家财产不损失；在险情和事故排除后，应及时处理设备检修，彻底消除安全隐患。

(2) 合理调整。在处理故障和突发事件时，城市轨道交通企业员工应根据实际情况，合理地调整列车运营，最大限度地减少对后续列车的影响，以保证运营正常进行。调整运营的方式有很多，如扣车、限速、反向运行、越站通过等。

(3) 及时报告。发生险情和事故时，城市轨道交通企业员工要及时向有关部门和领导汇报，保持信息渠道畅通。调度中心会根据实际情况做出正确判断，给予调度命令指挥行车；对于重大影响的时间，要通过有关部门向地方政府汇报。

(4) 分析原因。事故发生后，城市轨道交通企业要坚持“四不放过”原则，及时找出事故原因，分析总结，整改隐患，完善规章制度，做到同类事故不再发生。

六、城市轨道交通安全生产的基本要素

安全生产是一个系统工程，把安全与生产、管理、科技紧密相连，要将安全寓于生产管理和科技进步之中；要重点克服体制所带来的劣势，从根源抓起，实现本质安全。在城市轨道交通运营中，应促进安全生产“5 要素”的落实。

安全生产“5 要素”指的是安全文化、安全法制、安全责任、安全科技以及安全投入。这 5 要素既相互独立，又是一个有机的整体，相辅相成甚至互为条件，既有宏观战略的高

度，也有微观战术的深度。可以说，抓住了“5 要素”，就基本上抓住了当前我国政府和城市轨道交通企业生产工作的要害和重点。

（一）安全文化

安全生产的根本就是安全文化。安全文化的最基本内涵就是强化全民安全意识，提高全民安全素质。要把安全意识提到全社会的层面上来，将安全宣传教育深入人心，保证公民人人具有自我保护意识，真正做到警钟长鸣、居安思危、言危思进、常抓不懈。

（1）企业的安全文化建设，要紧紧围绕“以人为本”这个中心，以“安全理念渗透和安全行为养成”为目标，思想上内化，行为上外化，不断提高广大员工的安全意识和安全责任，把安全第一变为每位员工的行为准则。安全理念决定安全意识，安全意识决定安全行为。

（2）要确实落实我国的安全生产方针，即“安全第一，预防为主”；要确立具有自己行业鲜明特点的安全生产管理原则，落实各种事故防范预防方案；要加强员工安全培训，树立安全生产理念。加大安全宣传的力度，在各个生产前线和场所张贴安全守则，操作规范，还可以在各个班组的安全会议上进行安全知识宣讲，将安全文化内化到员工的日常生活中。

（二）安全法制

安全法制是保障安全生产最有力的武器。建立和完善安全生产法规体系是安全生产的制度保障，是生产管理和技术在安全保障上应用的制度化和标准化。

（三）安全责任

作为安全生产的灵魂，安全责任是安全生产法规的具体体现。安全责任制的实质是“安全生产，人人有责”。建立健全安全生产责任体系，不仅要强化问责制的行政责任追究制度，还要依法追究构成安全事故犯罪者的刑事责任，并随着市场经济体制的完善，强化和提高民事责任或经济责任的追究力度。

（1）作为安全生产的监督管理主体的政府部门，一定要切实有效地落实地方政府监管责任，科学界定国家应急管理部的综合监管职能，建立严格的、科学的安全生产问责制，严格执行安全生产责任追究制度并深刻吸取事故教训。

（2）企业的第一责任人要确实负起责任，制定和完善企业安全生产方针和制度，逐级把关，严格落实安全生产责任制，规范和完善企业规章制度，对安全生产过程中的重大隐患要进行重点整治。

（3）必须层层落实安全责任，逐级签订安全生产责任书。安全生产责任书要有完整、细化的责任、考核和奖惩办法。对完成安全生产责任书各项考核指标、考核内容的单位和个人应给予奖励，奖励内容应包括精神奖励和物质奖励；对没有完成各项考核指标、考核内容的单位和个人应给予处罚。

（四）安全科技

安全科技又叫作科学安全文化，它影响着安全文化的品质和功能，是实现安全生产的手段。安全是企业管理和科技进步的综合反映，安全需要科技的支撑，实现“科技兴安”。

安全科技是事故预防的重要力量。只有充分依靠安全科学技术的手段，生产过程的安全才有根本的保障。

城市轨道交通企业要采用先进的设备设施，并组织研究开发安全生产技术，从而提高安全管理水平。在日常运输生产过程中，为提高运输效率和运输服务质量，城市轨道交通企业必须加大安全科技投入，运用先进的科技手段来监控安全生产全过程，如安装先进列控系统、闭路电视监控系统、行车记录仪、自动售票机和自动检票机等，把现代化、自动化、信息化全部应用到安全生产管理中。

（五）安全投入

安全生产的基本保障就是安全投入。安全是生产力，安全需要成本，安全的成本也是效益。要想实现安全生产必须以安全投入为基础。提高安全生产的能力需要为安全付出成本。安全设备老化、安全设施缺失、安全人才匮乏等问题都是安全隐患。隐患不除，永无宁日。要建立国家、地方、企业多个渠道的安全投入机制，应加快技术改造，消除安全隐患。

安全投入包括资金投入和人才投入两个方面。

（1）在资金投入方面，要按照规定从成本中列支安全生产专项资金，用于安全设施的改善，安全技术设备、器材、仪器、仪表的更新及其他安全投入，以确保城市轨道交通企业达到法律、法规、标准规定的安全生产条件，实现最关键的本质安全。

（2）在人才投入方面，城市轨道交通企业一方面要通过招聘安全管理和城市轨道交通专业人才，提高企业安全管理队伍的整体素质和技术水平，为实现企业安全打下坚实的基础；另一方面，应大力为安全工作人员创造机会，让安全工作人员参加相关专业培训，组织并安排他们到安全工作做得好的单位参观学习、增长见识、吸取经验。

七、安全色与安全标志

为了引起人们对不安全因素的足够重视，防止意外事故的发生，国家有关部门以标准或其他形式规定生产经营场所统一使用各类不同颜色及不同图形的标志，即安全色和安全标志，以形象而醒目的消息源向人们表达禁止、警告、指令、提示等信息。了解安全色与安全标志表达的安全信息，对于在工作和生活中趋利避害有重要作用。

（一）安全色

安全色是用来表达禁止警告、指令提示等安全信息含义的颜色，其作用是使人们能够迅速注意到影响安全、健康的对象或场所，提醒人们注意，以防发生事故。

对比色是使安全色更加醒目的反衬色。为了提高颜色的辨别度，在安全色标上一边采用对比色，如红色、蓝色和绿色均以白色为对比色，黑色和白色互为对比色，黄色可以和紫色互为对比色，也可使用红白相间、蓝白相间、黄黑相间的条纹标志，强化含义。

1. 安全色的种类和用途

安全色有红色、蓝色、黄色、绿色四种，其含义和用途如下。

（1）红色。其含义为禁止、停止、消防。例如，城市轨道交通列车受电弓的支架部分，一般用红色表示，代表高压危险，禁止触摸；机车和车辆上的紧急、停止按钮或手柄，以及禁止触动的部位也应涂成红色，灭火器等用来灭火、防火的器具也涂成红色。

（2）蓝色。其含义为指令必须遵守的规则。例如，必须带个人防护用具，道路上指引车辆和行人行驶方向的指令等。

(3) 黄色，其含义为警告、注意。例如，警告标志；厂内危险机器和坑洼周边的警戒线，行车道中线，安全帽，城市轨道交通站台安全线等。

(4) 绿色。其含义为提示、安全状态，通过、允许、工作。例如：提示标志；车间内的安全通道；车辆和行人通过标志；消防设备和其他安全设备、防护设备的位置；“在此工作”标志牌等。

注：①蓝色只有与几何图形同时使用才表示指令；②道路上的提示标志采用蓝色，不采用绿色，以免与道路两旁的绿色树木混淆。

2. 对比色的种类和用途

对比色一般有黑、白两种颜色。黑色用于安全标志的文字、图形符号和警告标志的几何边框，白色既可以用于安全标志红色、蓝色、绿色的背景色，也可以用于文字和图形符号。

安全色与对比色同时使用时一般按照红色、蓝色、绿色与白色，黄色与黑色的原则搭配。另外，黑色和白色互为对比色通常使用的相间条纹有红色与白色相间、黄色与黑色相间、蓝色与白色相间、绿色与白色相间四种，其用途为以下几方面。

(1) 红白相间：其含义为禁止越入。例如道路上使用的防护栏杆和隔离墩。

(2) 黄黑相间：其含义为警告注意。例如当心滑跌标志。

(3) 蓝白相间：其含义为必须遵守。例如交通导向标志。

(4) 绿白相间：其含义为使标志牌更醒目。例如安全标志杆。

(二) 安全标志

1. 安全标志的定义

(1) 安全标志由安全色、几何图形、图形符号或文字构成，用以表达特定的安全信息。

(2) 辅助标志是安全标志的文字说明或补充。辅助标志必须与安全标志同时使用在一个矩形载体上，称为组合标志。在同一矩形载体上含有两个或两个以上安全标志并且有相应辅助标志的标志，称为多重标志。

2. 安全标志的作用

安全标志的作用是引起人们对不安全因素的注意，以达到预防事故发生的目的，但不能代替安全操作规程和安全防护措施。

3. 安全标志的类型

安全标志分为禁止标志、警告标志、指令标志和提示标志四类。这四类标志用四个不同的几何图形来表示。

(1) 禁止标志。禁止标志是禁止人们不安全行为的图形标志。禁止标志的几何图形是带斜杠的圆环，图形符号为黑色，几何图形为红色，背景色为白色。我国规定的禁止标志共有 28 个，例如禁止吸烟、禁止乘车、禁放易燃物、禁止通行、禁止攀登、运转时禁止加油、修理时禁止转动等。

(2) 警告标志。警告标志是提醒人们注意周围环境、避免可能发生的危险的图形标志。警告标志的几何图形是正三角形边框，图形符号、几何图形为黑色，背景色、衬边为黄色。我国规定的警告标志共有 30 个，如注意安全、当心触电、当心爆炸、当心火灾、当心腐蚀、当心中毒、当心机械伤人、当心伤手、当心吊物、当心扎脚、当心落物、当心坠落、当心车辆、当心弧光、当心冒顶、当心瓦斯、当心塌方、当心坑洞、当心电离辐射、当心裂变物质、当心激光、当心滑跌等。

“三角黑色闪电”警告标志，是为预防电击和迅速辨别哪里装有电器元件而设的，对下列部件应贴有三角黑色闪电警告标志。

① 电柜和壁龛门或盖板上，如前后双开门电柜，前后门应贴上标记。

② 接线盒上的盖上应贴标记，穿线盒的盖板上不贴标记。

③ 电柜内，在门打开后仍有带交流 50V 以上电压的电器，在其绝缘挡板上应贴标记。

④ 从外表上辨别不出哪里装着电器的外壳上，均应有标记。能从外表上一眼就看出来是电器外壳的，如按钮，控制面板等则不需要贴标记。

(3) 指令标志。指令标志是告诉人们必须遵守“指令标志”规定的图形标志。指令标志的几何图形是圆形边框，图形符号、衬边为白色，背景色为蓝色。指令标志共有 15 个，如必须戴安全帽、必须穿防护鞋、必须系安全带、必须佩戴防护眼镜、必须戴防毒面具、必须戴护耳器、必须戴防护手套、必须穿防护服等。

(4) 提示标志。提示标志是向人们提示某种信息(如标明安全设施或场所等)的图形标志。提示标志的几何图形是矩形，图形符号、衬边是白色，背景色是绿色。提示标志共有 13 个，一般提示标志用绿色背景的有 6 个：如安全通道，太平门等。消防设备提示标志用红色背景的有 7 个：消防警铃、火警电话、地下消火栓、地上消火栓、消防水带、灭火器、消防水泵接合器等。

(5) 辅助标志。辅助标志是对前述四种标志的补充说明，以防误解。辅助标志分为横写和竖写，横写的为长方形，写在标志下方，可以和标志连在一起，也可以分开；竖写的写在标志杆上部。辅助标志的颜色：竖写用白底黑字；横写的禁止标志用红底白字，用于警告标志的用白底黑字，用于指令标志的用蓝底白字。

(三) 其他安全色标志

除了上述的安全色和安全标志外，还有一些安全色标志与安全有关，常见的有气瓶、气体管道和电气设备等方面的漆色。这些漆色代表一定的含义，能使人们一眼就能识别其所表示的重要信息。这对预防事故，保证安全是极其有益的。

1. 气瓶色标

气瓶色标是指气瓶外表面涂覆的字样内容、色环数目和颜色按充装气体的特性作规定的组合，是识别充装气体的标志。其主要目的是从颜色上迅速地辨别出盛装某种气体的气瓶和瓶内气体的性质(可燃性、毒性)，避免错装和错用，同时也可防止气瓶外表面生锈，国家标准对气瓶外表面的颜色和气瓶上字样的颜色做出了规定。

2. 管道色标

管道色标的习惯用法是蒸汽管道为白色，自来水管道为黑色，压力管道为黄色，消防管道为红色。

3. 电气设备相别色标

变电所设备(母线和进出线)和配电装置用色标相别，主要用法是 A 相为黄色，B 相为绿色，C 相为红色，地线为黑色，直流正极为红色，直流负极为蓝色。

（四）城市轨道交通常用标志

城市轨道交通常用标志有公里标、百米标、站名表、制动标、圆曲线和缓和曲线始点及终点标、曲线标、竖曲线始点及终点标、水准基点标、警冲标、联锁分界线、预告标、驾驶员鸣笛标，减速地点标、限速标、停车位置标、接触网终点标、升起受电弓标、降下受电弓标等。

隧道内百米标、限速标、停车位置标应设在行车方向的右侧；警冲标应设在两回合线间，其位置应根据设备限界及安全确定，隧道外的标志可按国家现行规定设置。

（五）使用安全标志的一些规定

（1）安全标志都应自带衬底色，采用与安全标志相应的对比色。衬底的边宽最小为 2mm，最大为 10mm。

（2）有触电危险的场所，标志牌应使用绝缘材料来制作。

（3）安全标志应与标志杆的条纹颜色保持一致。

（4）安全标志应放在醒目、与安全有关的地方，并使人们看到后有足够的时间来注意它表示的内容。安全标志不宜设在门、窗、架等可移动的物体上，防止这些物体移动后看不见标志。

（5）安全标志的制作材料应选用坚固耐用的，如金属板、塑料板、木板等，且无毛刺和洞孔，也可以直接画在墙壁或机具上。

（6）安全标志牌每年至少要检查一次，发现有变形破损或图形符号脱落，及不符合安全色的范围，应及时整修或更换。

（7）装着电气元件的电柜、壁龛和任何地方，当从电柜、壁龛等外部不能辨别其中是否有电气元件时，必须在门或盖板上装有黑边、黄底、黑字闪电符号的三角形标志。

第二节 安全保障与应急救援体系

一、城市轨道交通安全保障体系概述

建立城市轨道交通安全保障体系，是保障城市轨道交通体系安全运行的重要工作之一。城市轨道交通的安全生产管理，涉及城市轨道交通建设与运营的各个环节和部门，是一个复杂的系统工程。为了抓好城市轨道交通的安全生产管理，政府主管部门、城市轨道交通企业要从强化安全意识，建立城市轨道交通安全工作的长效机制等方面入手，从体制、机制上确保安全生产。

（一）城市轨道交通发展现状

1. 城市轨道交通建设特点

轨道交通是一项规模大、造价高、技术复杂的系统工程，其中一个显著特点就是，建设大工程的投资动辄几十亿元甚至上百亿元。其地面线建设费用约为 3 亿元/km，地下线建设费用为 5 亿~8 亿元/km。地铁每公里综合造价是轻轨的 2~4 倍，是高速公路的 6~10 倍。

通常，为节约城市土地、缓解路面交通压力，城市轨道交通建设尽可能在市区内走地下线但地下线建设费用显然要比地面线建设费用高出许多。

2. 城市轨道交通运营特点

城市轨道交通的运营成本相对其他公共交通方式的运营成本来说是比较高的，比如在北京，从 1997 年开始的 6 年时间里，每千米运营总成本高于运营盈利金额 400 万元左右，并且轨道交通的使用寿命并没有明显长于其他公共交通。国家标准规定中明确指出：系统的通信部分使用年限最多不能超过 10 年，系统的机械电气部分使用年限最多不能超过 15 年，车辆本身和轨道部分的使用年限最多不能超过 30 年，建筑结构的使用年限最多不能超过 100 年。事实上，大部分城市的轨道交通都是不盈利的，少部分盈利的城市，比如香港地区，最初也是通过售卖轨道交通沿线的土地给地产公司和一些店铺才能勉强维持运营，这样的盈利方式也持续了 20 年左右。根据国内目前的轨道交通运营情况计算，每开通一千米的轨道交通线路就需要财政部门给予 400 万~900 万元的补贴才能持续下去。

一般地，超大城市特别是首都、直辖市及省会城市都是全国或地区的政治、经济和文化中心，每天进出市区的上班族和进行商业活动的人员及各种流动人员数量十分庞大。为了输送如此庞大数量的人员，应该分地区、分区域、分路段，根据客流需要，结合城市总体规划，并综合考虑环保等要求，合理选择相应的城市轨道交通系统。城市轨道交通系统按照轨道建筑物在城市内所处的空间位置以及能够满足的运量大小、运行方式、轨道结构和管理方式的不同，可划分为地下铁道、现代有轨电车、单轨交通、小型地铁以及轨道新交系统。

截至 2018 年，世界上已有 55 个国家的 170 座城市建有地铁。1863 年，全世界第一条地铁线在英国伦敦建成通车。到 1899 年，美、英等 5 个国家的个城市开通了地铁。1900—1924 年，欧美又有 9 个城市新建了地铁线路。1925—1949 年，由于受第二次世界大战的影响，世界各地地铁建设速度明显放缓。第二次世界大战以后，1950—1974 年，在欧洲、亚洲和美洲共有 30 余座城市开通了地铁。1975—2000 年，相继又有 30 余座城市开通了地铁，其中亚洲城市有 20 多个。截至 2017 年年末，我国人陆共计 34 个城市开通城市轨道交通并投入运营，开通城轨交通线路 165 条，运营线路长度达到 5033km。其中，地铁 3884km，占比 7.2%；其他制式城轨交通运营线路长度约 1149km，占比 2.8%。基于城市发展的要求，我国各大城市已经进入了轨道交通大规模建设时期。

进入 21 世纪，城市人口激增，城市面积扩张，交通需求总量强劲增长，由此带来城市空间局促、道路拥挤、交通事故频发、交通运营效率降低、环境恶化与能源危机等一系列问题。因此，如何建立一个安全、快捷、方便、舒适、经济并且环境友好的城市轨道交通体系，已不仅仅是满足城市人流、物流的功能需求问题，更重要的是关系到人类的主要居住城市能否可持续发展的问题。

经过多年的探索和实践，世界各国纷纷采取轨道交通方式来解决城市的交通问题。我国部分大、中型城市在未来 5~10 年内的城市总体规划中都将轨道交通作为交通体系的骨干重点发展。按照我国发展社会经济和构建节约型社会的总体要求，为全面落实科学发展观，实现城市国民经济持续健康快速发展的目标，有必要对影响城市轨道交通可持续发展的因素进行认真的分析和思考。

（二）建立城市轨道交通安全保障体系的必要性

安全是城市轨道交通运营管理永恒的主题，“安全第一”也是乘客的基本要求和首要标准，同时是城市轨道交通运营中不可忽视的重要问题。运营安全不但反映了城市轨道交通运营管理水平和运输服务质量，而且是城市轨道交通系统实现方便、快捷、高效运营的先决条件。轨道交通运营部门所追求的目标是运营的安全有序，这也是满足乘客需求、获得良好社会和经济效益的根本保证。

城市轨道车站及列车车厢内为公众场所，特别是地下铁道位于地下空间，封闭环境、人流密集、通风和疏散都受到极大限制，这是城市轨道交通十分突出的弱点。一旦发生意外事故，常常会导致非常惨重的人员伤亡，因此，深入开展城市轨道交通重大事故安全保障技术研究，加强城市轨道交通的安全管理，做好城市轨道交通的安全工作，关系到人民生命财产的安全，更关系到国家经济发展、社会稳定和构建和谐社会。城市轨道交通作为现代化城市的生命中枢，一旦发生突发事故，其社会影响力、政治影响力和国际影响力都十分巨大。近年来，恐怖组织更是将城市轨道作为恐怖袭击的主要目标之一，城市轨道交通安全工作的特殊性和脆弱性之间的矛盾日益突出，因此，必须充分认识城市轨道交通安全工作的特殊性、复杂性和重要性，努力提高城市轨道交通的安全程度，保证人民群众生命和财产安全。有效的检测、预报城市轨道交通突发灾害事故，并在对城市轨道交通灾害规律深刻认识的基础上，提出有效的灾害防范、救援措施和方法，建立科学有效的城市轨道交通安全保障体系已成必然趋势，通过安全管理，进而预防和减少重大事故的发生，提升城市轨道交通处置突发事故的手段和能力。

（三）影响城市轨道交通运营安全的因素

根据系统论创始人贝塔兰菲的观点，系统是相互联系并与环境相互联系的要素的集合。城市轨道交通系统是一个在时间、空间上广泛分布的，呈动态的开放系统，影响城市轨道交通运营安全的因素很多，而且它们之间的关系错综复杂，既有系统内部因素和外部因素，也有人为因素和自然因素。这些因素归纳起来，分别是人、物、环境和管理。

城市轨道交通系统中“人”分为两部分，第一部分是参与企业运营主体的员工，第二部分是参与企业运营全过程且多为自助式服务的乘客群。“机”是人在运营中所控制的设备，包括固定设备和移动设备。“环境”是指人与设备在运营中共处的特定的工作条件，包括内部环境和外部环境。实现运营安全必须以“安全”作为控制手段，协调人、设备、环境之间的相互关系，并将系统状态的信息反馈给管理系统，从而改进安全管理方法。

在安全问题中，人既是影响安全的一种因素，又是防护对象。人是矛盾的主要方面，即使是高度自动化的系统也不可能完全避免人的介入，不可能完全不受人的操纵和控制；设备必须由人来设计、制造、使用和维护，即使是技术状态良好的安全设备，也只有通过人的正确使用，才能发挥它的安全作用。“物”既是影响安全的因素，又是保障安全的物质基础。“环境”既可能是影响安全的灾害因素，又可能是应予以保护的社会财富。因此，必须从人、物、环境、管理这四个构成生产系统安全的基本因素出发，对其进行合理的组织管理，以管理因素作为控制、协调手段，协调人、物、环境之间的关系，并将系统状态信息反馈给管理系统，从而改进管理方法，充分发挥各自效能，最终形成更安全可靠的系统。

1. 人的因素

人的因素往往是导致事故发生的直接原因。人的因素可以分为人的错误判断、不安全行为、意愿的变化等方面。绝大多数事故的发生与人的不安全行为有关。据统计，80%以上的交通事故起源于人的差错；电力安全分析显示，80%的事故关键性因素是人；机动设备事故中，由于人员因素引发的事故占60%左右；矿山事故中，由于人员因素造成的事故占85%以上；城市轨道交通运营事件中，由于人的因素造成的事故占90%以上。

人参与城市轨道交通运营工作的每个环节、每项工作中，并处于主导地位。由人操纵、控制、监控、调遣各项设备，完成各项作业，与环境信息交流，与其他作业协调一致。

城市轨道交通运营过程中，导致事故发生的主要原因是“指挥不当、缺乏警惕性和设备维护欠妥等”。

人的因素在城市轨道交通运营安全中起着最关键的作用。城市轨道交通运营安全因素中人的因素包括系统内员工和系统外人员。

某城市地铁运营5年来，因作业人员操作不当或工作过程不到位造成的运营生产安全事故占事故总数的80%以上。其中驾乘人员引起的占80%左右，调度人员引起的占7%左右，行车值班人员引起的占6%左右，维修人员引起的占5%左右，另外因管理人员疏忽所导致的事故也占1%以上。而驾乘人员诱发的事故中，90%以上是由于信号确认不到位造成的。

系统外人员主要指乘客、城市轨道沿线居民、机动车驾驶员等。这些人员不直接参与运营生产活动，因此，对他们的安全素质要求主要表现为严格遵守城市轨道交通运营安全法规的相关规定，具备较强的安全意识和相应的安全防范与应急技能。

2000年，国内某城市市民故意破坏轻轨封锁栅栏，形成一条可供行人穿越的捷径，导致轻轨在运营过程中发生了人员伤亡事故。

2003年，韩国大邱地铁发生特大火灾，主要原因是乘客携带易燃物品搭乘地铁，没有遵守城市轨道交通有关规定和乘客守则。

2005年，国内某城市地铁在段内平交道口与员工自驾小轿车发生侧撞，造成道口事故。

分析导致近年来城市轨道交通运营安全事故的诱因可见，导致城市轨道交通运营安全事故的原因主要为不遵守乘车守则，例如携带危险品、乱动设备设施、自杀等；人为故意破坏主要为恐怖袭击、蓄意破坏、盗窃城市轨道交通运营设备设施等；无应急技能或应急技能低主要表现为发生突发事故时不能自救、不能在工作人员指引下沉着冷静、紧张有序地疏散等3个方面。

影响城市轨道交通运营安全的人员，其素质与运营安全密切相关。这些素质主要包括文化素质、思想素质、技术素质、心理素质、生理素质和群体素质。

（1）系统内人员安全素质要求。城市轨道交通企业员工安全意识的强弱，各种非正常情况下的作业技能、突发状况下的应对能力以及员工所掌握的安全防范知识，都会直接决定系统内人员行为的安全性，直接影响城市轨道运营的安全效果，对安全生产起决定性的作用。在城市轨道交通运营安全管理中必须首先培养员工的安全素质。

（2）系统外人员安全素质要求。系统外人员主要指乘客、城市轨道沿线居民、机动车驾驶员等。他们不直接从事城市轨道交通运营生产活动，因此，对他们的安全素质要求主要表现在严格遵守城市轨道交通运营安全法规及相关规定，了解城市轨道交通运营安全法律法规和掌握相关知识，具有较强的安全意识和一定的安全防范与应急技能。

2. 物的因素

物的因素是导致事故发生的物质条件，主要是指潜伏在物本身的不安全因素。广义上包括原料、燃料、动力、设备、工具、半成品、成品等。例如：机器设备的不安全因素、易燃易爆物品的危险因素、个人防护用品和用具的缺陷、各种自然物的不可预料的不规则运动等，都是引发事故或造成突发事件的原因，而且常常是直接原因。

影响城市轨道运营的物的因素狭义上指的是各种影响运营安全的设备因素。设备既是影响安全的因素，又是保障安全的物质基础。列车安全运行的基础条件就是要求各种运营设备必须处于安全状态。

从安全关系的角度，可以将城市轨道交通运营设备划分为生产基础设备和安全技术设施。生产基础设备主要包括固定设备(线路、车站、车辆段、城轨相关机电设备等)和移动设备(动车组、列车自动防护子系统 ATP 等)。运营安全技术设施主要包括对员工作业的正确性进行监督的安全监控设备(闭路电视监控系统等)，对运营生产基础设备的技术状态进行监测的安全监测设备(楼宇自动化系统 BAS、火灾自动报警系统 FAS、监测系统等)，保障乘客人身安全的辅助安全公共设施(屏蔽门、旅客信息系统等)，对灾害、事故、突发事件进行抢险救援的救援设备(火灾报警系统、救援车等)。

运营设备状态的良好是保证安全生产的重要条件。运营设备质量好坏，直接关系到城市轨道交通运营安全与否，因此，运营设备的管理、使用、维护相关部门必须采用先进的检测手段，及时发现运营设备隐患，建立维修维护信息管理系统，不断提高运营设备的质量，按照设备管理控制体系的要求，正确使用运营设备，科学地进行设备管理工作，提高设备完好率和运营保障力度。避免状态不良的运营设备投入运营，影响列车运行。

加强生产基础设备和安全技术设施的管理，对控制或消除物的因素的不安全状态十分重要。影响城市轨道交通安全的设备因素主要从设备的设计安全性和使用安全性两个方面进行考虑。

3. 环境因素

环境因素是指系统所处的自然环境和社会环境的异常状态。比如暴雨带来的洪水泛滥、暴风雪引起的停电，社会不稳定因素引起的罢工或者怠工，以及恐怖分子制造的爆炸等。城市轨道交通运营环境是指人、机共处的特定工作条件。一般来说，环境因素是影响安全的间接原因，而且是短时间内不易消除的因素。环境因素包含两方面，分别是内部环境和外部环境。

内部环境通常是指作业场所人为形成的环境条件，包括周围的空间和一切生产设施所构成的人工环境。内部环境通常可以分为作业环境和运营系统内部的社会环境。作业环境是指生产现场的空间和生产设施所构成的人、机环境。在作业环境中，有各种机器、设备、原材料、半成品和成品等，还有机械设备产生的噪声和振动，生产空间的采光照明，泄漏的有害气体、蒸汽、粉尘和热量等。在这样的环境里，管理有缺陷或不符合安全规范、标准要求，都可能给作业人员带来危害。

影响城市轨道交通系统运营安全的外部环境包含两个方面，分别是自然环境和社会环境：

（1）自然环境。主要是指洪水、暴雨、风沙、泥石流和地震等自然灾害，以及这些自然灾害带来的次生灾害。此外，气候因素（风、雨、雷、电、雾、雪、冰等）、季节因素（春、夏、秋、冬）以及时间因素（白天、黑夜）等也是不容忽视的事故致因。城市轨道交通包括地铁、轻轨、城际列车等，在运营期间可能遭遇台风、洪水、雷电、地震等自然灾害的侵袭。台风对城市轨道的建筑物有较大的影响，并且其破坏性极强；洪水也会对轨道交通运营造成极大的影响，可能导致积水回灌，建筑物受到岩土介质中地下水渗透浸泡，致使其附属设备材质发生霉变，元器件受损失灵等，从而造成事故；同时应该对雷电防护设备进行检修，这方面造成运营设备损坏的事件时有发生；另外，地震所带来的损失也不言而喻。

（2）社会环境。是指社会的政治环境、经济环境、技术环境、管理环境、法律环境以及社会风气、家庭环境等，它们对城市轨道交通系统运营安全均有不同程度的影响。任何事件的发生都是在外因和内因同时作用下产生的，近年来恐怖袭击、社会性自杀事件等已经成为城市轨道交通系统运营安全的一个主题，所以其危害也不言而喻。

4. 管理因素

管理因素是指在管理的体制和制度方面，或者在安全管理过程中存在一定的缺陷，未遵循安全生产的客观规律，从而影响城市轨道交通运营安全。涉及运营安全的管理因素较多，主要有安全组织、安全法制、安全技术、安全教育、安全信息和安全投入等，它的本质就是要充分发挥人的积极性和创造性，调动一切资源（人、财、物、信息）和积极因素，促使各种矛盾向有利于城市轨道交通运营安全方面转化。

在城市轨道交通运营中，如果安全管理存在缺陷，也会导致突发事件的发生。现阶段，我国安全生产管理中一个众所周知的难题就是管理薄弱，目前从保障城市轨道交通安全运营的实际情况来看，城市轨道交通运营安全管理是确保城市轨道交通运营安全的重要手段。

城市轨道交通运营安全管理，就是使人、设备和环境组成一个能够有效实现预期目标的系统。虽然人、设备、坏境往往是造成事故的直接原因，而管理因素看似是间接原因，但追根溯源却是本质上的原因，因为前者都是受后者支配的。

城市轨道交通运营安全管理，是为了有效减免运营事件及由运营事故所引起的人和物的损失而进行的控制危险的一切活动。管理者根据安全生产的客观规律，对城市轨道交通系统中的人、财、物、信息等资源进行计划、组织、指挥、协调和控制，以达到减少和避免城市轨道交通运营事件发生的目的。

二、城市轨道交通安全技术保障体系

建立城市轨道交通安全技术保障体系是正确执行国家有关技术政策、标准、规程和城市轨道交通的主要技术政策。城市轨道交通安全技术保障体系为城市轨道交通运营安全提供可靠的技术依据和技术措施，充分发挥科技是第一生产力的作用，不断吸收现代科技先进成果，促进城市轨道交通运营安全管理科技含量日益提高。

设备的可靠性作为城市轨道交通运营安全的重要保障，对保证城市轨道交通运营安全起着十分重要的作用。因此，应该通过制定统一、完善的技术规范和标准，使来自不同国家和地区的各类交通运营设备符合接口的技术要求，切实满足交通运营的实际需要，为运营安全创造必要条件。同时，交通运营企业在引进国外先进设备和技术的同时，要充分发挥自身的技术优势和人才优势，在消化吸收国外先进技术的基础上加大国产化的推进力度，强化交通运营设施设备保障，不断提高交通运营安全质量。

交通安全技术保障体系主要通过改善生产流程工艺，改进生产设备以及增设安全防护设施来实现。城市轨道交通安全技术保障主要从两方面着手，即城市轨道交通硬件设备技术保障和城市轨道交通安全软技术保障的开发和应用。

（一）城市轨道交通安全硬技术保障体系

城市轨道交通安全硬技术保障体系是指对运营基础设施和安全技术设备的研制、试验、引进、装配、维护和安全质量的管理等。城市轨道交通安全硬技术设备保障体系主要包括设备安全技术、安全监控系统、基于维修维护的安全检测系统、安全信息系统、安全预警系统。

1. 设备安全技术

随着社会的发展和科学技术的进步，现代技术已经渗透到各个领域，为城市轨道交通行业开发越来越安全的基础设备和越来越多的安全设备产品创造了有力的技术条件。城市轨道交通设备安全技术正朝着信息化、自动化、智能化方向发展，为提高城市轨道交通运输安全水平提供了强有力的支持，极大地改善了城市轨道交通的安全状况。

目前城市轨道交通设备安全从设备本身的设计入手，以系统化、自适应、自动控制为目标，从根本上解决城市轨道交通运营安全技术问题。自法国里尔无人驾驶地铁建成以来，多数新兴城市轨道各种设备和系统都具备自动化功能，减少人为因素的干扰和事故的发生。比如列车运行自动控制(Automatic Train Control，ATC)系统就具备了列车自动运行、列车自动防护、列车自动监控等功能，从设备层面为城市轨道交通运营提供安全的体系保障。

2. 安全监控系统

计算机信息技术和现代通信技术的发展，为城市轨道交通安全监控系统带来了飞跃式进步。目前在城市轨道交通运营中，对移动设备、固定设备、环境等状态以及运输对象完全实现实时监控。它包括针对移动设备的监控系统，例如2005年在广州地铁1号线采用的车辆在线安全检测系统，运用微波技术、传感器技术、红外测温技术、声音信号分析技术及数据分析等技术，可以对城轨车辆的轮对踏面、轴承温度、车钩温度、走行部异响、受电弓异响、车号进行监控和识别；包括针对固定设备的监控系统，如城市轨道交通机电设备平台建筑自动化系统，可以对环控、电力、照明、电梯、屏蔽门等机电设备进行统一的管理和监控；另外还有针对环境进行检测和监控的环控系统和对火警进行监控的火警防灾报警系统(Fire Alarm System，FAS)，以及对站厅和站台及人员进行实时监控的闭路电视监控系统(Closed Circuit Television，CCTV)等。

3. 安全检测系统

基于维护、维修移动设备和固定设备的各种安全检测系统为保证城市轨道交通安全、准点、平稳的运行提供了高效、科学的手段。

目前，城市轨道交通采用的安全检测系统已经应用了近年来新近发展的技术，如用于检测线路异常的图像处理技术，用于金属设备内部探伤的超声波探伤技术，用于测量隧道、转向架和钢轨等形变的激光光电技术，用于对测量结果进行统计分析的计算机技术，用于实时反馈设备状态的传感器检测技术，还有用于隧道衬砌、线路病害以及地质情况检测的雷达无损检测技术等。这些技术的应用已经出现系统化、集成化、高效化的趋势，如大型轨道检测者可以在高速状态下保证钢轨探伤、隧道衬砌检测、接触网检测、限界检查等任务一次完成。

4. 安全信息系统

城市轨道交通对行车安全性要求非常高，基于城市轨道交通的信号、车辆、供电和环境等各种控制网络的信息系统不能出现任何的差错和中断，必须保证全天候提供服务，并具备足够的持续性和适应性，所以安全的信息系统是保障城市轨道交通运营的基本设备基础。

5. 安全预警系统

随着科学技术的发展，人们越来越重视对危险信号的预警。预警技术在城市轨道交通中得到了广泛的应用，并保障了整个城市轨道交通运营系统的安全运行。

对电力、信号、环境等各种危险信号的预测与预警是城市轨道交通安全应急预案确定的重要内容。各种隐患和事故苗头需要进行检测和监督，争取将可能发生的灾害消灭在萌芽状态。地铁火灾的早期预警，是及时疏散人员和抓住消防关键时机的必要条件。

建立安全预警系统可以实现对各种重点关键设备的动态巡检，对重要消防节点的温度和烟雾进行监测，跟踪各采集点和受控系统状态指标，及时分析反馈数据，发现可能出现的事故并加以处理。

（二）城市轨道交通安全软技术保障体系

城市轨道交通安全软技术保障体系包括与运营安全有关的各种操作方法、管理办法、运营安全基础理论及安全科学技术方法的研究和应用。

1. 安全基础理论

20 世纪 70 年代以来，发达国家就已经充分认识到安全软技术基础理论研究的重要性。随着理论和实践的不断发展，世界各国的交通工程专家对城市轨道交通运营安全进行了广泛和深入的基础理论研究，并围绕分析、评价、控制危险和应急 4 个方面探究了城市轨道交通运营安全的基本规律和基本特性。

安全生产管理理论的进化史大致可分为 4 个阶段：古代、18 世纪中期(工业革命)、20 世纪初至 20 世纪中期(法律、理论、模式)、20 世纪末(现代安全生产管理理论、方法、模式、标准规范等更加丰富和成熟，逐渐被企业所接受)。

安全问题自古有之。古代人类“钻木取火”的目的是利用火来改善生存环境。如果不对火进行管理，火就会给人们带来灾难。古罗马和古希腊时代，维护社会治安和救火的工作由禁卫军和值班团承担。

12 世纪，英国颁布了《防火法令》。到我国北宋时代，消防组织已相当严密。据《东京梦华录》一书记载，当时的首都汴京消防组织相当完善，消防管理机构不仅有地方政府，而且由军队担负值勤任务，保证用火安全。

18 世纪中叶，蒸汽机的发明引起了工业革命，大规模的机器化生产开始出现，一方面大大提高了劳动生产率，另一方面增加了新的危害和危险。为了确保工人在生产过程中的安全与健康，一些学者开始研究劳动安全卫生问题。安全生产管理的内容和范畴有了很大发展。

从 20 世纪初开始，现代工业兴起并快速发展，重大生产事故和环境污染相继发生，造成了大量的人身伤亡和巨大的损失，给社会带来了极大危害。一些国家和地区已逐步认识到安全管理的重要性，一些企业开始设置专职安全人员对工人进行安全教育。20 世纪 30 年代，很多国家设立了安全生产管理的政府机构，颁布了劳动安全卫生的法律法规，逐步建立了较完善的安全教育、管理、技术体系，初具现代安全生产管理雏形。20 世纪 50 年代，随着经济的快速增长，一些工业化国家进一步加强了安全生产法律法规体系建设，在安全生产方面投入大量的资金进行科学研究，产生了一些安全生产管理原理、事故致因理论和事故预防原理等风险管理理论，以系统安全理论为核心的现代安全管理方法、模式、思想、理论基本形成。

20 世纪末，人们对职业安全卫生问题的认识发生了很大变化，以职业健康安全管理体系为代表的企业安全生产风险管理思想开始形成，现代安全生产管理的内容更加丰富，现代安全生产管理理论、方法、模式及相应的标准、规范更加成熟。

我国 20 世纪 50 年代引入，60~70 年代吸收研究事故致因理论；80~90 年代开始研究风险管理理论并尝试实践；20 世纪末研究推行职业健康安全管理体系；21 世纪初将风险管理融入安全生产管理。

安全生产管理是从生产管理的共性出发，对生产工作的实质内容进行科学的分析、综合、抽象与概括，最终得出的管理规律。安全生产原则就是在安全生产管理原理的基础上指导生产管理活动的通用规则。安全生产管理的原理有系统原理、人本原理、预防原理、强制原理和责任原理。

（1）系统原理：是指人们运用系统的观点从事管理工作，也就是从系统论的角度来理解和解决管理中出现的问题。运用系统原理的原则主要有动态相关性原则、反馈原则、整分合原则、封闭原则。

（2）人本原理：就是必须把人的因素放在企业管理活动的首位，彰显以人为本的指导思想。运用人本原理的原则主要有动力原则、激励原则、能级原则、行为原则。

（3）预防原理：是指通过有效的管理和技术手段，防止人的不安全行为和物的不安全状态出现，从而将发生事故的概率降到最低。我国的安全生产方针是“安全第一，预防为主，综合治理”，这个安全生产方针实际上就是预防原理的具体体现。运用预防原理的原则主要有因果关系原则、偶然损失原则、3E 原则、本质安全化原则。

（4）强制原理：是指采取强制管理手段控制人的意愿和行动，使个人的活动和行为等受到安全管理要求的约束，从而实现有效的安全管理。强制原理强调的是绝对服从，无须经过被管理者同意便可采取的控制行为。运用强制原理的原则主要有安全第一原则和监督原则。

事故预防与控制的基本原则包括：

（1）事故预防：是指通过采用技术和管理手段，使事故不发生。

（2）事故控制：是指通过采用技术和管理手段，使事故发生后不造成严重后果或使后果严重性尽可能降低。

（3）安全技术对策：是指解决物的不安全状态。

（4）安全教育对策和安全管理对策：是指解决人的不安全行为。

（5）安全教育对策：是指使人知道哪里存在危险源，如何导致事故，事故的可能性和严重程度如何，面对可能的危险应该怎么做。

（6）安全管理措施：是指要求人们必须怎么做。

2. 安全评价方法

安全评价方法是采用系统工程原理和技术方法，定性和定量分析系统中固有的危险因素，得出系统发生危险的可能性及其后果严重性的评价，与评价标准进行比较，根据其结果判断是否需要改进系统运行方式和提出防范措施，抑制和消除危险性，技术上是否可行、经济上是否合理以及系统是否达到国家或行业制定的安全标准。

交通运输企业中常用安全评价方法有安全检查表评价法、作业条件危险性评价法、概率安全评价法和多指标安全综合评价法等。

3. 安全统计与分析

城市轨道交通安全调查统计主要是对城市轨道交通安全状况的统计研究活动，了解城市轨道交通的安全状况、查找隐患及预测发展态势、分析各种影响因素对运输安全的作用和相互关系、认识各种交通事故的本质和内在规律性。

城市轨道交通安全分析是从安全角度对城市轨道交通系统的危险因素进行分析，分析导致系统故障或者事故的各种因素及其相关关系，目前城市轨道交通行业广泛应用的安全分析方法主要有安全检查表、危险源分析、统计图表分析、因果分析图、事件树分析等。

4. 安全管理与操作规程

目前，我国城市轨道交通正处于蓬勃发展时期，安全管理和技术规程的标准都还不够完善，有待统一和改进。随着我国城市轨道交通逐步进入健康、有序、快速的发展阶段，我国许多特大城市如北京、上海、广州等都已先后进入到成熟的网络化、系统化运营阶段，城市轨道交通运营、建设及行业管理部门积极推出相关行业标准、技术标准、作业规程和规范等，对城市轨道交通建设和运营有着重要的指导意义。

三、安全教育培训体系

完善的安全教育培训体系能够使安全教育更贴近和适应受教育者的接受能力，使其提高安全知识水平和安全意识。安全教育培训体系必须达到“五有”标准，即有完整的教育程序、有规范的安全教育培训教材、有适应于各层次人员的安全教育方法、有严密的安全教育考试标准、有显著的安全教育成果。通过安全教育将因人为而导致的事故比例大幅度下降，能够向实现本质安全、事故为零的目标更进一步。

（一）对企业主要负责人的教育培训

1. 基本要求

按照国家相关规定，企业主要负责人必须进行安全生产培训，经培训单位考核合格并取得安全培训合格证后方可任职。所有企业主要负责人应进行安全生产再培训。

2. 安全生产教育培训的主要内容

（1）国家安全生产方针、政策和有关安全生产的法律法规及标准。

（2）安全生产管理基本知识、安全生产技术、安全生产专业知识。

（3）重大生产安全事故防范、重大危险源管理、应急管理和救援组织及事故调查处理的有关规定。

（4）职业危害及其预防措施。

（5）国内外的先进安全生产管理经验。

（6）典型生产安全事故和应急救援案例分析。

（7）其他需要培训的内容。

3. 安全生产再培训的主要内容

（1）有关安全生产的法律法规、规章、规程、标准和政策。

（2）安全生产的新技术和新知识。

（3）安全生产管理的经验。

4. 培训时间

在培训时间上，危险物品生产、经营、储存单位及矿山、烟花爆竹生产单位、建筑施工单位的主要负责人安全资格培训时间不得少于 48 学时，每年再培训时间不得少于 16 学时。

其他单位主要负责人安全生产管理培训时间不得少于 32 学时，每年再培训时间不得少于 12 学时。

（二）对安全生产管理人员的教育培训

1. 基本要求

建筑施工单位的安全生产管理人员任职前，必须经安全生产监督管理部门或法律法规规定的有关主管部门考核合格并取得安全资格证书。其他单位安全生产管理人员必须按照国家有关规定进行安全生产培训，经培训单位考核合格后并取得安全培训合格证后方可任职。所有单位安全生产管理人员每年应进行安全生产再培训。

2. 安全生产教育培训的主要内容

（1）国家安全生产方针、政策和有关安全生产的法律法规及标准。

（2）安全生产管理、安全生产技术、职业卫生等知识.

（3）伤亡事故统计报告及职业危害的调查处理方法。

（4）应急管理、应急预案编制及应急处置的内容和要求。

（5）国内外的先进安全生产管理经验。

（6）典型生产安全事故和应急救援案例分析。

（7）其他需要培训的内容。

3. 安全生产再培训的主要内容

（1）有关安全生产的法律法规、规章、规程和政策。

（2）安全生产的新知识和新技术。

（3）安全生产管理的经验。

（4）典型生产安全事故案例。

（三）对特种作业人员的教育培训

（1）对特种作业人员的培训、考核和取证的要求。特种作业人员在独立上岗作业前必须进行与本工种相适应的、专门的安全技术理论学习和实际操作训练并通过考核达到合格，取得特种作业人员操作证后方可上岗。特种作业人员操作证有效期为6年，在全国范围内有效。特种作业人员的培训实行全国统一培训大纲、统一考核标准、统一证件制度。特种作业人员安全技术考核包括安全技术理论考试与实际操作技能考核两部分，以实际操作技能考核为主。

（2）特种作业人员重新考核和证件的复核要求。离开特种作业岗位达6个月以上的特种作业人员，应当重新进行实际操作技能考核，经确认合格后方可上岗作业。相关部门每3年对已经取得特种作业人员操作证的特种作业人员进行一次复审。连续从事本工种10年以上的，经原考核发证机关或者从业所在地考核发证机关同意，特种作业操作证可延长至每6年复审1次。复审的内容包括违章记录检查、健康检查、安全新知识管理教育、本工种安全知识考试。未按期复审或复审不合格的特种作业人员，其特种作业人员操作证自行失效。

（四）对企业其他从业人员的教育培训

生产经营企业其他从业人员是指除了主要负责人和安全生产管理人员之外，该单位从事生产经营活动的所有人员，包括其他负责人、管理人员、技术人员和各岗位的工人，以及临时聘用的人员。

1. 对新从业人员

对新从业人员应进行企业级、车站(厂)级、班组级三级安全教育。

（1）企业级的培训的内容：本企业安全生产情况以及安全生产基本知识；企业安全生产规章制度和劳动纪律；从业人员的安全生产权利和义务以及有关的事故案例。

（2）车站(厂)级的安全生产教育培训的主要内容：本车站安全生产状况和规章制度；工作环境及危险因素；所从事工种可能遭受的职业伤害和伤害事故，所从事工种的安全设备设施、工人防护用品的使用和维护；预防事故和职业危害的措施以及应注意的安全事项；有关事故案例以及其他需要培训的内容。

（3）班组级的安全生产教育培训主要内容：岗位安全操作规程；岗位之间的工作衔接配合的安全与职业卫生事项；有关事故案例，以及其他需要培训的内容。

对于新从业人员安全生产教育培训的时间不得少于24学时，每年接受再培训的时间不得少于20学时。

2. 对调整工作岗位或离岗以后重新上岗的从业人员

对于调整工作岗位或者离岗以后重新上岗的从业人员也需要进行培训。

从业人员调整岗位或离岗一年以上重新上岗时，应该进行相应的车站(厂)级和班组级安全生产教育培训。脱离原岗位半年以上重新上岗时，须重新接受班组级安全教育培训。

企业实施新工艺、新技术或使用新设备、新材料时，应对从业人员进行有针对性的安全生产教育培训。

3. 经常性的安全生产教育培训

企业要确立终身教育的观念和全员培训的目标，对在岗的从业人员应进行经常性的安全生产教育培训。其主要包括：安全生产新知识、新技术，安全生产法律法规，作业场所和工作岗位存在的危险因素、防范措施以及有关的事故案例，等等。

（五）安全生产教育的形式和方法

安全生产教育的形式主要有三级安全教育、特种作业人员安全教育训练、经常性安全教育等。经常性安全教育形式又分为班前班后会、各类安全生产业务培训班、安全活动日、安全生产月、安全生产会议、事故现场分析会、张贴安全生产招贴画、宣传标语及标志、开展安全竞赛、安全考试、安全演讲等。

安全生产教育的方法有实操演练法、案例研讨法、课堂讲授法、读书指导法、宣传娱乐法等。

四、安全生产责任制

安全生产责任制，就是根据我国安全生产法规，按照“安全第一，预防为主，综合治理”的安全生产方针建立的各级领导、职能部门、工程技术人员、岗位操作人员在劳动生产过程中对安全生产层层负责的制度。

（一）安全生产责任制的要求

必须做到“逐级分工、分工负责、系统负责、岗位负责”。各级干部、各个部门、各个岗位在安全管理中务必要明确责任，形成责权分明、运作有序、互相支持、互相保证的安全责任体系，从而把生产过程的每一个岗位和环节的安全责任都落实到位，形成一级抓一级，一级保证一级的安全生产责任制。

（1）严格按照国家关于安全生产的法律法规和方针、政策，制订详尽周密的安全生产计划，层层落实全员安全生产责任制。

（2）认真研究安全生产重大问题，加强事故预防工作，定期向职工代表报告安全生产工作情况，接受群众监督。

（3）设置安全生产管理机构，配备安全生产管理人员，保持安全生产管理队伍的相对稳定。

（4）新建、改建、扩建、技术改造和引进的工程项目，要实行“同时设计，同时施工，同时投入”，即“三同时”，必须符合劳动安全卫生规程、规范和标准的要求。

（5）对特种设备和危险性大的工作场所进行定期检查，委托有资格的检验检测机构进行检验，接受安全生产监察部门的检查。

（6）及时报告重大事故隐患，加强对重大事故隐患和危险源的整改和监控工作，制订重大事故隐患治理方案、应急计划和监控措施，尽快消除重大事故隐患。

（7）生产设施、设备必须符合国家劳动安全卫生的有关要求，引进国外设备、工艺及原材料，要有配套与保障技术，确保安全生产，防止职业危害。

（8）定期对职工进行安全生产教育，使他们树立安全生产意识，掌握安全生产技能。特种作业人员接受培训和考核，做到持证上岗。

(9) 按规定使用劳动保护用品，加强生产过程的个体安全防护，加强安全生产检查，减少伤亡事故和职业病的发生。

(二) 城市轨道交通运营企业安全生产组织

城市轨道交通运营企业的安全管理体系由三个层次组成，分别是决策层、管理层、执行层。决策层由企业内部负责人横向联合成立安全生产委员会(公司领导班子成员担任委员会主任和副主任，各部门、中心主要负责人为成员)；管理层由公司安全部门和各职能部门分管安全的领导及专兼职安全员组成；执行层由各中心、班组(车站)分管安全的领导及兼职安全员组成。

城市轨道交通运营企业设立安全生产管理委员会，依照国家法律法规和企业规章制度对安全生产工作实施监督管理。各部(室)、中心负责职责范围内的安全管理工作，建立、健全安全生产责任制度，完善安全生产条件，确保生产安全。

安全生产管理委员会设立办公室作为日常办事机构，具体工作地点设置在公司安全部门，负责企业安全生产的日常管理工作，对各部门及基层单位的安全生产负有检查、监督、指导、协调、服务等管理职能。

各部门、中心、车站、班组必须配备一名专(兼)职安全管理人员，协助领导负责本部门的日常安全生产管理工作。

企业工会必须设置专人，分管安全生产和劳动保护工作。

(三) 城市轨道交通运营企业安全生产职责

1. 企业安全生产委员会的安全生产职责

(1) 贯彻执行安全生产和劳动保护的法律法规、方针、政策。

(2) 贯彻执行上级有关安全生产和劳动保护工作的决定和部署。

(3) 定期开会研究企业安全生产和劳动保护工作，制订计划并组织实施。

(4) 组织、领导、协调各部门落实安全防范的各项措施，落实安全生产责任制。

(5) 组织安全生产大检查，落实事故隐患的整改措施。

(6) 研究解决企业安全生产的重大问题，并做出贯彻落实的决定。

(7) 组织生产安全事故的调查分析，按“四不放过”的原则，制订整改措施，严肃认真处理。

(8) 调查研究，总结经验，树立典型，表彰先进。

2. 企业负责人的安全生产职责

(1) 负责组织建立健全本单位的安全生产责任制。

(2) 负责组织制订本单位的安全生产规章制度和操作规程。

(3) 负责组织本单位安全生产所需资金的有效投入。

(4) 负责监督、检查本单位的安全生产工作，及时消除生产安全事故隐患。发生重大生产安全事故时，应立即组织抢救。

(5) 负责组织制订并实施本单位的生产安全事故应急救援预案。

(6) 及时、如实报告生产安全事故。

3. 安全职能部门的安全生产职责

(1) 认真贯彻执行国家和各级政府有关安全生产的方针政策、法律法规、标准规程，在企业总经理的领导下，组织和推进企业的安全生产和劳动保护工作。

（2）建立健全企业的安全生产管理网络，做好安全基础管理工作。定期召开会议，分析研究安全生产和劳动保护工作，指导、帮助基层单位开展工作。

（3）制订和完善安全生产责任制，搞好监督检查，负责安全评比表彰工作。组织开展安全竞赛活动，推广安全管理的先进经验和安全技术。

（4）组织制订或修订安全管理制度、安全技术规程，制订预防伤亡事故和职业病的措施。

（5）督促有关部门做好安全装备及设施的使用、维修和保养工作。

（6）做好职工（含外聘职工）的安全教育和安全培训工作，组织开展各种安全宣传活动，与人力资源部配合，督促和协助有关部门做好特种作业人员的安全技术培训和考核，做到持证上岗。

（7）参加新建、改建、扩建和技术改造工程项目的“三同时”立项、可行性研究、初步设计审查，试车投产检查及竣工验收工作。

（8）根据国家规定，按照事故处理权限，组织或参与职工伤亡事故的调查处理，负责各类事故的汇总、统计及上报，建立健全事故档案，监督检查防止事故发生的措施的落实工作。

（9）督促检查有关部门及时做好特种设备（包括厂内机动车辆、起重机械、压力容器、锅炉、电梯、避雷设施等）的安全管理及检测检验工作。

（10）组织现场安全检查，督促解决安全生产中的问题和隐患，及时纠正违章指挥、违章作业和违反劳动纪律的行为。遇到有危及安全生产的紧急情况有权责令其停止作业，立即报告有关领导并做出处理。

（11）督促有关部门合理组织生产，执行国家规定的工时制，做好劳逸结合工作。

4. 部门负责人安全生产职责

（1）贯彻执行有关安全生产法规、标准、规程及制度。

（2）组织制订本部门安全生产管理制度及操作规程。在编制生产（工作）计划时，要同时编制安全技术措施计划，从人员、技术、物资、资金等方面，确保其按期实施。

（3）实施安全生产责任制。

（4）针对本部门安全生产特点，对职工进行安全生产宣传教育，提高职工的安全生产意识。

（5）定期开会研究本部门安全生产工作，及时解决安全生产中发现的问题和隐患。

（6）组织本部门安全生产检查，落实隐患整改措施。

（7）及时、如实报告本部门发生的生产安全事故。

（8）建立健全安全生产台账档案，按规定要求填报安全生产报表。

5. 工会安全生产职责

（1）对企业违反安全生产法律法规、不提供安全生产条件的，工会应当代表职工与企业交涉，要求企业采取措施予以改正。

（2）工会依照国家规定对新建、改建、扩建和技术改造工程中的安全设施与主体工程同时设计、同时施工、同时投入使用进行监督和验收。

（3）对企业发生违章指挥、强令职工冒险作业，或者生产过程中发现重大事故隐患时，工会有权提出解决问题的建议。

（4）发现危及职工生命安全的情况时，工会有权向企业建议组织职工撤离危险现场，企业必须及时做出处理决定。

（5）参加涉及职工因工伤亡事故和其他严重危害职工健康问题的调查处理。

（6）工会对企业侵犯职工安全生产合法权益的问题进行调查，协调劳动关系，维护职工安全生产和劳动保护的合法权益。通过职代会和其他形式，组织职工参加安全生产的民主管理和民主监督，听取和反映职工的意见和建议，帮助解决存在的具体问题。

6. 站长(值班站长)安全生产职责

（1）认真贯彻执行国家有关安全生产的法规和企业安全规章制度。

（2）定期召开车站安全生产会议，研究、布置和检查车站的安全生产工作。

（3）落实各岗位安全生产责任制，经常对车站职工进行安全教育。

（4）运用广播电视、宣传栏、黑板报、警示、标语等形式，向乘客宣传文明、安全乘车的知识和规定。

（5）针对节假日、重大活动车站出现大客流时，要采取有效措施控制客流、疏导乘客、保持畅通、确保安全。

（6）生产事故隐患及时整改，如一时不能解决，应及时上报。

（7）发生事故，要及时上报，并组织人员维持现场秩序，疏散乘客，抢救受伤人员。

（8）建立健全安全生产台账档案，按规定要求填写安全生产报表。

（9）定期向站务中心领导和有关职能部门汇报安全生产情况。

7. 班组长安全生产职责

（1）负责班组安全生产管理工作，组织开展安全生产竞赛，总结、交流安全生产经验。

（2）认真贯彻执行各项安全管理制度和操作规程，编制实施安全技术措施计划，不断改善劳动条件。

（3）班前班后做好每日的安全预想和总结，班组每周开展一次安全生产检查，落实生产事故隐患整改措施，使设备和各种安全装置始终处于良好的运行状态。

（4）定期开展安全教育活动，增强员工的安全意识。

（5）发生事故，要立即抢救受伤人员，并及时报告上级。

（6）做好班组的安全生产台账记录。

8. 专(兼)职安全人员安全生产职责

（1）宣传贯彻执行有关安全生产的法规和企业各项规章制度，协助部门领导开展安全管理工作。

（2）参与制订本部门安全生产制度和安全操作规程，检查落实安全生产责任制。

（3）对职工进行安全教育，增强职工的安全意识。

（4）开展安全生产检查，制止违章，落实生产事故隐患整改措施。

（5）组织特殊工种进行培训、复审、考核工作。

（6）负责特种设备的安全管理工作。

（7）做好安全生产台账的登记工作。

（8）参与生产安全事故的调查工作。

（9）组织安全生产工作的考评

9. 职工安全生产职责

(1) 严格执行企业安全生产规章制度，遵守劳动纪律，服从管理，正确佩戴和使用劳动防护用品，在不违章作业的同时，劝阻和制止他人违章作业。

(2) 根据安全技术规程和工艺要求精心操作，各种生产记录要准确、清楚、及时、完整可靠，正确分析、判断和处理事故。按时巡回检查，发现异常及时处理。

(3) 接受安全生产教育和培训，掌握本职工作所需要的安全生产知识，提高安全生产技能，增强事故预防和应急处理能力。

(4) 发现事故隐患或者其他不安全因素时，应立即向现场安全人员或者本单位负责人报告。

(5) 发现直接危及人身安全的紧急情况，可以停止作业或者在采取可能的应急措施后撤离作业场所。

(6) 加强设备维护，经常保持作业场所整洁，搞好文明生产，妥善保管和正确使用各种保护和操作工具。

(7) 了解本岗位及作业场所的危险因素，防范措施及事故应急措施，对本单位的安全生产工作提出建议。

(8) 对本单位安全生产工作中存在的问题，可以提出批评、检举、控告，有权拒绝违章程序和强令冒险作业。

五、城市轨道交通应急救援体系

应急预案又称应急计划，是针对突发事件或灾害，为保证迅速、有效地开展应急救援行动而预先制订的有关计划或方案。它是在辨识和评估潜在的重大危险、事件类型、发生的可能性及发生过程、事件后果及影响程度的基础上，为应急机构、人员、技术、装备、设施(备)、行动方案以及救援行动的指挥与协调等方面预先做出的具体安排，它明确了在突发事件发生前、发生过程中以及刚结束之后，谁负责做什么、何时做以及相应的策略和资源准备等，是应急救援准备工作的核心内容。

(一) 应急预案编制内容

(1) 应急预案的适用范围。

(2) 事件可能发生的地点和可能发生的后果。

(3) 事件应急救援的组织机构及其组成单位、组成人员职责分工。

(4) 事件报告的程序、方式和内容。

(5) 发现事件征兆或事件发生后应当采取的行动和措施。

(6) 事件应急救援(包括事件伤员救治)资源信息，包括队伍、装备、物资、专家等有关信息的情况。

(7) 事件报告及应急救援有关的具体通信联系方式。

(8) 相关的保障措施。

(9) 与相关应急预案的衔接关系。

(10) 应急预案管理的措施和要求。

（二）应急预案编制的目的

城市轨道交通是市民出行的主要交通工具之一，一旦发生突发公共事件，往往处置难度大、损失大、影响大。为做好城市轨道交通运营突发事件的预防与处置工作，提高应对能力，确保应急组织指挥统一顺畅，处置及时妥善，最大限度地减少人员伤亡和财产损失，制订应急预案，以实现以下目的。

（1）整合现有轨道交通运营突发事件应急管理组织机构，建立健全应急工作的体制和机制，实现部门之间的协调联动；明确应急救援的范围和体系，使应急准备和应急管理尤其是培训和演练工作的开展有据可依、有章可循。

（2）整合现有轨道交通运营突发事件应急资源，建立分工明确、责任到人、优势互补、常备不懈的应急保障体系。当发生超过应急能力的重大事件时，便于与上级应急部门协调有利于及时做出应急响应，降低突发事件危害程度。

（3）整合现有轨道交通运营突发事件的信息资源，实现信息共享，形成机制优化、反应迅速的信息支撑系统。

（4）规范轨道交通运营突发事件级别，明确各成员单位的分工和职责，确定不同级别事件的启动程序和相应措施，有利于提高各级人员的风险防范意识。

（5）成为各类突发事件的应急基础。通过编制应急预案，可保证应急预案具有足够的灵活性，对那些事先无法预料的突发事件，也可以起到基本的应急指导作用；针对特定危害，编制专项的应急预案，有针对性地制订应急措施，进行应急准备和演练。

（三）应急预案的基本结构

城市轨道交通系统中可能发生的事件是多种多样的，但应急资源是需要共享的，如何针对多种事件类型进行应急预案的系统规划，保证各应急预案之间的协调，形成完整的应急预案文件体系，避免各应急预案之间的矛盾和交叉。这些问题在应急预案编制之初就应予以统筹考虑，否则将给应急组织机构职责、指挥及响应程序等带来不必要的内容重复，引起矛盾和混乱，也会给应急预案的维护和职责明确等带来一系列的问题。城市轨道交通事件灾害大致可分为安全事件、自然灾害、人为突发事件三类。针对每一类灾害的具体措施可能千差万别，但其导致的后果和产生的影响却是大同小异的。这就意味着可以通过设计出一个基本的应急模式，由一个综合的标准化应急体系有效地应对不同类型危险所造成的共性影响。

城市轨道交通运营系统可以针对不同事件的特点，如爆发速度、持续时间、范围和强度等，制订具有较强针对性的专项应急预案。为了保证各种类型预案之间的整体协调和层次清晰，实现共性与个性、通用性与专业性相结合，宜采用分层次的综合应急预案。从保证应急预案文件体系的层次清晰及开放性角度考虑，可划分为三个层次，即综合预案、专项预案和现场预案。

综合预案、专项预案和现场预案由于各自所处的层次和适用的范围不同，其内容在详略程度和侧重点上也有所不同，但都可以采用相似的基本结构，如采用基于应急任务或功能的“1+4”预案编制基本结构，即：应急预案=基本预案+（应急功能附件+特殊风险预案+标准操作程序+支持附件）。

1. 基本预案

基本预案是应急预案的总体描述，主要阐述应急预案所要应对的紧急情况，应急的组织体系、方针，应急资源，应急的总体思路，并明确各应急组织在应急准备和应急行动中的职责以及应急预案的演习和管理等规定。

2. 应急功能附件

应急功能附件是对在各类重大事件应急救援中通常都要采取的一系列基本应急行动而编写的计划，如指挥、控制、警报、通信、人群疏散、人群安置、医疗等，并应明确每一应急功能针对的形势、目标、负责机构、支持机构、任务要求、应急准备和操作程序等。

3. 特殊风险预案

特殊风险预案是在对城市轨道交通系统进行安全评价的基础上，针对每一种可能发生的重大风险事件，明确其相应的主要负责部门、有关支持部门及其相应的职责，并为该类专项预案的制订提出特殊的要求和指导意见。

4. 标准操作程序

标准操作程序用来规定在应急预案中没有给出的每一任务的实施细节，各个应急部门必须制订相应的标准操作程序，为组织或个人提供履行应急预案中规定的职责和任务时所需的详细指导，标准化操作程序应保证与应急预案的协调一致。

5. 支持附件

支持附件主要包括应急救援有关支持保障系统的描述及相关附图(表)，如城市轨道交通系统主要危险有害因素登记表、重大事件影响范围预防分析表、应急机构及人员通信联络方式、消防设施分布图、疏散线路图、媒体联络方式、相关医疗单位分布图、交通管制范围图等。

城市轨道交通应急预案一般有特殊气象及自然灾害应急预案、防淹门故障应急处理程序、控制中心应急处理程序、疫情暴发应急预案、应急信息报告程序、处置大面积停电事件应急预案、保卫应急预案、地铁消防应急预案、机电设备(电梯、给排水、事件照明装置)应急处理措施及程序、供电专业抢修应急预案、工程建设专业应急预案、车辆专业应急处理办法、水污染应急处理预案、车辆安全应急处理程序、接触网有异物的应急处理程序等，这些预案都属于专项预案和现场预案的范畴。

(四) 应急救援机制

在城市轨道交通系统中，可能会发生或存在多种潜在的事故类型，例如，大面积停电、火灾、水灾、地震、危险物质泄漏、恐怖袭击、行车事故等。此外，城市在开展各类大型活动时也可能出现重大客流紧急疏散情况。因此，在建设城市轨道交通应急救援体系时，就必须进行合理规划，既要做到突出重点，准确反映城市轨道交通的重大事故风险，又要合理地编制各类应急预案，避免各类应急预案间相互孤立、交叉和矛盾，从而使任何可能发生的事故局部化，尽可能地消除、减少事故造成的人员伤亡和财产损失，尽快恢复城市轨道交通的正常运营。

应急救援活动一般分为应急准备、初级反应、扩大应急和应急恢复四个阶段。应急机制与这些应急救援活动密切相关。应急机制主要由统一指挥、分级响应、属地为主和公众动员四个基本机制组成。

1. 统一指挥

应急救援活动的最基本原则就是统一指挥。应急指挥一般可分为集中指挥、现场指挥、场外指挥、场内指挥几种形式。无论采用哪一种指挥系统都必须实行统一指挥模式；无论应急救援活动涉及单位级别高低和隶属关系如何，都必须在救援指挥中心的统一组织协调下开展相关工作，使各参与单位既能充分发挥自己的作用，又能相互配合，提高整体效能。

2. 分级响应

分级响应是指在初级响应到扩大应急的过程中，根据事故的严重程度、发展趋势采取相匹配的应急预案。扩大或提高应急响应级别的主要依据是：事故灾难的危险程度，事故灾难的影响范围，事故灾难的控制事态能力。而事故灾难的控制事态能力是“升级”的最基本条件，扩大应急救援主要是提高指挥级别，扩大应急范围等。

3. 属地为主

属地为主是强调“第一反应”的思想，强化属地部门在应急救援体制管理工作中的主导作用，以提高应急救援工作的时效。

4. 公众动员

公众动员机制是应急机制的基础，也是最薄弱、最难以控制的环节，是当事故超出本单位的处置能力时，向本单位外寻求其他社会力量支援的一种方式。

（五）应急救援的内容

安全生产是一项系统工程，需要从系统的整体性出发，科学地规划和设计。应急救援属于安全生产系统工程的一个组成部分，它包括以下主要内容。

1. 事故预防

许多事故的发生都是因为正常条件发生偏差而引起的，如能事先确定某些特定条件及其潜在后果，就可利用相应手段减少事故的发生，或者减少事故对外界的影响，预防事故要比发生事故后再纠正重要得多。根据“安全第一、预防为主、综合治理”的安全生产方针，在城市轨道交通新线设计及旧线改造中，必须设计必要的安全装置和设施，以提高城市轨道交通运营系统的安全程度。另外，事故预防工作也不可忽视操作规程、应急规程和管理策略的建立及其定期的员工培训和设备维护。

2. 应急预案的准备

应急预案的准备包括：预测任何可能出现的紧急事故类型及其影响程度；制订紧急状态下的反应措施；确保应急救援系统在紧急情况下，做到准备充分和通信畅通，从而保证决策和反应过程有条不紊；救援人员应提前进行培训和演练；定期更新应急预案和重新评价其有效性。

3. 应急救援系统的组成

应急救援系统从功能上讲，可由应急指挥中心、事故现场指挥中心、后勤保障中心、媒体中心和信息管理中心五个运作中心组成。要做到快速、有序、高效地处理应急事故，需要应急救援系统中各部门之间相互的协调努力。

4. 应急培训与演习

主要测试应急救援预案的充分程度、应急培训的有效性和员工熟练程度、应急装置和设备供应的充分性，通过训练识别和弥补应急救援预案缺陷。

5. 应急救援行动

应急救援行动是在事故和灾害发生时，迅速调动并合理利用应急资源投入救援行动，针对事故灾害的具体情况，选择适当的应急对策和行动方案，从而能及时有效地进行应急救援，使人员伤亡和财产损失降低到最低程度和最小范围，并在最短时间内控制事故。

6. 事故的恢复与善后处理

重大事故、较大事故的恢复与善后处理包括事故现场清理、恢复期间的管理、事故调查、现场的警戒与安全、安全与应急系统的恢复、人员的救助、损失状况的评估、保险与索赔，相关数据收集、公共关系等。

（六）应急预案的组织机构及职责

1. 指挥机构及职责

在城市应急委的统一领导下，由城市交通安全应急指挥部负责本市轨道交通运营突发事件的应对工作。

城市交通安全应急指挥部由总指挥、副总指挥和成员单位组成。总指挥由市政府分管副市长担任，负责本市轨道交通运营突发事件应急指挥的领导工作，对全市轨道交通运营突发事件应急工作实施统一指挥。副总指挥分别由市政府分管副秘书长、市交通委(住建委)主任担任，协助总指挥做好全市轨道交通运营突发事件应急工作。市政府分管副秘书长主要负责协调各成员单位应急处置及监督检查责任制落实工作。城市交通委(住建委)主任主要负责交通行业内各单位的应急处置、责任制落实工作和市交通安全应急指挥部办公室工作。

城市交通安全应急指挥部应对轨道交通运营突发事件职责包括以下几方面内容。

(1) 研究制订本市应对轨道交通运营突发事件的政策措施和指导意见。

(2) 负责指挥本市轨道交通运营事件的具体应对工作。

(3) 分析总结本市轨道交通运营事件应对工作，制订工作规划和年度工作计划。

(4) 负责市交通安全应急指挥部所属专业应急救援队伍的建设和管理。

(5) 承办市应急委交办的其他事项。

2. 办事机构及职责

城市交通安全应急指挥部办公室应对轨道交通运营突发事件职责。城市交通安全应急指挥部下设办公室作为常设办事机构。办公室主任由市交通委(住建委)主任担任。根据市交通安全应急指挥部的决定，市交通安全应急指挥部办公室负责组织、协调、指导、检查本市轨道交通运营突发事件的预防和应对工作，其主要职责包括以下几方面。

(1) 组织落实市交通安全应急指挥部决定，协调和调动成员单位应对轨道交通运营突发事件相关工作。

(2) 组织制订、修订本市轨道交通运营突发事件专项应急预案和部门应急预案，指导市轨道交通指挥中心及轨道交通运营企业制订、修订相关处置类应急预案。

(3) 负责发布蓝色、黄色预警信息，向市应急办提出发布橙色、红色预警信息的建议。

(4) 负责本市应对轨道交通运营突发事件的宣传教育和培训工作。

(5) 负责收集分析相关工作信息，及时上报重要信息。

(6) 负责组织本市轨道交通运营突发事件的应急演练。

(7) 负责本市轨道交通运营突发事件的隐患排查以及相关应急资源的管理工作。

(8) 负责本市轨道交通运营突发事件应急指挥技术系统的建设与管理工作。

(9) 负责市交通安全应急指挥部专家顾问组的联系工作。

(10) 承担市交通安全应急指挥部的日常工作。

城市轨道交通指挥中心职责：

(1) 在城市交通安全应急指挥部办公室的协调指导下，负责城市轨道交通运营突发事件的具体处置工作。

(2) 组织制订、修订轨道交通运营突发事件处置类应急预案，审查轨道交通运营企业突发事件处置类应急预案。

(3) 负责协调、指挥轨道交通运营企业，实施轨道交通运营突发事件应急处置。

(4) 负责及时向市交通安全应急指挥部办公室报送突发事件应急工作信息，负责根据现场情况提出轨道交通停运、抢险增援等应急处置建议。

(5) 参与配合轨道交通运营突发事件总结和调查评估工作。

(6) 承办市交通安全应急指挥部办公室交办的其他事项。

3. 现场指挥部及职责

根据轨道交通运营突发事件处置工作需要，由市交通安全应急指挥部办公室组织相关成员单位成立现场指挥部。现场指挥部可由指挥处置组、社会面控制组、后勤保障组、医疗救护组、新闻发布组和专家工作组等组成，承担现场抢险救援任务，负责做好事发地区治安维护、交通保障、人员疏散、群众安置、后勤保障等各项工作。

第三节　事故预防与伤害急救

一、事故分类和构成条件

为了贯彻“安全第一，预防为主，综合治理”的安全生产方针，落实生产安全事故责任追究制度，必须及时正确处理各类城市轨道交通运营事故，以维护城市轨道交通正常运营秩序，全面提高城市轨道交通运营安全管理水平。

(一) 基本概念

事故是指生产经营活动中发生的造成人身伤亡或者直接经济损失的事件。

城市轨道交通运营安全事故，广义上指的是城市轨道交通运营过程中产生的一切与城市轨道交通运营安全相关的事件；狭义上指的是城市轨道交通运营所造成的事故，即在运营生产过程中，凡因违反规章制度，违反劳动纪律，技术设备不良及其他原因，造成人员伤亡、设备损坏、经济损失、影响正常运营生产或危及运营生产安全的事故均构成运营事故。

列车运行事故，一般是指城市轨道交通列车在运送乘客的过程中对行车人员、行车设备以及乘客产生作用和影响的事故。

城市轨道交通运输所提供的产品是乘客的位移，列车运行作为实现乘客位移的必要手段，是城市轨道交通运营系统的主要工作，也是最容易产生不安全因素的工作环节。实践表明，城市轨道交通运营过程中大部分的不安全现象都出现在列车运行过程中。因此，从某种程度上讲，保证城市轨道交通运营安全的关键就是要保证列车运行的安全。

（二）事故分类和构成条件

按照事故损失及对运营生产造成的影响和危害程度，事故可分为特别重大事故、重大事故、较大事故、一般事故、险性事故、一般事件和事件苗头等7类。

1. 特别重大事故

在运营生产中，出现下列情形之一的为特别重大事故。

（1）造成30人以上死亡(含失踪)，或者100人以上重伤。

（2）造成1亿元以上直接经济损失。

（3）造成轨道交通运营中断48小时以上。

2. 重大事故

在运营生产中，出现下列情形之一的为重大事故。

（1）造成10人以上30人以下死亡(含失踪)，或者50人以上100人以下重伤。

（2）造成5000万元以上1亿元以下直接经济损失。

（3）造成轨道交通运营中断24小时以上48小时以下。

3. 较大事故

在运营生产中，出现下列情形之一的为较大事故。

（1）造成3人以上10人以下死亡(含失踪)，或者10人以上50人以下重伤。

（2）造成1000万元以上5000万元以下直接经济损失。

（3）造成轨道交通运营中断12小时以上24小时以下。

4. 一般事故

在运营生产中，出现下列情形之一的为一般事故。

（1）造成1人以上3人以下死亡(含失踪)，或者3人以上10人以下重伤。

（2）造成100万元以上1000万元以下直接经济损失。

（3）造成轨道交通运营中断6小时以上12小时以下。

5. 险性事故

在运营生产中，凡事故性质严重，但未造成损害后果或损害后果不够一般事故及其以上事故且符合下列条件之一的为险性事故。

（1）运营线列车冲突。

（2）运营线列车脱轨。

（3）运营线列车分离。

（4）列车冒进禁行信号。

（5）列车反方向运行、未经引导自行进站。

(6) 未经允许列车载客进入非运营线。

(7) 列车擅自退行。

(8) 列车、车辆溜走。

(9) 列车运行中擅自切除车载安全防护装置。

(10) 列车错开车门。

(11) 列车未关闭车门行车。

(12) 列车运行中开启车门。

(13) 列车夹人行车。

(14) 列车运行中，齿轮箱吊挂装置、关节轴承销轴、空压机、牵引电机等重要部件脱落。

(15) 擅自向未具备封锁条件的区间接发列车或擅自向封锁区间接发列车。

(16) 电话闭塞出站，信号故障时无凭证发车。

(17) 未办或错办闭塞接发列车。

(18) 行车或电力指挥通信联络系统中断。

(19) 供电系统操作中发生错送电、漏停电。

(20) 信号升级显示。

(21) 运营中车站照明全部熄灭。

(22) 给水干管位移侵限、爆裂跑水。

(23) 排水不畅，积水漫过道床。

(24) 地铁排雨泵站设备故障，雨水不能排出，中断列车运行。

(25) 运营中走行轨由轨头到轨底贯通断裂。

(26) 运营线路几何尺寸超限。

(27) 轨道线路发生胀轨跑道影响运营。

(28) 擅自触动、移动站台电视监视车门设备，影响正常使用。

(29) 未按规定撤除接地保护装置。

(30) 漏检、漏修或维修不到位发生重大安全隐患，危及运营安全。

(31) 其他(性质严重的运营故障、安全隐患，经公司运营安全委员会认定，列入本项)。

6. 一般事件

在运营生产中，造成下列后果之一，但损害后果不够险性事故及其以上事故条件时为一般事件。

(1) 非运营线列车冲突。

(2) 非运营线列车脱轨。

(3) 非运营线列车分离。

(4) 调车冒进信号。

(5) 应停列车全列越过显示绿色灯光的出站信号机。

(6) 应停列车在站通过。

(7) 列车擅自在不具备条件的车站停车开启客室车门。

(8) 地铁列车、轨道车作业时工作人员漏乘。

(9) 列车车辆未撤除防溜铁鞋或止轮器开车。

(10) 列车客室内或车站的设施、设备、器材松动脱落等异常情况，造成乘客受伤。

(11) 运营线列车空气系统(空压机、风缸)安全装置失去作用，造成破损爆裂。

(12) 车辆或车辆载物超出车辆轮廓限界。

(13) 中断运营正线行车满 20 分钟。

(14) 直接经济损失在 1 万元及以上。

(15) 出站信号在中心和车站同时失控或紧急关闭信号失控。

(16) 运营车站正常照明全部熄灭或侧式站台一侧正常照明全部熄灭。

(17) 各类设施、设备、器材、物资等侵入车辆接近限界。

(18) 线路检查维修不当，造成列车临时限速运行。

(19) 无特殊工种操作证操作特种设备、车辆。

(20) 漏报、误报重大安全隐患，危及运营安全。

(21) 其他(经单位运营安全委员会认定的安全隐患及问题，列入本项)。

7. 事件苗头

在运营生产中，发生或存在安全隐患，但其性质损害后果不够事故条件且符合下列条件之一时为事件苗头。

(1) 列车救援。

(2) 在站应停列车部分冒进进行信号机。

(3) 通过列车在站停车进行乘降作业。

(4) 列车夹物走车。

(5) 运行中列车超过规定的限制速度运行。

(6) 列车在终点站未经允许进行带人折返作业。

(7) 因对车辆故障隐患未查出、未彻底治理，造成盲目出库上线运行，影响运营。

(8) 电动客车乘客报警装置作用不良。

(9) 列车驾驶员与车长通话和指令装置同时失去作用。

(10) 车长和副驾驶员在列车关门后启动时，未进行站车瞭望。

(11) 执乘中未按规定要求执行呼唤制度。

(12) 列车信号、通信设备故障，未及时报修。

(13) 车辆、设备人为责任破损，经济损失 2000 元以上。

(14) 列车内行车备品不齐全。

(15) 错发、错收、错传或漏发、漏收、漏传行车命令。

(16) 因错办、漏办进路造成列车变更交路。

(17) 擅自变更行车作业计划。

(18) 调度电话或电台无录音或录音丢失。

(19) 行车计算机系统监测功能无记录或记录丢失。

(20) 私自听取或打印行车记录资料。

(21) 漏开有关运营的技术设备。

（22）各类机柜门、检查孔盖未按规定锁闭或设施固定不牢。

（23）站台电视监控车门设备故障超过30分钟。

（24）站台、车辆、设施、设备、机房、班组或隧道内、车站内的站厅、办公用房等处所（含非运营区域）发生初期起火冒烟的险情。

（25）设施、设备发生异常脱落，影响运营。

（26）施工、检修、清扫设备影响运营。

（27）电器、设备接线不符合安全规定。

（28）手摇道岔超过30分钟。

（29）轨道线路发生非正常临时更换钢轨。

（30）供电系统操作中发生漏送电、错停电。

（31）供电系统发生非正常单边供电。

（32）车站或区间的主通风设备发生运行故障，造成功能失效。

（33）车站出入通道的台阶或地面破损，影响乘客安全通行。

（34）车站大门破损，致使其失去防护作用。

（35）非吸烟区域吸烟。

（36）未按规定穿戴劳动防护用品。

（37）站厅、车厢乘客须知及安全标志不齐全。

（38）作业现场安全标志不齐全或不规范。

（39）未经审批许可擅自进行施工作业。

（40）进入地铁施工未登记或作业完毕未注销。

（41）在地铁线路上施工未认真落实安全措施，现场无甲方安全负责人。

（42）应撤除的设施、设备、装置、器材、材料、物品、备品、标志等未及时撤除。

（43）应急抢险救援预案不健全或不落实。

（44）应急抢险救援器材、备品、工具不完善，状态不良或不能正确使用。

（45）应急抢险救援演练不落实。

（46）消防设施、设备、器材、工具、备品未配置或状态不良。

（47）经检查发现的隐患问题未能按规定及时进行整治或整治不符合要求。

（48）对安全隐患未落实监控措施或责任人。

（49）单位安全隐患统计、分析、记录系统不健全。

（50）安全重点（要害）部位、处所、设备未落实相关制度，没有检查记录；没有故障记录；没有维修记录；没有交接记录。

（51）违反劳动纪律、规章制度、管理规定，发生严重违章、违纪、违制、失职、脱岗、当班饮酒、在岗位上打牌等。

（52）安全运营生产责任制或安全管理制度、档案、台账不健全或不完善。

（53）安全运营生产规章制度或安全操作规程未制定或制定不完善、不落实。

（54）其他（经单位运营安全委员会认定的其他安全问题和隐患，列入本项）。

需要说明的是，由于目前我国城市轨道交通行业还没有制定统一规范和标准，各城市在发展城市轨道交通时选用的设备、管理模式也各有不同，所以在城市轨道交通运营事故分类上，每个城市都有所不同，特别是对险性事故、一般事件、事件苗头的定性和分类有所不同，这就要求各单位在实际应用中要根据具体情况加以区别。

另外，从城市轨道交通行业特点和运营特性的角度看，根据城市轨道交通运营组织过程、运营特性和城市轨道交通运营客运服务危险、有害因素，结合国内外城市轨道交通运营多发事故案例实际情况，城市轨道交通安全运营事故也可分为设备设施类事故、行车类事故、自然灾害类事故、客运类事故和其他人为性事故等5大类。

二、事故调查处理

城市轨道交通发生运营事故时，要严格按“先通后复”的原则，快报告、快处理、快开通，积极采取措施，尽快抢救伤员，尽快恢复运营，尽量减少损失。在进行抢险救援的同时，事故调查处理相关工作也必须尽快启动。

(一) 事故报告

1. 事故(事件)汇报的原则

(1) 迅速、准确、真实的原则。

(2) 逐级报告的原则。

(3) 内部、上级领导及协作单位并举的原则。

(4) 行车控制中心是城市轨道交通运营单位的信息收发中心和通信联络中心，负责信息的收集、整理、分析和处理。

2. 重要应急信息报告时间要求

特别重大事故、重大事故、较大事故、一般事故以及重大治安情况、火灾事故等重要应急信息，事故现场有关人员应当立即向本单位负责人及相关安全管理部门报告，轨道交通运营单位应当于1小时内向事故发生地人民政府安全生产监督管理部门和负有安全生产监督管理职责的有关部门报告。

安全生产监督管理部门和负有安全生产监督管理职责的有关部门接到事故报告后应当依照下列规定上报事故情况，并通知公安机关、劳动保障行政部门、工会和人民检察院。

(1) 特别重大事故、重大事故逐级上报至国务院安全生产监督管理部门和负有安全生产监督管理职责的有关部门。

(2) 较大事故逐级上报至省、自治区、直辖市人民政府安全生产监督管理部门和负有安全生产监督管理职责的有关部门。

(3) 一般事故上报至设区的市级人民政府安全生产监督管理部门和负有安全生产监督管理职责的有关部门。

安全生产监督管理部门和负有安全生产监督管理职责的有关部门依照前款规定上报事故情况，应当同时报告本级人民政府。国务院安全生产监督管理部门和负有安全生产监督管理职责的有关部门以及省级人民政府接到发生特别重大事故、重大事故的报告后，应当立即报告国务院。必要时，安全生产监督管理部门和负有安全生产监督管理职责的有关部门可以越级上报事故情况。

安全生产监督管理部门和负有安全生产监督管理职责的有关部门逐级上报事故情况，

每级上报的时间不得超过 2 小时。

3. 事故报告的内容

(1) 事故发生单位概况。

(2) 事故发生的时间、地点以及事故现场情况。

(3) 事故的简要经过。

(4) 事故已经造成或者可能造成的伤亡人数(包括下落不明的人数)和初步估计的直接经济损失。

(5) 已经采取的措施。

(6) 其他应当报告的情况。

自事故发生之日起 30 日内，事故造成的伤亡人数发生变化的，应当及时补报。道路交通事故、火灾事故自发生之日起 7 日内，事故造成的伤亡人数发生变化的，应当及时补报。

(二) 事故的应急救援及现场保护

事故发生单位负责人接到事故报告后，应当立即启动事故相应的应急预案，或者采取有效措施，组织抢救，防止事故扩大，减少人员伤亡和财产损失。事故发生地有关地方人民政府、安全生产监督管理部门和负有安全生产监督管理职责的有关部门接到事故报告后，其负责人应当立即赶赴事故现场，组织事故救援。

事故发生后，有关单位和人员应当妥善保护事故现场以及相关证据，任何单位和个人不得破坏事故现场、毁灭相关证据。因抢救人员、防止事故扩大以及疏通交通等，需要移动事故现场物件的，应当做出标志，绘制现场简图并进行书面记录，妥善保存现场重要痕迹、物证。城市轨道交通运营企业安全管理机构应立即组织调查小组，重点做好以下工作。

(1) 保护、勘查现场，详细检查车辆、线路及其他设备，做好调查记录。绘制现场示意图、摄影录像，如技术设备破损故障时，应保存其实物。

(2) 若事发地点的线路破坏严重，无法检查线路质量，则应对地点前后不少于 50m 的线路进行测量，以作为衡量事故(事件)地点线路质量的参考依据。

(3) 对事故(事件)关系人员分别调查，由本人写出书面材料。

(4) 检查有关技术文件的编制、填写情况，必要时将抄件附在调查记录内。

(5) 提高警惕，注意是否有人为破坏的迹象。

(6) 必要时召开调查会。

(7) 根据调查结果，初步判定原因及责任，及时向上级部门汇报。

(三) 事故调查

处理事故(事件)要以事实为依据，以规章为准绳，按照“四不放过”原则(事故原因没有查清不放过，事故责任者没有严肃处理不放过，防范措施没有落实不放过，广大职工没有受到教育不放过)处理事故，认真调查分析，查明原因，分清责任，吸取教训，制订对策，防止同类事故(事件)再次发生。

1. 事故调查的组织

特别重大事故由国务院或者国务院授权有关部门组织事故调查组进行调查。

重大事故、较大事故、一般事故分别由事故发生地省级人民政府、设区的市级人民政府、县级人民政府负责调查，也可以授权或者委托有关部门组织事故调查组进行调查。未造成人员伤亡的一般事故，县级人民政府也可以委托事故发生单位组织事故调查组进行调查。

发生一般事故及以上事故的，可由城市轨道交通运营企业安全管理机构负责组织调查处理；若由上级部门组织调查处理的，由城市轨道交通运营企业安全管理机构负责组织相关配合工作。

险性事件由城市轨道交通运营企业安全管理部门负责组织调查处理；若上级部门组织调查处理的，由安全管理部门负责组织相关配合工作；若事件只涉及一个部门，安全管理部门可以授权事件发生部门调查处理，安全管理部门负责监督。

一般事件、事件苗头由事故(事件)发生部门负责调查处理，并将处理情况报城市轨道交通运营企业安全管理部门备案。

2. 事故调查组的组成

事故调查组的组成应当遵循精简、效能的原则。根据事故的具体情况，事故调查组由有关人民政府、安全生产监督管理部门、负有安全生产监督管理职责的有关部门、监察机关公安机关以及工会派人组成，并应当邀请人民检察院派人参加。

事故调查组可以聘请有关专家参与调查。事故调查组成员应当具有事故调查所需要的知识和专长，并与所调查的事故没有直接利害关系。

事故调查组组长由负责事故调查的人民政府指定。事故调查组组长主持事故调查组的工作。

3. 事故调查组的职责

(1) 查明事故发生的经过、原因、人员伤亡情况及直接经济损失。

(2) 认定事故的性质和事故责任。

(3) 提出对事故责任者的处理建议。

(4) 总结事故教训，提出防范和整改措施。

(5) 提交事故调查报告。

(四) 事故调查报告

事故调查组应当自事故发生之日起 60 日内提交事故调查报告。特殊情况下，经负责事故调查的人民政府批准，提交事故调查报告的期限可以适当延长，但延长的期限最长不超过 60 日。事故调查报告应当包括下列内容。

(1) 事故发生单位概况。

(2) 事故发生经过和事故救援情况。

(3) 事故造成的人员伤亡和直接经济损失。

(4) 事故发生的原因和事故性质。

(5) 事故责任的认定以及对事故责任者的处理建议。

(6) 事故防范和整改措施。

事故调查报告应当附具有关证据材料。事故调查组成员应当在事故调查报告上签名。事故调查报告上交负责事故调查的人民政府后，事故调查工作即告结束。事故调查的有关证据应当归档保存。

（五）事故处理

对事故责任者，应根据事故性质和情节，予以批评教育、经济处罚、行政处分直到追究法律责任，事故性质、情节严重的，要按有关规定逐级追究领导责任。重大事故、较大事故、一般事故，负责事故调查的人民政府应当自收到事故调查报告之日起 15 日内做出批复；特别重大事故，30 日内做出批复；特殊情况下，批复时间可以适当延长，但延长的时间最长不超过 30 日。

有关机关应当按照人民政府的批复，依照法律、行政法规规定的权限和程序，对事故发生单位和有关人员进行行政处罚，对负有事故责任的国家工作人员进行处分。

事故发生单位应当按照负责事故调查的人民政府的批复，对本单位负有事故责任的人员进行处理。负有事故责任的人员涉嫌犯罪的，依法追究刑事责任。事故发生单位应当认真吸取事故教训，落实防范和整改措施，防止事故再次发生。防范和整改措施的落实情况应当接受工会和职工的监督。安全生产监督管理部门和负有安全生产监督管理职责的有关部门应当对事故发生单位落实防范和整改措施的情况进行监督检查。

事故处理的情况由负责事故调查的人民政府或者其授权的有关部门、机构向社会公布（依法应当保密的除外）。

三、常见事故处理

城市轨道交通作为一种大型载客交通工具，因设备故障或人为行为等因素，可能会发生突发事故。在突发事故发生后，有效的应急处理可以避免事故扩大并减少事故损伤。下面简单介绍突发事故发生后的一些基本处理要点。

（一）列车应急设备

一般情况下，地铁列车上应配备的应急设备有紧急报警按钮或紧急对讲器、紧急开门装置、灭火器、逃生装置。

列车的每节车厢内至少要安装两个紧急报警按钮或紧急对讲器。当车厢内发生意外事件、火警等紧急情况时，乘客可以立即使用紧急报警按钮或紧急对讲器通知列车驾驶员，以便列车驾驶员及时采取相关措施进行处理。

在列车的每个车门上都安装有紧急开门装置，其主要作用是列车在故障或紧急情况下，需要人工开门时使用。

列车配置的灭火器是为预防地铁列车发生火灾情况配备的应急设备。每节车厢一般配有两个质量为 6kg 的灭火器，放置于车厢两端的座位下。当列车发生火灾初期，乘客除通过车厢内的紧急报警按钮或紧急对讲器通知列车驾驶员外，还可以用列车内配备的灭火器进行灭火自救，尽量将火势控制、扑灭。

逃生装置一般安装在列车两端的驾驶室。如果该城市的轨道交通系统采取疏散平台方式进行疏散，列车的逃生装置则为客室门。列车的逃生装置一般在紧急情况发生后，必须通过人工疏散才能使用。

（二）突发事故信息的报告

事故发生在区间时，列车驾驶员应立即报告行车调度。事故发生在车站或车厂内时，车站值班站长或车厂调度员应立即报告行车调度。

发生人员伤亡、火灾、爆炸、毒气袭击、聚众闹事、劫持人质及其他恐怖活动等事故，需要报告110匪警、119火警或120急救中心时，由现场负责人或目击者在第一时间直接报告；如果无法直接报告，则应尽快向就近的车站或控制中心（车厂控制中心）报告。

（三）乘客按压车厢内乘客报警按钮（DAB）的处理

1. 列车在区间运行中发生时

（1）驾驶员维持列车进站，广播安抚乘客，报告行车调度或直接报告车站。无法报告时，列车进站开门后，由驾驶员报告车站。

（2）车站接报后，值班站长亲自或立即安排员工到现场了解乘客按压DAB的原因，并进行相应的处理。

（3）组织乘客上车，关闭车门，准备发车。

（4）驾驶员确认站台岗“好了”信号，动车后报告行车调度。

2. 列车在站台停靠发生时

（1）驾驶员保持列车车门打开，播放广播安抚乘客，报车站处理，并报告行车调度。

（2）车站接报后，值班站长亲自或立即安排员工到现场了解乘客按压DAB的原因，并进行相应的处理。

（3）组织乘客上车，关闭车门，准备发车。

（4）驾驶员确认站台岗“好了”信号，动车后报告行车调度。

（四）接触网（轨）有异物的处理

1. 接触网（轨）有异物的处理原则

发现接触网（轨）有异物后，一般情况下遵循以车站处理为主、专业人员处理优先的原则，即由车站组织进行现场处理，如供电专业或机电专业人员到达现场的，在事故处理主任的指挥下，由供电专业或机电专业人员具体负责处理。为此，发现接触网（轨）有异物时，应立即报告供电调度，通知事故处理主任、供电专业人员。

2. 接触网（轨）有异物的处理程序

根据异物是否影响列车运行的情况分别处理：

（1）若列车在站台停车，且异物不影响列车运行，待本列车出清站台后再处理。

（2）若列车在站台停车，异物在前方进路上或列车顶上影响列车运行，通知驾驶员停车待令，处理异物后再发车。

（3）若异物在列车顶上无法处理，通知驾驶员限速5km/h动车后再处理；若列车尚未进站，立即按压紧急停车按钮，阻止列车进入站台。

根据异物是否缠绕接触网的情况分别处理。事故处理主任到达现场后，根据异物是否缠绕接触网的情况，分需要停电及不需要停电两种情况进行处理：

（1）若发现异物与接触网（轨）没有缠绕在一起，按不需要停电的程序处理：报告行车调度，申请不停车处理；确认已按压紧急停车按钮，阻止后续列车进入站台；穿戴防护用品（绝缘靴、绝缘手套、荧光衣等）后，使用绝缘工具清除异物。若供电或机电专业人员在现场，应在事故处理主任的指挥下，由供电或机电专业人员将异物清除。确认线路出清、恢复紧急停车按钮后，报告行车调度，恢复列车运行。

(2) 若发现异物与接触网(轨)缠绕在一起，按需要停电的程序处理：报告行车调度，申请接触网(轨)停电(不挂地线)；停电后，穿戴防护用品(绝缘靴、绝缘手套、荧光衣等)后，使用绝缘工具清除异物。若供电或机电专业人员在现场，在事故处理主任的指挥下，由供电或机电专业人员清除异物。确认线路出清、恢复紧急停车按钮后，报告行车调度，恢复列车运行。

(五) 大面积停电的应急处理

(1) 城市轨道交通线路发生停电事故时，车站工作人员应沉着镇静，稳定乘客情绪，维持秩序，尽力保证乘客安全。控制中心根据停电影响情况，组织抢修抢险，发出列车停运、急救和车站关闭命令，并及时将灾情向上级报告。

(2) 车站工作人员应加强检查紧急照明的启动情况，巡查各部位如电梯等是否有人被困，根据控制中心命令清站和关闭车站。

(3) 列车驾驶员负责维持列车进站停车后，组织车上乘客向车站疏散。如果列车在区间隧道内或高架线上停车，则利用列车广播安抚乘客，要求乘客不准擅自操作车上设备，关好、管好车门，严防乘客下车并立即报告行车调度，按行车调度指令操作；如列车停在平面宽阔的线路上，可打开车门疏散乘客。

(六) 火灾的应急处理

1. 车站火灾的处理措施

(1) 车站立即向乘客广播发生火灾情况，暂停列车服务，并指引乘客迅速有序地进行疏散，撤离车站。同时，立即向控制中心报告，视火灾情况报119和120。

(2) 车站立即组织人员进行灭火和关闭各类电梯，开启环控系统火灾模式，进出闸机设置为紧急疏散模式，救助受伤的乘客。

(3) 列车驾驶员接到车站火灾的通知后，听从行车调度指挥，如行车调度命令通过火灾车站时，应利用列车广播，说明通过前方站不停车的原因，安抚车内乘客。

(4) 控制中心接到报告后，立即执行列车火灾应急程序，命令后续列车不得进入火灾车站，保持与列车驾驶员和车站的联系，并视情况报119和120。

2. 列车在站台发生火灾时的处理措施

(1) 列车驾驶员开启列车全车门(屏蔽门)，并通过列车广播引导乘客疏散和使用列车的灭火器进行灭火自救，确认火灾位置后向车站和控制中心汇报。

(2) 车站接到报告后，立即广播通知站内候车乘客，列车发生火灾情况，暂停列车服务，组织站内候车乘客迅速向站外疏散。同时，组织人员进行灭火、开启环控系统火灾模式和引导列车上的乘客有序进行疏散，并视火灾情况报119和120。

(3) 控制中心接报后，立即执行列车火灾应急程序，控制好列车间的距离，保持与驾驶员和车站的联系，并视火灾情况报119和120。

3. 列车在区间(隧道)发生火灾时的处理措施

(1) 如车内火势不大，列车驾驶员可降低速度保持列车运行至前方车站后，开门疏散乘客。在运行途中通过列车广播安抚乘客，防止乘客因惊慌发生拥挤、踩踏。引导乘客使用车厢内的灭火器进行灭火自救，并确认火灾位置向车站和控制中心报告。

（2）如列车在区间（隧道）不能运行或车内火势很大，驾驶员应立即通过列车广播安抚乘客，提醒乘客保持镇定，并将列车位置及现场情况报告控制中心及就近车站；确认疏散方向，打开列车的逃生装置，引导乘客有序地向就近的车站疏散。

（3）车站接到报告后，立即开启环控系统隧道火灾模式，广播通知站内乘客列车发生火灾情况，引导站内乘客进行紧急疏散，并安排人员前往事故地点，协助驾驶员组织列车内乘客疏散。

（4）控制中心接到报告后，立即执行列车火灾应急程序，命令车站禁止向该区间发车，通知后续列车驾驶员火灾发生地点，控制好列车间隔距离，保持与列车驾驶员和车站的联系，并视火灾情况报 119 和 120。

（七）城市轨道车站发生劫持人质事件时的应急处理

当车站站厅、站台发生员工或乘客被劫持事件时，应贯彻“救人第一，保证人质安全和保护企业财产同步进行”的原则，积极采取营救措施。及时疏散人员，避免人员伤亡，减小对运营的影响。一般可按以下程序进行。

（1）车站车控室接到员工或乘客被劫持的报告后，确认站内无停留列车时，车站行车值班员应立即按压上、下行紧急停车按钮。

（2）行车值班员立即报告行车调度车站发生员工或乘客被歹徒劫持事件，请求暂时封锁车站，通知车站值班站长，并报告公安部门。

（3）行车值班员广播通知站厅、站台和设备房区域车站所有员工，站台（或站厅）发生员工或乘客被劫持事件，并宣布执行紧急疏散计划。

（4）事件处理主任由值班站长担任，组织车站工作人员引导乘客从劫持现场的另一端疏散出站，尽量保持歹徒的情绪稳定，并安抚被劫持员工或乘客冷静，不要刺激歹徒的情绪，以免歹徒采取进一步的过激行动。

（5）公安人员到达现场后，车站所有工作人员应配合公安人员进行处理。

（6）在区间运行的列车驾驶员，接到行车调度“××车站发生员工或乘客劫持”事件的通知后，按行车调度命令行车。当行车调度命令通过前方站时，应向乘客广播告知前方站通过不停车的原因，做好安抚工作。

（7）相邻车站接到邻站发生员工或乘客被劫持事件的通知后，对到达列车或即将到达列车按行车调度命令做好行车组织工作；按其指令准备好本站的支援人员，严密注视隧道内的动态。

（八）突发大客流应急处理

（1）车站应及时了解产生突发性大客流的原因、规模、可能持续的时间，以及车站现有可支配人员。如车站现有人员无法应付突发性客流组织的需要时，值班站长应组织驻站人员参与客流控制，同时通知公安，报告行车调度并提出支援请求。

（2）利用广播系统做好乘客宣传引导，及时组织人员维持秩序，避免拥挤，防止发生踩踏事故。维持购票秩序，增设兑零点，对乘客做好疏导、服务工作。

（3）站台拥挤时，立即安排人员到站台维持候车秩序，利用广播提醒乘客注意安全。

当列车进站时，应加强对站台乘客候车动态及站台屏蔽门工作状态的监控，防止上下车乘客拥挤，延误列车停站时间。开车前应确认乘客上下完毕后方可关闭车门。

（4）按照由上至下、由内至外的原则，在车站出入口、人闸机组、站厅与站台的楼梯扶梯处进行三级客流控制，防止站厅、站台拥挤。

（5）当列车运行故障，造成客车始发、到达晚点，车站乘客拥挤时，车站应及时通知公安协助，做好乘客广播(解释和引导)。售票员及厅巡岗分别在出入口、票亭及进闸机前摆放立柱告示，告知购票进闸的乘客列车延误信息，同时做好退票和公交接驳的准备工作。

（6）由于特殊气象(如暴雨)导致突发性大客流时，车站及时做好滞留在车站及出入口乘客的疏散，及时启动有关应急处理程序(预案)，必要时请求公安部门协助，并调集站务、机电、保洁等所有驻站的工作人员做好抗灾准备。

（九）特殊气象应急预案分类及处理

1. 特殊气象应急预案分类

根据特殊气象对城市轨道交通运营的影响，应急预案分为以下6个类别。

（1）台风、雷雨大风(含龙卷风)应急预案。

（2）暴雨应急预案。

（3）高温应急预案。

（4）大雾、灰霾应急预案。

（5）冰雹、道路结冰应急预案。

（6）寒冷应急预案。

2. 特殊气象应急预案启动原则

（1）特殊气象以当地气象台发布的上述6种气象预警信号为准。

（2）当某地区气象台发布相应的特殊气象预警信号后，由城市轨道交通控制中心下达命令，在受影响的线路范围内启动相应的特殊气象应急预案。

3. 相应的特殊气象应急预案解除原则

城市轨道交通控制中心必须在确认满足以下两个条件后，才可以解除相应的突发气象灾害应急预案，并向有关领导汇报。

（1）当地气象台解除相应的台风和雷雨大风、暴雨、高温、大雾和灰霾、冰雹和道路结冰及寒冷气象预警信号后。

（2）控制中心确认受相应的特殊气象影响的设备已全部恢复正常。

4. 应急预案启动及解除程序

（1）启动程序。当需要停止某段线路运营时，控制中心向城市轨道交通运营企业负责人汇报，由负责人下令启动。因特殊情况联系不上负责人时，分别依次由分管安全、行车组织的副职下令启动。

（2）解除程序。当达到恢复某段线路运营条件时，控制中心向城市轨道交通运营单位负责人汇报，由负责人下令恢复。因特殊情况联系不上负责人时，分别依次由分管安全、行车组织的副职下令。

（3）恢复因台风、雷电大风停运高架或地面路段恢复行车的程序。①恢复行车的条件。

接到气象台取消橙色信号及在过去1小时内监测到的最高风速低于74km/h(8级)。②组织检查线路设备。恢复高架路段行车前，第一，组织空列车或工程车限速25km/h进行线路检查。第二，安排专业维修人员跟车检查相关设备设施。③恢复运营。确认具备开通条件后，方可恢复正常运营服务。

(十) 列车脱轨应急处理程序

(1) 列车脱轨后，驾驶员应立即报告行车调度和控制中心。控制中心接报后应立即扣停开往受影响区域的列车，命令已进入该区间的列车立即停车，有条件时可组织其退回车站。

(2) 电力调度做好关闭脱轨区段的牵引电流和挂接地线的准备。

(3) 车辆检修调度接行调通知后，立即命令车辆起复救援队赶赴事故地点进行列车救援起复。控制中心立即启动应急公交接驳预案。

(4) 车站接命令后，值班站长担任事故处理主任，组织脱轨列车乘客疏散；暂停受影响方向的乘客服务，加强广播宣传。事故列车清客完毕后向行车调度汇报。确认具备停电条件后，控制中心组织停电。

(5) 控制中心根据受影响区域清客，组织好抢修期间的列车降级运营工作(小交路运营)。

(6) 车辆起复救援队到达车站后向车站报到。起复救援队根据车站指示开始下轨道进行列车起复。起复后检查车辆状况，确认线路出清后向车站提出动车方案。

(7) 起复后，必须执行以下的工作：①事故处理主任确认接地线拆除和线路出清后，报告控制中心通知电力调度送电，做好恢复运营的准备工作。②控制中心应组织一列空列车或工程车前往救援，连挂脱轨列车限速25km/h运行进入就近的存车线，待运营结束后再安排事故列车回厂检修。

(8) 确认恢复运营条件后，发布调度命令，全线列车恢复正常运营，必要时组织备用列车上线服务。

四、列车运行事故预防

(一) 列车运行事故的原因分析

一般认为，事故是指人们在进行有目的的活动过程中发生的违背人们意愿的，可能会造成人们有目的的活动暂停或永远终止，同时可能造成人员伤亡或财产损失的意外事件。而列车运行作为城市轨道交通运营的重要组成部分，其安全直接关系到乘客安全和城市轨道交通系统安全。

1. 事故特性

事故本身有其特有的一些属性，即特性。掌握这些特性对认识事故、了解事故及预防事故具有指导性作用。概括起来，事故主要有以下5种特性。

(1) 因果性。因果性是指一切事故的发生都是由各种危险因素相互作用的结果。生产中的意外事故是由人的不安全行为、物的不安全状态、管理缺陷以及对突发的意外事故处理不当等原因引起的。掌握事故的因果关系，采取适当的措施中断事故因素的因果连锁，就消除了事故发生的必然性，从而可能防止事故的发生。

（2）偶然性。偶然性是指事故的发生是随机的，但是偶然性寓于必然性之中，事故的随机性表明它服从于统计规律，因此可用物理统计法进行分析和预测，找出事故发生和发展的规律，从而为预防事故提供依据。

（3）潜伏性。潜伏性是指事故在尚未发生或还未造成后果之前，是不会显现出来的，但生产中的危险因素是客观存在的，只要这些危险因素未被消除，它们随时都有可能演变为事故。

（4）可预防性。无论是工业生产系统还是运输系统，都是人造系统，因此，从理论上和客观上讲其中任何事故都是可以预防的。认识这一特性，对坚定信念、防止事故的发生有促进作用。各种合理的对策和手段，可以从根本上消除事故隐患，把事故发生的概率降到最低。

（5）复杂性。现代的生产系统和运输系统等都是很复杂的系统，涉及的要素非常多，要素之间的相互关系非常复杂。事故的发生可能是由方方面面的原因造成的，这就决定了事故具有复杂性。

2. 事故的预防

当生产系统在运行中出现问题时，首先要从几个方面分析其原因，即人为操作不当导致的、操作技术达不到要求、周边生产环境比较恶劣、管理过程中存在问题，等等。其中最后一个方面既与领导层的不重视有关，也与一线员工的安全意识淡薄有关：没有对安全责任进行具体分配，导致事故发生后，各个负责人之间相互推诿；员工没有将企业规定的安全守则放在心里，操作时随意性比较大；对于整个系统中的风险排查没有一个固定的标准，使得排查过程不能逻辑性地涵盖各个方面；有些企业过于追求利益，对于员工的安全不够注重，不愿意花费更多的金钱购买保护设备；不能及时和定期对员工进行安全知识培训，对于出现过的问题不能及时总结经验教训，导致二次事故的发生。安全问题是企业必须重视的一个方面，对于各类风险要及时发现，探讨其发生原因并给出解决措施，避免类似情况再次出现，这就是事故的预防。

具体来讲，事故的预防就是对可能发生的问题采取一些方法使其消失或减轻，这与事故的管理是不同的。事故的管理可以说是事故预防的依据，以及在事故发生之后对其发生的原因和产生的影响进行总结、记录、上交、归档，等等，最终实现整个生产系统安全且高效的运行。

事故的预防是管理的第一步，是企业进行正式生产活动首先要考虑和培训的事情。此外，事故预防还是事故管理的最终目标，无论是已经发生过的事故还是可能发生但未发生的事故，都是为企业生产积累经验，最后也都要归类于事故的预防。总之，事故的预防和管理并不是彼此独立的，它们之间是有很大联系的，只有把这两者都完成好，才能保证生产活动安全有效地进行。

3. 事故预防的原则

（1）连贯原则。事故发展的各个阶段具有连续性和稳定性，采用这种连贯原则进行分析和研究可以从过去和现在推测未来，进行准确的预防。

（2）系统原则。把预防对象及其所涉及的各种事故或因素视为一个系统，进行综合考察和研究，可以全面地分析问题，从而克服片面性，提高事故预防的科学性。

(3) 实事求是原则。在事故预防过程中，应从客观事实出发，尊重历史资料，认真分析研究现状，如实反映可能出现的问题和结果。只有从客观事实出发，参照以往事故的发展变化规律，分析未来发展趋势，才能获得比较准确的预防结果。

(4) 大量调查原则。预防要从大量调查和研究中求得一般的规律，避免以偏概全。

4. 事故预防的过程

事故预防的对策是提前预防、及早发现、果断处理、防止蔓延。

(1) 提前预防，尽早发现征兆。企业的预防人员应该经常注意那些可能对企业生产和经营造成较大影响的事故，争取尽可能早地发现其发生的征兆。当出现征兆时，需要预防可能发生的事故是否会出现以及会在什么时候出现。

(2) 及早发现，采用合适的方法。对事故进行分析和预防，主要是利用得到的资料和信息，根据日常经验，采用因果关系分析和逻辑推理的方法。

(3) 果断处理，向专家请教。企业员工由于所处环境和地位的限制，往往对许多事情的了解和认识有局限性。为了能够对事故的发生及其造成的影响做出正确判断和预防，可采取专家调查法，向有关专家请教，请他们根据自己的知识、经验、智慧和判断能力，帮助企业进行事故的分析和预防。

(4) 防止蔓延，制定对策。企业不但应预防意外事故对本身生产经营造成的影响，而且要制定相应的对策。

不同的意外事故对企业生产经营在时间上的影响有差别。有些意外事故对企业生产经营的影响是暂时的，过一段时间就不存在了，如自然灾害、一般性工伤事件、一些临时性的政策和法令，等等。对它们进行分析和预防时，应考虑发生影响的长短，并且预防当它们的影响消失时给企业带来的新影响。有些意外对企业生产经营的影响是长久的，如特别重大的伤亡事故、科技新成果的应用，等等。

注意事故的间接影响。有些事故起初看起来对企业不会造成影响，但由于这些事故对与事故发生企业生产经营有关的其他企业或某些方面有影响，那些企业或某些方面发生的变化又会把影响传递给事故发生企业。这种间接影响的传递往往不只是一级传递，还可能是多级传递。这种间接影响的传递一般需要一个传递的时间过程，因此，对于处在间接过程中的企业来讲，这种意外事故是有前兆的。在考虑意外事故时，要把视野放开阔些。

5. 事故预防的方法及应用

据统计，事故预防的方法目前已经超过 150 种，常用的也有 20~30 种。在事故预防中常用方法主要有以下几种。

(1) 直观预防法。直观预防法的准确性很大程度上是由专家知识的广度、深度和经验来决定的。专家主要指在某个领域中或某个预防问题上有专门知识和特长的人员。直观预防法典型的代表方法有头脑风暴法和德尔菲法等。在事故预防中，中长期安全发展规划和系统安全评价指标等可依靠专家知识，参考头脑风暴法和德尔菲法等直观预防法来确定。

(2) 事故隐患辨识预防法。企业生产过程中的事故隐患辨识预防法主要有经验分析法、故障树分析法、事件树分析法、因果分析法、人的可靠性分析法、人机环系统分析法等。在优选方法时，可在初步分析的基础上，采用人—机—环与事故树分析相结合的方法进行分析预防。这种方法的预防对象是以人为主体的人—机—环分析预防，能直接分析人的不安全行为、物的不安全状态、环境的不安全条件等直接隐患；同时还能揭示深层次的本质原因，即管理方面的间接隐患。借助故障树分析技术对存在危险的事故隐患进行定性定量分析，得出其导致事故发生的定性定量结论，并得出直接隐患之间的逻辑层次关系。

(3) 趋势外推法。趋势外推法是以统计学为基础，应用大数据理论与正态分布规律的方法，以前期已知的统计数据为基础，对未来的事故数据进行相对精确定量预防的一种实用方法。这种方法对于具有一定生产规模和事故样本的系统具有较高的预防准确性。

(二) 事故预防原理

事故的发生和发展都遵循一定的规律，除了不受人类控制的自然因素造成的事故(如地震、洪水、泥石流等)以外，在人类生产和生活中发生的各种事故都是可以预防的。

1. 工业安全公理

美国安全工程师海因里希在《工业事故防止》中对事故预防工作进行了深入研究，提出了工业事故预防的十项原则，称为海因里希工业安全公理(Heinrichs Axioms of Industrial Safety)。其具体内容为：

(1) 工业生产过程中人员伤亡的发生，往往是处于一系列因果连锁之末端的事故的结果；而事故常常起源于人的不安全行为或(和)机械、物质(统称为物)的不安全状态。

(2) 大多数工业事故发生是人的不安全行为造成的。

(3) 由于不安全行为而受到伤害的人员，几乎重复了超过300次没有造成伤害的同样事故。换言之，人员在受到伤害之前，已经数百次面临来自物方面的危险。

(4) 在工业事故中，人员受到伤害的严重程度具有随机性。大多数情况下，人员在事故发生时可以免遭伤害。

人员产生不安全行为的形成原因主要为：①不正确的态度：个别职工忽视安全，甚至故意采取不安全行为；②技术、知识不足：缺乏安全生产知识，缺乏经验或技术不熟练；③身体不适：生理状态或健康状况不佳，如听力、视力不良，反应迟钝，疾病，醉酒或其他生理机能障碍；④物的不安全状态及不良的物理环境：照明、温度和湿度不适宜，通风不良，强烈的噪声，物料堆放杂乱，作业空间狭小，设备和工具缺陷等，以及操作规程不合适、没有安全规程和其他妨碍贯彻安全规程的事物。

这些原因是采取预防不安全行为产生措施的依据。

防止工业事故发生的四种有效方法包括：①工程技术方面的改进；②对人员进行说服、教育；③人员调整；④惩戒。

防止事故发生的方法与企业生产管理、成本管理及质量管理的方法相似。

企业领导者有进行事故预防工作的能力，并且能把握进行事故预防工作的时机，因此，其应该承担事故预防工作的责任。专业安全人员及车间干部、班组长是预防事故的关键，他们工作的好坏对能否做好事故预防工作有重要影响。

除了人道主义动机之外，下面两种强有力的经济因素也是促进企业事故预防工作开展的动力。

(1) 安全的企业生产效率高，不安全的企业生产效率低。

(2) 事故发生后用于赔偿及医疗的费用，即直接经济损失仅占事故总经济损失的20%。

随着时代的前进和人们认识的深化，该“公理”中的一些观点已经不再是“自明之理”了。许多新观点和新理论相继问世。但是该“公理”中的许多内容仍然具有强大的生命力，在现今的事故预防工作中仍有着重大影响。

2. 事故预防3E准则

根据海因里希的工业安全公理，对于事故的预防，应从安全技术、安全教育和安全管理三个方面入手，采取相应措施。由于工程技术、教育和管理三个英文单词的第一个字母均为E，因此称为3E准则。

① 工程技术(Engineering)。运用工程技术手段消除不安全因素，实现生产工艺，机械设备等生产条件的安全。②教育(Education)。利用各种形式的教育和训练，使员工树立“安全第一”的思想，掌握安全生产所必需的知识和技能。③管理(Enforcement)。借助于规章制度和法规等必要的行政乃至法律的手段约束人们的行为。

安全技术对策着重解决物的不安全状态问题，而安全教育对策和安全管理对策则主要针对人的不安全行为的问题。安全教育对策主要使人知道应该怎么做，而安全管理对策则要求人必须怎么做。

通常来讲，在选择安全对策时应该首先考虑工程技术措施，然后是教育和训练。实际工作中，应针对不安全行为和不安全状态的产生原因，灵活地采取对策。例如，针对员工的工作态度不正确这一问题，应该考虑工作安排上他们在心理学和医学方面的要求，要认真挑选关键岗位上的人员，并且加强教育和训练，如能从工程技术上采取措施，则应该优先考虑；对于技术和知识不足的问题，应该加强教育和训练，提高其知识水平和操作技能；尽可能地根据人机工程学的原理进行工程技术方面的改进，降低操作的复杂程度。为了解决身体不适的问题，在分配工作任务时要考虑他们在心理学和医学方面的要求，并尽可能改进工程技术，降低对人员素质的要求。对于不良的物理环境，则应采取恰当的工程技术措施来改进。即使在采取了工程技术措施，减少、控制了不安全因素的情况下，仍然要通过教育、训练和强制手段来规范人的行为，避免不安全行为的发生。为了防止事故发生，不仅要在上述三个方面实施事故预防与控制的对策，而且还应始终保持三者间的均衡，合理地采取相应措施，综合使用上述措施，才有可能做好事故预防工作。

海因里希定义事故预防是为了控制人的不安全行为、物的不安全状态而开展的以某些知识、态度和能力为基础的一系列相互协调的综合性工作。掌握事故发生及预防的基本原理，拥有对人类、国家、劳动者负责的基本态度，以及从事事故预防工作的知识和能力，是开展事故预防工作的基础。在此基础上，事故预防工作包括以下五个阶段。

(1) 建立和健全事故预防工作组织，形成由企业领导牵头的，包括安全管理人员和安全技术人员在内的事故预防工作体系，并切实发挥其效能。

(2) 通过实地调查、检查和观察及对有关人员的询问，以及对事故原始记录的反复研究，收集第一手资料，找出事故预防工作中存在的问题。

(3) 分析事故及不安全问题产生的原因。包括弄清人员伤亡事故发生的频率、严重程度、场所、工种、生产工序、有关的工具、设备及事故类型等，找出其直接原因和间接原因，主要原因和次要原因。

(4) 针对分析事故和不安全问题得到的结论，制定恰当的改进措施。改进措施包括工程技术方面的改进，对人员进行调整、说服教育，制定及执行规章制度等。

(5) 实施改进措施。通过工程技术措施实现机械设备和生产作业条件的安全，消除物的不安全状态；通过人员的调整、教育和训练，消除人的不安全行为。在实施过程中要对改进措施进行监督。

以上对事故预防工作的认识被称为事故预防工作五阶段模型。该模型包括了企业事故预防工作的基本内容。但是，它以实施改进措施作为事故预防的最后阶段，不符合“认识实践—再认识—再实践”的认识规律以及事故预防工作永无止境的客观规律，因此，对事故预防工作五阶段模型进行改进。

事故预防工作是一个循环进行、不断提高的过程，不可能一蹴而就，更不可能一劳永逸。在这里，预防事故的基本方法是安全管理，它包括收集资料并对其进行分析，以便查找原因；也包括选择和实施改进措施，并对实施过程及结果进行监测和评价；还包括在监测和评价的基础上再收集资料，发现问题，等等。

事故预防工作的成败，取决于是否有计划、有组织地采取改进措施，特别是执行者工作的好坏。因此，为了获得事故预防工作的成功，必须建立和健全事故预防工作组织，采用系统的安全管理方法，唤起和维持广大干部、员工对事故预防工作的关心，做好日常安全管理工作。

海因里希认为，事故预防工作的第一原则是建立并维持员工对事故预防工作的兴趣，第二原则是要不断地分析问题和解决问题。

改进措施可分为直接控制人员操作及生产条件的即时改进措施，以及通过指导、训练和教育逐渐养成安全操作习惯的长期改进措施。前者对现存的不安全状态及不安全行为立即采取解决措施；后者用于解决隐藏在不安全状态及不安全行为背后的深层问题。

如果运用技术手段能消除危险状态，实现本质安全，则不管是否存在人的不安全行为，都应该首先考虑采取工程技术方面的对策；当人的某种不安全行为引起了事故或可能引起事故，而又没有恰当的工程技术手段防止事故发生时，则应立即采取措施防止不安全行为重复发生。这些即时的改进措施是十分有效的。然而，绝不能忽略了所有造成员工不安全行为的背后原因，否则，改进措施仅仅解决了表面问题，而事故的根源没有被消除，以后还会发生事故。

3. 造成列车运行事故的原因

列车运行事故，一般是指城市轨道交通列车在运送乘客的过程中对行车人员、行车设备以及乘客产生作用和影响的事故。城市轨道交通运输的产品是乘客的位移，而列车运行则是实现位移的必要手段。列车运行是城市轨道交通运营系统的主要工作，也是最容易产生不安全因素的工作环节，城市轨道交通运营过程中所出现的大部分不安全现象都在列车运行过程中，因此，从某种程度上讲，保证列车运营安全的同时也就保证了城市轨道交通运营安全。

对以往所发生行车事故的分析表明，造成列车运行事故的主要原因有以下几方面。

(1) 行车纪律松弛、制度执行不严。纪律松弛，出乘标准化作业不落实，责任制贯彻不力。

(2) 疲劳行车、带情绪行车。相关工作人员睡眠不足和将受外界环境影响而产生的情绪带入运行作业中，会产生生理、心理的疲劳，从而精力不济、精神不集中，给安全行车带来隐患。

(3) 业务素质不高。由于技术问题及缺乏经验，行车人员业务水平不精，不能及时处理列车运行中的突发事故。

(4) 安全意识不强。行车人员情绪不稳定、思想波动大、责任心不强、行车纪律观念淡薄、臆测行车。

(5) 行车技术、设备不完善。行车设备老化，技术结构不合理，使之不能适应实际行车的需要。

(6) 风、雪、雷、雨等恶劣气候及环境的影响。风、雪、雷、雨等恶劣天气对列车安全运行的影响是不可低估的，列车驾驶员对气候环境变化及突发事故能否进行正确处置直接影响城市轨道交通运营的安全。

(7) 安全管理及相关制度、规章的适用性存在缺陷。安全管理归根结底是对人员的管理，而各项制度的健全与完善是行车安全的基础和保证，没有完整有效的制度与规定是制约安全行车的重要因素。

五、列车运行事故预防

列车运行安全工作，一般是指城市轨道交通列车在运送乘客过程中对行车人员、行车设备以及乘客产生作用和影响的安全工作。列车运行安全工作包括行车调度安全，列车驾驶安全和车站作业安全等。

(一) 行车调度安全

整个城市的轨道交通系统是一个非常复杂的系统，保证其顺利运行仅靠某一个部门是无法完成的，必须由多个部门共同合作才能完成，这就要求指挥调度系统具有高效、精准和联系紧密的特点。其中，各个部门的合作是非常关键的一个环节，只有精准执行才能使地铁等交通工具顺利运转。行车调度简称行调，是一种用于统一指挥大型复杂轨道交通系统中车辆运行情况的指挥方式，是维持地铁等交通工具正常运行的关键因素。这一工作主要是由调度控制中心完成的，其对各个站点的系统和工作人员进行任务分配，使他们之间能够密切配合，进而控制列车的正常运行。调度的质量是可以从车辆运行情况反映出来的。

1. 行车调度工作的基本任务

(1) 组织指挥各部门、各工种严格按照行车运行图工作。

(2) 监控列车到达、出发及途中运行情况，确保列车运行秩序的正常。

(3) 当列车运行秩序不正常时，及时采取措施，尽快恢复正常运行秩序。

(4) 及时、准确地处理行车异常情况，防止行车事故发生。

(5) 及时掌握客流情况，及时调整列车运行方案。

(6) 检查监督各行车部门执行行车运行图的情况，发布调度命令。

(7) 当发生行车事故时，按规定程序及时向上级主管部门汇报，并采取措施防止事故扩大，积极参与组织救援工作。

2. 行车调度工作的基本作用

车调度贯彻集中领导、统一指挥的原则，组织协调行车有关部门、各单位和各工种的工作，指挥和监督行车工作的全过程，保证行车工作均衡协调和安全准确地进行。行车调度在安全工作中的作用主要有以下几个方面。

（1）指挥行车人员完成各项行车作业，保证列车安全正点运行。

（2）组织、协调、监督、检查行车各有关部门的安全生产，纠正各种违章现象，及时处理行车中发生的问题，消除事故隐患，防止发生行车事故。

（3）发生行车事故后，积极组织救援，减少事故损失。

（二）行车调度安全指挥工作的基本要求

调度指挥必须坚持安全生产，正确及时地指挥列车运行，防止因指挥不当造成事故隐患。遇突发紧急情况时，要冷静、正确、及时处理；要加强学习，勇于实践；努力提高业务水平，提高应变能力。为保证行车调度工作安全，调度指挥应做好以下各项工作。

（1）必须严格执行单一指挥原则。行车各有关部门必须服从所在区段行车调度的集中统一指挥，各级领导对列车运行的指示必须通过行车调度下达，坚决禁止令出多口或多头指挥，维护调度命令的严肃性和权威性。

（2）熟悉主要行车人员和设备，组织列车按图行车。行车调度必须熟悉主要行车人员情况，掌握车辆、线路、通信信号、牵引供电等方面的知识；熟悉各种规章制度和各种行车作业的秩序，掌握与其他调度的工作衔接；组织行车有关人员协调动作，保证列车按照列车运行图安全正点运行；掌握处理各种意外情况和行车事故的方法，做到调度指挥胸有成竹、沉着冷静。

（3）加强与现场行车人员的联系。

（4）发布调度命令要正确、完整、清晰。调度命令是城市轨道交通运输工作实行集中领导和统一指挥的具体体现和保证之一。

（三）列车驾驶安全

列车驾驶安全是整个城市轨道交通行车安全工作的关键环节之一，是把握好行车安全的最后一道关口。

1. 影响列车驾驶安全的主要因素

（1）行车纪律松弛。制度执行不严，纪律松弛，出乘标准化作业不落实，责任制贯彻不力，是影响行车安全的一大顽症。

（2）疲劳行车，带情绪行车。列车驾驶员睡眠不足和将受外界环境影响而产生的情绪带入运行作业中，会产生生理、心理的疲劳，从而精力不济，精神不集中，给安全行车带来隐患。

（3）作业素质不高。由于技术问题及缺乏经验，列车驾驶员业务水平不精，不能及时处理运行中的突发事故。

（4）安全意识不强。列车驾驶员思想波动大，情绪不稳定，责任心不强，行车纪律观念淡薄，臆测行车等。

（5）行车技术、设备不完善。行车设备老化，技术结构不合理，使之不能适应行车的要求。

（6）风、雪、雷、雨等恶劣气候及环境的影响。风、雪、雷、雨等恶劣天气对安全运营的影响是不可低估的。列车驾驶员对气候环境变化引起的突发事件能否正确处置直接影响城市轨道交通运输的安全。

(7) 安全管理及制度、规章的实用性存在缺陷。安全管理归根结底是对人的管理，而各项制度的健全和完善是行车安全的基础和依据，没有完善有效的制度与规定是制约安全行车的重要因素。

2. 预防列车行驶事故发生的措施

列车在行驶时会出现各种问题，并且这些问题发生的原因不仅限于某一种，鉴于其十分重要的作用，所以需要从以下几个方面进行事故发生前的预估。

(1) 目前的技术手段还不能制造出一种机器或者一个系统能够完全代替人的驾驶功能，因此列车的行驶仍然是以人为中心。实际上，人为操作不当是造成事故的首要原因，所以应该定时、定期对列车驾驶员开展培训，提高他们的知识水平，并对其进行考核，促使驾驶员们在每一次行车过程中都能集中精力。

(2) 列车的科技含量越来越高，采用的控制系统也越来越先进，因此列车驾驶员的技能也要与时俱进，专门开设课程对其技术进行培训，遇到突发事故也会有专业的紧急解决措施，而不会影响列车安全运行。

(3) 在列车发生事故之后一定要对车辆相关系统进行仔细排查，对于已经损坏或可能损坏的部件进行维修或更换；对于已经老化的车体要及时更新。所有部件的质量要以满足安全规定为标准。

(4) 要对列车驾驶员的心理和身体进行适当的训练，其身体健康是避免事故的首要条件，一旦列车驾驶员因身体不适而不能集中精力驾驶车辆，则车辆出现问题的概率将会大大增加。至于列车驾驶员的心理方面，需要培养其临危不乱和沉着冷静的心态，因为车辆运行过程中难免有事故发生，只有列车驾驶员能够及时有效地应对事故，才能保证车辆行驶的安全性。

3. 列车驾驶员值乘的基本前提

列车驾驶员必须牢记"安全第一"的宗旨，严格按照安全制度、行车规则执行驾驶任务，驾驶列车时做到"三严格"。

(1) 严格遵守各种规章制度，正确执行各种作业程序，确保列车运行安全。

(2) 严格按照运营时刻表及信号显示行车，工作时严守岗位，不得擅自离岗。

(3) 严格遵守动车前认真确认"行车三要素"，即进路、信号、道岔。

列车驾驶员必须掌握列车(车辆)的基本构造、性能，具有一般的故障处理能力，熟悉城市轨道交通路线和站场等基本设施情况，包括必须牢记驾驶区段、站场线路纵断面等情况。

列车驾驶员必须掌握其他相关的业务知识并具有一定的应变能力。城市轨道交通列车在运行过程中，一般情况下只有列车驾驶员一人值乘，而运行中的事故有不可预见性，在事故的初期往往只有驾驶员能够最早发现，所以一名职业素质良好的驾驶员应该而且必须掌握有关事故初期的处理方法，减少损失，稳定现场局面。

列车驾驶员上岗值乘的必要条件：鉴于列车驾驶员在整个运行过程中的重要作用，城市轨道交通管理部门规定了列车驾驶员上岗值乘的必要条件。首先，列车驾驶员必须考试合格，并取得列车驾驶证后方准独立驾驶列车；其次，列车驾驶员脱离驾驶岗位 6 个月以上，再次驾驶列车时必须对其进行业务知识和安全运行知识等培训，考核合格后，其纪律和身体状况由相关部门有关领导做出鉴定。

4. 列车安全驾驶的基本要求

列车运行方式分为自动驾驶模式（ATO）、人工驾驶模式（ATP）和限制人工驾驶模式（RMO/CLOSE）。改用 ATP 与 RMO/CLOSE 方式运行时，必须经行车调度准许。

（1）运行的相邻列车之间的安全距离由 ATP 自动保护，行车间隔不受站间区间限制。

（2）列车在区间运行中，遇危及安全的险情时，列车驾驶员应采取紧急制动停车，并报行车调度，待险情排除后，列车以 ATP 继续运行至前方站停车，在车站将 ATP 转化为 ATO。

（3）列车收到目标速度 0km/h 时的行车规定。

（4）列车运行途中，若有人拉下车上的紧急停车拉手或车门打开等情况导致列车在站台区域迫停，列车驾驶员应先报行车调度，确认无影响运行安全的情况后将拉手复原，列车可继续运行。

（5）列车上个别车门的门控装置发生故障，列车驾驶员要及时切除故障车门，并张贴故障指示牌，以免耽误乘客上、下车。

（6）一个及以上站间区间出现红光带故障时的运行规定。

5. 列车驾驶员驾驶作业过程中的安全要求

列车驾驶员驾驶列车在正常情况下应确保“准确”，在非正常情况下确保“安全”，所有操作均须动作娴熟、快速正确。列车驾驶作业包括调车作业、整备作业、正线作业、折返作业、站台作业等。

（1）调车作业时预防事故的措施：①放置铁鞋防溜时，不取出铁鞋不动车；②凭自身动力动车时，没有制动装置或制动装置故障不动车；③机车、车辆制动没有缓解不动车；④调车作业计划不清不动车；⑤调车作业没有联控不动车；⑥没有信号显示或信号显示不清不动车；⑦调车进路无联锁失效时，扳道员未显示道岔开通手信号或岔开通不正确不动车；⑧侵限、侵物不动车。

（2）整备作业时预防事故的措施：①整备作业前必须了解列车停放位置及列车状态；②检查列车走行部时，必须确认列车已降下受电弓；③严禁跨越地沟，进行车底检查时戴好安全帽，应注意空间位置，避免碰伤；④受电弓升起后，严禁触摸电气带电部分、进行地沟检查及攀登车顶；⑤检查列车时必须佩带检查灯，一字旋具，并严格按要求整备列车，列车没有经过整备严禁动车；⑥车库内动车前，必须确认地沟无人和两侧无侵限物后方可动车。

（3）列车运行时预防事故的措施：①列车驾驶员在取得驾驶证并鉴定合格后，方准独立驾驶；②严格遵守各种规章制度，按照要求操作设备，正确执行各项作业程序，确保列车运行安全；③严格按照运行时刻表动车，动车前必须确认行车凭证。列车退行或推进运行时和运行前端必须有人引导；④班前注意休息，班中集中精力，保持不间断瞭望。严禁在列车运行中打盹、看书或做与工作无关的事；⑤接受调度命令或行车指示时，列车驾驶员必须逐句复诵并领会内容。

(4) 折返作业时预防事故的措施：①严格遵守交接班制度；②关门前必须确认行车凭证、道岔、进路正确；③动车前确认所有人员均在安全区域。

(5) 站台作业时预防事故的措施：①开关屏蔽门、车门时，必须严格执行开关作业程序；②列车到站停稳后，应先确认列车停在规定的范围内；③跨出站台开关屏蔽门、车门时，应注意列车与站台间的间隙，避免摔伤；④关屏蔽门、车门前应先确认车载信号或进路防护信号开放或者具有行车凭证；⑤动车前，列车驾驶员应确认屏蔽门、车门关好，同时确认屏蔽门与车门间空隙无人无物，方可进入驾驶室。

(6) 人身安全保证：①升弓前，必须确认所有人员均在安全区域；②严禁擅自带无关人员进入驾驶室，因工作需要有人登乘驾驶室时必须确认其相关登乘证件；③在正线或出库线，未经行调同意禁止擅自进入线路。

(四) 车站作业安全

车站的行车组织工作是在调度统一指挥下，合理运用车站的各项技术设备，负责车站行车控制指挥、施工及其他任务。

1. 车站作业工作的基本任务

(1) 建立健全各类行车作业、管理的规章制度。这些制度包括：车站行车控制室的管理、交接班制度和行车值班员岗位责任制等。对车站的行车组织工作进行规范管理，确保行车安全。

(2) 进行车站各项安全检查，检查车站安全隐患并落实整改。

(3) 建立各类事故预案，开展演练，以提高车站员工的应急处理能力，有效处理车站突发事故。

总之，明确职责、落实责任、加强安全管理，可以确保车站行车、施工、治安、消防等工作顺利进行，以及车站员工、乘客的人身安全和车站所辖设备的运行安全。

2. 车站行车安全工作的基本要求

车站工作包括列车运行控制、车站的施工组织和接发列车作业等，各项作业均涉及行车安全，其具体要求如下：

(1) 列车运行控制。车站的列车运行控制根据整个系统列车运行控制方式的变化而变化。

(2) 设备施工组织。在车站管辖范围内，任何施工作业均应在车站行车控制室登记，在得到行车值班员的签字确认后方可进行；影响运营的施工检修作业(如信号设备检修、道岔检修等)，必须得到行车调度的同意方可进行。

(3) 接发列车作业。车站员工应确保在各种控制方式下，车站的接、发列车组织工作安全、有序。

六、调车作业事故预防

调车作业是指除列车在车站(车厂)到达、出发、通过及在区间内运行以外，凡机车、车辆进行的一切有目的的移动。它包括列车的解编、转线，车辆的取送、调移等。在调车作业中发生的事故，称为调车作业事故。

一般来说，调车作业事故分为“撞、脱、挤、溜”四种类型，即冲撞、脱轨、挤道岔、机车车辆溜逸。

（一）调车作业事故的常见原因

（1）调车作业计划不清或传达不彻底。调车作业计划是信号员、调车组等调车作业相关人员的统一行动计划。如果调车作业计划本身不清，造成调车进路排错、机车车辆进入线路，或调车作业计划传达不彻底，造成信号员及调车驾驶员行动不一致，都极易发生事故。

（2）作业前检查不彻底，准备不充分。调车作业前，必须按规定提前排风、摘解风管、核对计划，确认进路，检查线路、道岔和停留车辆情况，手闸制动时要选闸，铁鞋制动时要准备足够、良好的铁鞋。

（3）误排进路或未扳、错扳、临时扳动道岔或错误转动道岔。信号员误排进路或未扳、错扳、临时扳动道岔或错误转动道岔，调车员和驾驶员不认真确认信号及道岔位置，极易造成冲撞、脱轨和挤岔事故。

（4）调车手信号显示不标准。调车手信号显示不标准有三种情况：一是未按规定的要求显示信号；二是错过了显示信号的时机；三是错误地显示信号。上述情况都可能导致调车作业事故的发生。

（5）前端无人引导推进运行或推进车辆不试拉。推进作业时，若前端无人引导，由于调车驾驶员无法确认线路和停留车情况，极易造成撞车和挤岔事故。若推进车辆不试拉，一旦车辆中有假连接，制动或停车时因车辆脱钩而发生溜逸，也容易发生撞车、脱轨、挤岔和溜逸事故。

（6）没按规定采取防溜措施。调车作业在线路上停放车辆时，如不按规定采取防溜措施，极易发生车辆溜逸事故。一旦车辆溜逸入车间，后果不堪设想。

（二）调车作业事故的预防措施

城市轨道交通的调车作业包括停车站场内调车作业和正线调车作业两种。

1. 站场内调车作业事故的预防

做好调车作业前的准备工作：

（1）调车作业必须按照调车作业计划及调车信号机或调车手信号的显示要求进行。没有信号不准动车，信号不清立即停车。

（2）特殊情况使用无线对讲机联络进行调车作业时，驾驶员与调车人员必须保持联络通畅，联络中断立即停车，采取措施。

（3）调车组人员不足时，不能动车。

正确及时地编制及传递调车作业计划：

（1）运输值班室值班员要根据生产作业有关部门提出的要求，正确、合理地编制调车作业计划，并将计划向信号室值班室、调车组等参加调车作业的人员传达清楚。

（2）参加调车作业的有关人员在接受调车计划时必须复诵，核对正确无误后执行。

（3）调车作业时调车指挥人员应将接受的作业计划向调车驾驶员及有关人员传达，并讲清作业方法与安全注意事项。

（4）调车作业中需要变更作业计划时要停止作业，由运转值班员将变更后的计划向调车指挥人员及信号楼值班室重新布置、传达清楚，调车指挥人员要重新向调车驾驶员及有关人员传达清楚。

正确及时地显示信号：

（1）调车作业时，调车人员必须正确及时地显示信号，驾驶员要认真确认信号，并鸣笛回示。

（2）连挂作业时，调车人员必须向驾驶员显示三、二、一车的距离信号。没有显示三、二、一车的距离信号不准挂车；没有驾驶员的回示，应立即显示停车信号。

（3）当调车指挥人员确认车辆停留车位置有困难时，应派可胜任此工作的人员显示车辆停留位置信号。

（4）连挂车辆前驾驶员必须一度停车，检查被连挂车辆状态；连挂车辆后必须先确认连挂是否妥当，确认后方可启动。

（5）摘挂后的车辆，必须按规定安放止轮器，采取制动措施防止溜车。

认真确认调车进路：

（1）单机运行或牵引运行时，前方道路的确认由驾驶员负责。

（2）推进车辆运行时，前方道路的确认由驾驶员负责，如调车指挥人员所在位置确认前方进路有困难，可指派参加调车作业的其他胜任人员确认。

（3）取消调车作业进路时，操作进路人员应确认列车、车组或单车尚未启动，并通知调车指挥人员和调车驾驶员后，再关闭信号机，然后取消调车进路。

严格、准确掌握运行速度：

（1）在空线上运行应严格按照线路、道岔的允许速度运行，瞭望条件不良或气候条件不好时应适当降低速度。

（2）调车作业中，车辆进入车库和厂房时以 5km/h 的速度运行。

（3）接近被连挂车辆时以 3km/h 运行。

（4）电动列车在停车场内限速 20km/h 运行。

尽头线调车必须保持必要的安全距离：在尽头线上调车作业时，距离线路终端应有 10m 的安全距离。遇特殊情况，距离必须小于 10m 时，要严格控制车辆运行速度，以随时能停车的 3km/h 以下速度运行。

做好车场内调车作业与接发列车之间的协调：车场在列车运行图规定的接发列车以外时间，运转值班员可以确定场内的调车作业；但与行车调度布置的临时接发列车计划有抵触时，以接发列车作业为主；必须先进行调车作业时，应得到行车调度员的批准。

2. 正线调车作业事故的预防

（1）正线调车由调车指挥人员提出调车申请，行车调度在接到申请后确认不影响正常运营时方可同意调车申请，并做好相应记录。调车进路的排列由车站操作，但行车时行车调度必须加强对进路及调车全过程的监控。

（2）遇到正线调车时，行车调度应事先取消相关进路的自动进路功能。

（3）正线调车遇到轨道电路压不死等不正常现象时，必须采取单锁道岔的方式，必要时需现场加钩锁器以确保安全。

（4）如涉及越出站界调车，行车调度应该发布调度命令，令相关车站办理闭塞后方可进行。

七、接发列车作业惯性事故预防

接发列车是城市轨道交通行车工作中最重要的环节之一。接发列车的作业安全直接关系到城市轨道交通的行车安全，因此，所有参与接发列车的工作人员，均应以高度的工作责任感，严格执行规章制度，保证接发列车作业安全。

（一）接发列车作业安全基本知识

接发列车作业主要是指对列车的车次、行驶时长和频率以及行驶方向进行安排，这一环节也是列车运行过程中很关键的一个环节。

1. 列车车次与行车安全

在整个轨道交通系统中行驶的列车是非常多的，因此，需要指挥人员进行周密安排，列车的车次一旦被误判，则很可能发生变轨错误的情况，导致撞车事件的发生。填报人员要细心耐心，如果出现记忆不明的情况应该马上核实，绝对不能有“差不多”的心理。

2. 列车行运方向与行车安全

列车的行驶方向也是很重要的信息，同样不能有丝毫差错，特别是遇到同一条线路上有两列及以上的列车行驶的情况，对于其行驶方向应该以醒目的标志进行提醒，并报告下一站的站名，避免列车驶向错误的方向。

3. 列车行运指挥与行车安全

指挥的级别应该从总部向分部发展，由总部进行统一指挥，再逐级下发至各分部，这一过程需要遵守的原则是正确性和服从性。

正确性的含义很明显，即指挥过程中应该自始至终保证指挥内容的正确，一旦出现指挥命令有误、指挥内容不全、指挥方法不科学或者分站人员对指挥命令理解错误、对指挥内容记忆不全以及使用错误的方法进行安排等情况，很容易导致危险的发生，所以在进行指挥之前，要对将要指挥的内容进行理解和记忆，对实际应用场所进行考察，积极收集相关人员的意见和建议，这样才能在指挥过程中做到准确无误。

分站工作人员应该严格服从指挥命令，不做规章制度规定以外的事情。

（二）非正常情况接发列车作业事故的种类及主要原因

城市轨道交通一般均为双线，信号系统普遍采用中央级控制（ATS），列车实行自动驾驶运行。正常情况下，车站原则上并不办理闭塞及接发列车。车站对列车运行情况进行监控，并负责向行车调度报告，各站间相互报点；当发生意外事件时，向行车调度请示，经同意后暂不报点；站台服务员按有关规定迎送列车，只在停电、调度集中、信号连锁设备等出现故障，需要人工排列进路组织列车运行及列车开到区间因故障要退回车站等非正常情况下，车站才能办理闭塞，接发列车。

车站在办理接发列车和列车通过作业程序中发生的一切行车事故称为接发列车事故。

1. 非正常情况下接发列车事故的种类

（1）向占用区间发出列车。

（2）向接入线路发出列车。

（3）未准备好进路接发列车。

（4）未办或错办电话闭塞发出列车。

（5）列车冒进信号或越过警冲标。

（6）错误办理行车凭证发车耽误列车。

2. 发生接发列车作业事故的主要原因

（1）车站值班员离岗，或做与接发列车作业无关的事情。

（2）办理电话闭塞时没有确认区间处于空闲状态。

（3）不按规定检查确认接发列车进路。

（4）不认真核对行车凭证。

（5）错办或未及时办理信号。

（6）取消、变更接发列车进路时联络不彻底。

（三）非正常情况接发列车作业事故的预防

接发列车作业从办理闭塞、准备进路到开放信号、交递凭证直至列车由车站发出或通过，其间任何一个环节的漏洞都有可能埋下事故隐患，任何一项差错都可能危及列车运行安全。因此，日常办理每一趟列车接发，均须高度重视，认真作业。

1. 办理电话闭塞不能简化作业过程

办理电话闭塞是接发列车的首要作业环节，是列车取得区间占用权的重要环节，也是易发生列车事故的关键环节。

（1）办理电话闭塞前，必须认真确认区间空闲。车站值班员在办理电话闭塞时，为防止向占用区间发出列车，在确认区间空闲时必须认真做好以下工作：①检查确认前一列车是否完整到达前方站。②通过闭塞设备确认区间空闲，检查确认区间是否有列车占用。③检查确认区间是否封锁。④检查有关记录，检查确认其他占用区间的情况。

（2）办理闭塞时，车次必须准确清晰，用语必须简洁完整。现场作业时，有的车站值班员承认闭塞时，仅简化回答"同意"两字而未复诵，未起到与相邻互控、联控的作用，极易错办车次，为此，办理闭塞及承认闭塞时，均需完整按照行车标准用语执行。

2. 认真检查确认接发列车进路

准备接发列车进路，是指将列车经由车站所运行的线路安全开通。它是接发列车工作中一项极为重要的作业环节，在准备接发列车进路时，应重点检查以下事项。

（1）确认接车线路空闲。没有到发线的车站准备接车进路或通过进路时，首先必须确认接车（通过）的线路空闲，以防止线路上存有机车、车辆及其他危及列车运行安全的障碍物等，为此，车站值班员和现场作业人员必须对接车（通过）进路线路是否空闲进行检查和确认。检查的方法有设备检查，即没有轨道电路及控制台上设有股道占用标识的，通过控制台对股道是否占用进行确认；目视检查，即车站值班员（助理值班员）现场目视检查线路空闲；分段检查，即在天气不好或瞭望条件不良、小曲线半径或联锁设备失效的情况下，车站（车厂）值班员（助理值班员）和现场人员按划分地段分别检查确认。

（2）确认接发列车进路正确无误。接发列车进路的正确与否，直接关系列车运行是否安全。因此，在接发列车作业中，对列车进路的确认极为重要，切不可疏忽。联锁设备正常时车站可通过信号设备的显示来确认接发列车进路；遇联锁设备停用时，对列车进路的现场检查则更需严密细致，对进路上的道岔逐个确认，确认其位置正确及按照要求加锁后，方可报告接发列车进路准备妥当。

（3）确认影响进路的其他作业已经停止。

3. 确认行车凭证的办理及交付正确无误

行车凭证是列车占用区间的依据，包括信号机显示、路票、调度命令后等。有关作业人员办理行车凭证时，必须认真严谨，防止因差错而造成行车事故。

（1）防误操作信号设备。信号是指列车运行的命令。信号正常时，信号机上显示的准许列车运行的各种信号均为列车行车凭证。信号的开放和关闭至关重要，因此，车站值班员、信号员在操作信号设备时，必须全神贯注，精力集中，遵章守纪，严格坚持“眼看、手指、口呼”一致的确认操纵制度，确保信号指示准确无误。

（2）防误填写行车凭证。使用路票、调度命令等书面凭证办理行车时，对其使用日期、区间、车次、地点、电话记录号码或调度命令号码等应特别注意。书面凭证填写后，必须逐字逐项复诵，认真进行核对，确保信号指示准确无误。

4. 严格执行接发列车作业程序、规范用语

为确保接发列车作业的安全稳定，尤其是在迎接处理中，车站接发列车作业应按规定程序办理，并使用规定用语。随意简化，甚至颠倒或遗漏作业程序及用语，将危及行车安全。

5. 必要时立岗监督接送列车并指示发车

接送列车及指示发车直接关系到接发列车作业的安全。在信号正常的情况下，车站原则上不办理接发列车作业；遇特殊情况(指信号联锁故障需要人工排列进路口组织列车运行时，或列车开到区间因故障要退回车站等情况)需要接发列车时，车站接发列车人员应严格执行接发列车作业程序

（1）确认列车整列到达。

（2）严密监视列车运行安全状态。站台岗人员随时注意站台乘客动态，当列车进站时应于站台扶梯口靠近紧急停车按钮附近站岗，防止乘客在列车关门时冲上车而被车门或屏蔽门夹伤，维护站台秩序，监督驾驶员按规范动作关门。发车时，站台岗(或驾驶员)若发现站台或屏蔽门异常，应立即用对讲机通知驾驶员(或站台岗人员)并及时处理。

（3）确认列车发车条件无误后，方可指示发车。

八、检修施工作业事故预防

作为城市轨道交通运营工作的重要组成部分，为保证日常运营生产工作能安全而有序地进行，城市轨道交通运营企业必须对各种运营设备进行全面的检修施工作业和更新维修保养。轨道交通系统作为一个技术含量高、专业分工多的全封闭运作系统，有相当一部分施工检修作业直接或间接地影响着日常运营秩序，甚至会影响运营安全，而这些施工检修作业又可能受到时间与空间的制约无法及时完成。只有做好检修施工安全工作，确保行车设备和设施维修保养符合技术要求，才能使城市轨道交通顺利开展运营。一旦施工安全出

现问题，使城市轨道交通运输的秩序混乱，严重影响乘客出行安全，将会给人民生命造成伤害，给国家和企业财产造成严重损失，因此，要高度重视检修施工作业安全，为城市轨道交通的安全运营打下良好基础。

检修施工作业应树立“安全第一”和“检修施工为运营”的思想，必须保证施工时不耽误运营。总调度所负责检修施工计划的审批与实施，并按《铁路行车组织规则》中的有关内容和《施工检修管理办法》的具体规定安排临时施工计划和抢修作业。为提高维修和施工效率，保证设备维修质量，确保维修和施工安全工作，要成立有效的施工管理组织，加强对维修和施工作业的管理。

（一）施工计划的制订

1. 施工计划

施工计划可按计划的时间不同进行划分，也可按计划施工作业的地点和性质不同进行划分，例如是否影响正线、是否影响车厂等。

（1）属于正常修改规程内的作业应结合设备检修计划进行，加强计划性。

（2）如在轨道交通运营时间内对设备进行临时抢修，须在运营停止后继续安排临时性的设备补修。

2. 施工计划申报程序

（1）向总调度所提出施工计划申请。必须向总调度所提出计划申请的施工检修作业范围。①施工检修作业在列车运营线路（含出入库线）及其封闭区域以内。②施工检修作业在列车运营线路（含出入库线）及其封闭区域以外但对地铁运营组织工作有直接关系与影响的。③施工检修作业在停车场内影响列车正常出入库的。④电力调度所管辖范围内的所有供电设备的清洁、保养、检修和改扩建等工作。

（2）向总调度所提出电力施工计划申请。施工涉及城市交通供电系统的，必须向总调度所提出电力施工检修计划申请的施工检修作业范围。①电力调度所管辖范围内的所有供电设备的检修和清洁、保养工作。②在各种施工检修作业中，由于与电力设备的安全距离不够，威胁到人身安全而需要相关的电力设备停役的施工检修作业。③在电力调度管辖范围内，凡可能影响正常运营和安全的供电设备的施工检修作业。④凡涉及电力调度管辖和许可范围内的新建、扩建、改造工程，依旧要接入地铁供电系统的供电设备。

（3）向总调度所提出环控施工计划申请。施工涉及城市轨道交通消防环控系统的，必须向总调度所提出环控施工检修计划申请的施工检修作业范围。①影响环控调度系统的中央主机系统网络施工检修作业。②影响消防报警系统以及各自动气体灭火系统的施工检修作业。③影响车站设备自控系统的施工检修作业。④影响给排水系统的施工检修作业。⑤影响事故冷却风机系统的施工检修作业。⑥在环控调度管辖范围内，凡可能影响日常运营秩序和安全的站内施工检修作业。

（4）特殊情况下的计划申请。在城市轨道交通运营时间内原则上不安排与运营设备有关的施工检修作业。因施工检修作业组织工作中的特定要求等特殊情况，须在运营时间内进行施工检查作业，各施工检修单位必须提供书面或详尽的安全保障方案，并由主管安全服务的职能部门确认后，向总调度所提出计划申请。施工计划申报单位应包括作业日期、作业部门、作业时间、作业区域、作业内容、供电安排、申报人、防护措施、备注(列车编组、配合部门及详细配合要求、联系电话)等。

(5) 检修施工计划的批复。①施工检修单位提供计划申请后，总调度所在三个工作日内批复计划并具体执行安排。②每月 15 日和 30 日前，总调度所分别下达当月以及次月上半月的施工检修通告。③根据施工检修计划调整变化情况，总调度所在每周五发布下周的调整施工检修报告。④施工检修作业计划的实施以调整后的施工检修通告为准。

3. 施工计划的编制

(1) 计划编制原则。①在确保安全的前提下，考虑均衡安排，避免集中作业。②处理好列车开行时间和密度、施工封锁等几方面的关系，避免抢时和争点现象出现。③经济、合理地使用机车和车辆，避免浪费资源。

(2) 施工现场作业令。①凡进行计划施工，都必须领取施工进场作业证，以此作为请点施工的凭证。②施工计划编制部门负责施工进场作业证的管理工作。

(二) 施工安全管理

1. 施工责任人制度

每项施工作业须设立一名施工负责人，辅站另设立施工负责人。两者须经过培训并取得安全资格证书后，方可按制度持证上岗。

(1) 施工负责人(施工责任人)职责。①负责作业人员(设备)的管理。②办理请(销)点手续。③作业过程的组织指挥。④及时与车站、车厂联系作业有关事项。⑤组织设置(撤销)作业安全防护设施。⑥出清作业区域(设备状态恢复正常)。

(2) 施工负责人(施工责任人)任职条件。①熟知行车规章制度及有关规定。②熟悉该项作业的性质、内容、方法、步骤、要求等。

2. 施工防护要求

(1) 接触网停电检修或需接触网停电配合挂地线时，在该作业地段两端挂接地线。

(2) 站内或站间线路施工时，须在施工区域两端轨道上设置红闪灯防护。

(3) 在折返线、存车线和联络线施工时，须在作业区域的可能来车方向处设置红闪灯防护。

(4) 车站值班人员到站台检查红闪灯是否按规定摆放，并监督红闪灯状态是否良好。

(5) 施工作业时除严格执行以上规定外，还要按施工部门的有关施工操作程序的防护规定执行。

(6) 凡在运营时间内进行作业的，必须做好防护措施，确保城市轨道交通乘客的安全，最大限度地减少对乘客的影响。

3. 现场施工要求

人和工程车在同一区域作业时，由施工负责人与车长根据现场情况协调。

(1) 按施工前进方向，列车在前，人员在后。原则上不得颠倒顺序或列车运行前后皆有人员作业。

(2) 非随车施工人员与列车应有一定的安全间隔，原则上列车不得随便后退，如需要动车，须与施工负责人和车长协商后才能动车，确保人身安全。

（3）作业人员应在现场作业区的来车方向设置红闪灯防护。

（4）组织工程车运行时，在工程车运行的到达站前方必须保证至少有一个站台区间空闲。

（5）在开行工程车进行作业的封锁作业区的前后方必须保证至少有一个站台区或站间区间空闲。

（6）在开行高速调试列车的封锁作业区的前后方必须保证至少有一个站间区间空闲。

（7）凡进入线路施工的施工作业人员必须按照要求穿荧光衣，并根据作业性质及作业要求使用其他安全防护用品。

（8）施工作业过程中如要进行动火作业，必须事先办理有关动火手续，严禁在未办理动火手续的情况下进行动火作业。

（9）外单位施工由主办部门或配合部门负责安全管理、安全监督。

（10）各施工单位和部门在申报施工计划时应严格按照相关规定，结合施工作业过程中的实际情况，提出安全防护要求和配合要求。在施工作业过程中，施工单位和部门应严格遵守安全规定和施工进场作业令中的要求。

（三）施工组织

1. 施工时间的安排

（1）如有施工车运行时须等工程车过后才能开始施工。

（2）严格按照施工计划按时完成施工作业。

（3）每日末班车离开起点站后，可由车站根据施工登记表向行车调度请点。

（4）车厂内施工(作业)时间安排应严格按照施工计划的要求执行，车厂调度、维修调度和派班员应根据当日施工计划提前做好线路空间，车辆和驾驶员配合准备。

2. 施工的组织

（1）各施工单位及部门的施工，检查作业，严格控制作业区范围及作业时间。①外单位施工负责人(责任人)须持相关安全资格证件，方可在城市轨道交通范围内进行施工。②施工负责人持相关安全资格证件，方有资格申请城市轨道交通施工。③持有相关安全资格证件的施工负责人，向施工计划编制部门申请报施工计划。④以主办部门或主配合部门名义申请的外单位作业，由外单位人员担任施工负责人，主办部门或主配合部门协助办理请(销)点。

（2）施工人员进出站规定。①施工负责人持作业令在作业规定的施工开始时间前到达主站。施工责任人及维修人员在作业令规定的施工开始时间前到达辅站和相关车站，按规定程序办理施工作业手续。②向内部相关部门配发车站紧急出入口的钥匙。施工人员遇特殊情况需在收车后到达车站的，施工负责人到内部相关部门申请领取车站出入口钥匙，经各站指定的紧急出入口进出车站，及时将出入口锁上。③外单位施工人员进出车站须提前与车站值班人员联系，并于关站前进站。如遇特殊情况确须关站后进入的，应提前与车站预约，车站根据其预约的地点和时间，检验手续后开门放行。

（3）施工组织规定。①每日运营结束后，维修部门计划对设备系统进行检修作业，并应于规定时间内完成运行线路巡道和施工线路出清程序。②在正线及辅助线施工开始前，施工负责人应进行施工登记，经行车调度批准，发布封锁命令。车站签认以后，通知施工负责人设置防护信号，并送维修施工人员到站站台端墙，确保施工人员进入正确的施工区域。③对维修、调试、施工等作业按性质、地点分别组织。涉及正线的施工作业须经行车调度批准方可进行；涉及车厂内的施工作业须经车厂调度员同意方可进行，如影响正线行车须报行车调度批准；涉及车站的施工作业须经车站批准方可施工。④在两站之间作业需要开行工程车时，由行车调度指定的车站值班员掌握施工情况，监督施工安全。⑤施工结束后，负责线路出清，人员撤离现场，经检查确认撤除防护后，办理注销施工登记手续。车站报告行车调度取消封锁线路的命令。⑥需由多个车站进入施工的作业项目，施工负责人除到主站办理外，还须核实辅站情况。辅站施工负责人在作业令规定的施工开始时间前到达辅站办理登记手续，辅站值班员向主站值班员核实施工事项并清点，主站接到行车调度允许施工的命令后，传达给施工负责人及辅站，辅站值班员允许施工责任人开始该作业点的施工。⑦当多点销点时，辅站施工责任人负责本段线路出清并报施工负责人后，在辅站销点；辅站值班员向主站值班员销点；施工负责人负责该项作业区域全部出清后，方可报主站值班员销点，然后主站值班员向行车调度销点。⑧有外单位作业时，由指定的施工主办部门或配合部门人员协助办理清点后，方可开始作业。

（四）工程列车开行

施工过程中，工程列车开行对城市轨道交通的行车安全有较大影响。因此，工程列车开行必须保证其运行安全。

1. 行车调度统一指挥

行车调度负责指挥工程车开行，在进行作业安排时，有关人员应注意以下几点。

(1) 工程车按正常列车办理，尾部必须挂有标志灯。工程列车中所有车辆的制动机电全部加入列车的制动系统，编入工程列车的车辆不准有关门车。工程列车挂有高度超过轨面一定高度的货物时，接触网必须停电。

(2) 工程列车进路排列由行车调度负责，行车调度在指挥工程车运行时要严格确认工程车运行前后有无施工作业。

(3) 安排工程列车作业时，必须严格按照划分的区域安排作业。

(4) 工程列车离开作业区返回时，车长、驾驶员负责观察工程列车返厂途中的前方线路出现情况，保证车上物品及部件不掉落，工程列车在回库前应向行车调度汇报。

(5) 封锁区域工程列车运行由施工负责人指挥。

(6) 涉及接触网停电挂地线且须工程列车配合的作业时，工程列车到达作业后，经行车调度同意后才可挂地线。作业完毕，拆除地线，得到行车调度命令后驾驶员方可动车回厂。

2. 工程列车开行

(1) 工程列车在进入运营前必须保证无线通信畅通，并按照规定对列车技术状态进行全面检查，以确保行车和设备安全。

(2) 工程列车的开行根据调度命令办理，严格按申报批准的运行线路、运行方式开行，推进运行在列车前部设专人引导，遇异常情况立即通知驾驶员停车。工程列车在地面线路运行限速 60km/h，隧道内限速 45km/h，进站限速 15km/h，侧向过岔道限速 30km/h。

(3) 工程列车在进站、出站，运行至曲线前、站内或区间动车前，应按规定鸣笛示警。

(4) 工程列车在车站装卸物料时，车站要负责监控，查看是否有物品侵限。

3. 工程列车、救援列车进出封锁区间

(1) 维护调度负责向行车调度提出使用工程列车的计划(上人、设备地点和数量)，由行车调度向车厂调度员发布调车指令。

(2) 车厂调度员按行车调度的要求组织工程列车开行到车厂内指定地点。

(3) 抢修工作执行部门原则上在工程列车到达后 10min 内完成装载设备、物品等工作，并安排跟车人员上车。

(4) 行车调度负责组织工程列车或救援列车从车厂至封锁区间前一站的运行，在封锁区间前一站把工程列车或救援列车交给维修调度，并命令该站向列车或救援列车交付进入封锁区间的调度命令。

(5) 维修调度负责通知现场指派一名联络员登乘工程列车或救援列车驾驶室，将进入区间的计划交给车长，由车长引导进入封锁区间，按照计划指挥动车。

(6) 如封锁区间内有道岔、辅助线时，由车长与车站联系调车进路计划，车站安排好进路后通知车长，由车长指挥动车。

(五) 车站在施工期间的管理

1. 施工登记

(1) 夜班行车值班员接班后，应仔细阅读《检测施工通告》，了解车站当天有关的施工内容及夜间施工车开行情况。

(2) 施工负责人必须在施工前 15min 与行车值班员取得联系，行车值班员核对等级内容与《检测施工报告》上的内容无误后给予登记。

(3) 行车值班员将施工登记内容向行调报告，并得到行调同意及调度命令号码。

(4) 行车值班员再次核对施工等级内容无误后，将调度命令号码记录在“施工单位”一栏内并签名确定同意施工。施工结束为异地注销的，行车值班员应将施工登记内容通报注销站行车值班员。

2. 施工注销

(1) 施工结束后，施工负责人到车控室注销，行车值班员需让直供负责人在“施工结果”一栏内写清“人员、工具清，设备正常”。

(2) 行车值班员向行车调度报告检修施工完毕，由行车调度下达注销调度命令号码，行车值班员将调度命令号码记录在“施工结果”一栏内，并签名确认施工已注销。

(3) 异地注销：由注销站行车值班员向登记站行车值班员通报注销时间及注销调度命令号码(以下简称调令号)；登记站行车值班人员应在“施工注销”一栏内写清注销时间并用 xx 站行车值班员 xxx 电话通知施工注销。

3. 延长施工

(1) 行车值班员应注意施工时间，施工时间已过且施工负责人未注销的，应及时汇报行车调度，根据行车调度命令执行。

（2）施工需延长时间的，施工负责人应在原定截止时间前20分钟与行车值班员联系，由行车值班员向行车调度汇报、经同意后方可进行。

（3）施工时间延长，不对原施工登记进行注销，由施工负责人另行登记，其调令号不变。

（4）待施工结束后，由施工负责人对两次施工分别进行注销（前次施工注销时间为后次施工的开始时间）。行车值班员汇报行车调度后，用同一调令号注销，按施工作业规定要求对两次施工进行签字、确认和注销。

4. 注意事项

（1）涉及行车设备的施工，在注销时，行车值班员须试验设备完好后，方可同意施工单位注销。

（2）如夜间有施工车开行的，行车值班室须特别注意施工登记内容，严防施工区段与施工车开行区间发生冲突。

（3）运行期间的站区一切施工，都要到行车值班室登记，对影响行车的施工（如下站线施工、在站台侵入限界的施工、施工动用行车设备）要经过行调同意方可进行。

（4）行车簿册登记时要笔迹清晰、内容完整，严禁涂改。

九、电气事故的预防

电气安全主要包括人身安全与设备安全两个方面。人身安全是指在从事工作和电气设备操作使用过程中人员的安全；设备安全是指电气设备及有关其他设备和建筑的安全。

（一）电气事故分类

（1）电气事故按发生事故时的电路状况，可分为短路事故、断线事故、接地事故和漏电事故等。

（2）电气事故按发生灾害的形式，可分为人身事故、设备事故、电气火灾和爆炸事故等。

（3）电气事故按事故严重程度划分，可分为特大事故、重大事故和一般事故。

（4）电气事故按事故的基本原因，可分为下面4种。①触电事故。指人身触及带电体（或过分接近高压带电体等）时，由于电流流过人体而造成的人身伤害事故。触电事故是由于电流能量施于人体而造成的。触电又可分为单相触电、两相触电和跨步电压触电三种。②雷电和静电事故。指局部范围内暂时失去平衡的正负电荷在一定条件下，将电的能量释放出来，对人体造成的伤害或引发的其他事故。雷击往往会伤及人畜，摧毁建筑物，还可能引发火灾；静电放电的最大威胁是引起火灾和爆炸事故，也可能造成人身伤害。③射频伤害。指电磁场的能量对人体造成的伤害，也就是电磁场伤害。在高频电磁场的作用下，人体因吸收辐射能量，各器官会受到不同程度的伤害，从而引起各种疾病。除高频电磁场外，超高压的高强度工频电磁场也会对人体造成一定伤害。④电路故障。指电能在传递、分配和转换的过程中由于失去控制而造成的事故。线路和设备故障不但威胁人身安全，而且也会严重损坏电气设备。

上述四种电气事故，最常见的为触电事故。任何一种事故，都是由于各种类型的电流、电荷与电磁场的能量不适当释放和转移而造成的。

（二）电气事故的特点

（1）电气事故一旦发生，其引发的结果将会非常严重，造成的损失也会很大，轻则对生产进度造成影响，重则对工作人员的生命安全产生严重威胁。

（2）电气事故的特点是隐蔽性比较强。电是一种无法接触到的能源，不能通过直接观察发现其存在的问题，所以电力事故发生之前往往不被人所察觉，一旦发生就已经达到风险极限，一般来说其所造成的损失是很难挽回和减少的。

（3）由于电能是现代社会人类利用最广泛的一种能源，其适用范围是非常广阔的。除了日常的用电，还可能在电能作用的空间产生火花和磁场，可以说用电风险存在于我们生活的方方面面，因此必须引起人们的关注。

（三）电气安全的要素

对于轨道交通系统来说，电的使用是不可避免的，所以应该在使用之前就做好相应的安全培训。定期组织讲座和安全演习，有针对性地写出安全守则和操作规范，保证相关岗位的工作人员都能具备应对电气安全的能力。

1. 电气绝缘

由于人不可直接接触电，但又要使用电，所以为了安全，在大多数用电设备上都有一层绝缘保护层。绝缘保护层必须是完好的。对于电的隔绝能力要反复进行验证才可以投入使用，并且有一系列的专业数据可以衡量。

2. 安全距离

有时候人并不需要直接接触电，但一定会在有电存在的空间中活动，而人体与所处空间的电流之间有一个安全距离。在安全距离之外的人是不会受到安全威胁的，但在这个距离之内的人面临的风险则是非常大的，因此，在实际用电体的配置方面应该尽量在避免人活动的高发区。在检测人员对其进行维护和检测时也要留出一定的空间。

3. 安全载流量

载流量是指导电物体能够在不影响自身功能的前提下允许经过的最大电流量，如果经过的电流量高于允许值，则会导致物体发热，最终无法使用，甚至造成严重的安全事故，所以，在进行用电体配置时必须遵循物体的载流量守则，不能出现超载运行的现象。

4. 标志

鉴于电能的种种风险，需要人们特别注意，因此要在用电体和需要工人操作的显著位置进行标注。标注的特点一般是简洁、醒目、符合规定的。对于不同的情况有着不同的图案和色彩，操作人员要对这些标志的含义做到心中有数。

（四）电气安全常识

1. 常见电气事故的主要原因

（1）电气线路和设备安装不符合安全要求。

（2）电气线路和设备在检修中措施没有落实。

（3）接线错误。

（4）非电工任意处理电气事务。

（5）操作漏电的机器设备和使用漏电电动工具，包括设备、工具无接地和接零保护测试。

（6）设备和工具已有的保护线中断。

（7）带电源移动设备时因损坏电源绝缘。

（8）电焊作业者穿背心短裤、不穿绝缘鞋，汗水浸透手套，焊钳误碰自身、湿手操作机械按钮等。

（9）因暴风雨、雷击等自然灾害导致。

（10）现场临时用电管理不善导致。

2. 防止电气事故的措施

要想有效防止电气事故，不仅要有技术措施还要有组织管理措施，总结起来有以下 6 个方面。

（1）防止接触带电部件，常见的安全措施有绝缘，屏护和安全间距。①绝缘：即用不导电的绝缘材料把带电体封闭起来，这是防止直接触电的基本保护措施。②屏护：即采用遮拦、护罩、护盖、箱闸等把带电体与外界隔离开来。③安全间距：为防止物体触及或接近带电体，防止车辆等物体碰撞或过分接近带电体，在带电体与带电体、带电体与地面、带电体与其他设备和设施之间，均应保持相应的安全距离。

（2）防止电气设备漏电伤人，保护接地和保护接零，是防止间接触电的基本技术措施。①保护接地：即将正常运行的电气设备不带电的金属部分和大地紧密连接起来。其原理是通过接地把漏电设备的对地电压限制在安全范围内，防止触电事故。保护接地适用于中性点不接地的电网中，电压高于 1kV 的高压电网中的电气装置外壳，也应采取保护接地。②保护接零：在 380/220V 三相四线制供电系统中，在正常情况下把用电设备不带电的金属外壳与电网中的零线紧密连接起来。

（3）采用安全电压。根据生产和作业场所的特点，采用相应等级的安全电压，是防止发生触电伤亡事故的根本性措施。

（4）漏电保护装置。漏电保护装置又称触电保安器，在低压电网中发生电气设备及线路漏电或触电时，它可以立即发出警报信号，并迅速自动切断电源，从而保护人身安全。

（5）合理使用防护用具。在电气作业中，合理匹配和使用绝缘防护用具，对防止触电事故，保护操作人员在生产过程中的安全健康具有十分重要的意义。绝缘防护用具可分为两类，一类是基本安全防护用具，如绝缘棒、绝缘钳、高压验电笔等；另一类是辅助安全防护用具，如绝缘手套、绝缘鞋（靴）、绝缘台和橡皮垫等。

（6）安全用电组织措施。防止触电事故，固然技术措施十分重要，但组织管理措施亦必不可少。其中包括制定安全用电措施计划和规章制度，进行安全用电检查、教育和培训，组织事故分析，建立安全资料档案等。

（五）城市轨道交通电气安全

1. 相关电气设备

（1）接触网。沿轨道线路架设，向电客车供给电能的特殊形式的输电线路，包括架空刚性接触网、架空柔性接触网和接触轨。

（2）牵引轨。用来流回牵引电流的钢轨。

（3）隔离开关。用来在接触网无负荷的情况下切断或闭合供电回路的电气设备。

（4）接触线。接触悬挂中与受电弓接触的传导电流的导线。

（5）承力索。接触悬挂中用来承受接触悬挂重量的缆索。

（6）接触轨区域。安装有接触轨的执行区。

2. 预防电气化线路电气事故的措施

（1）接触网的各导线（如接触线、承力索、馈线、吊弦等）及其相连部件（如腕臂、定位器、定位管、拉杆、避雷器等）都带有高压电，禁止直接或间接接触地（指通过任何物件，如棒条、导线、水流等）与上述设备接触。

（2）当接触网的绝缘不良时，在其支柱、支撑结构及其金属结构上，在回流电缆与钢轨的接触点上，都可能出现高电压，因此，平常应避免与上述部件接触，当接触网绝缘损坏时，禁止与之接触。

（3）为保证人身安全，任何人员及其携带的物品（经检验合格的工具除外）应与带电接触网、受流器保持足够的安全距离。150V-DC 接触网的安全距离为 700mm。

（4）进行在接触网上或接触网距离小于其安全距离的作业前，接触网必须停电并做好安全措施后方可工作。一般来说，其安全措施是停电、验电、挂接地线和悬挂标志牌。

（5）接触网断线及其部件损坏或接触网上挂有异物时，不得与之接触，并应对该处加以防护，任何人员均应与断线落下点保持 8m 以上的距离，以防跨步电压触电。

（6）当行人持有木棒、竹竿、彩旗和皮鞭等高长物件过道口走近接触网下时，不得高举挥动，并必须使物件保持水平状态走过道口。

（7）汽车过平交道口时，货物装载高度（从地面算起）不应超过 4.5m；在装载货物高度超过 2m 的货车通过道口时，货物上严禁坐人。

（8）当区段内接触网停电接地时，不得向该区段接发电客车，当驾驶员发现接触网异常或出现事故时，要马上停车并立刻降下受电弓。

（9）在接触网没有停电并接地的情况下，禁止到电客车、内燃机车及工程列车车顶上进行任何作业。检修库内，在接触网停电并接地以前，禁止登上车顶平台。

（10）凡可能进入接触轨区域的地方，必须张贴“当心触电”的警告标志。

（11）所有进入接触轨区域的人员，必须穿绝缘鞋和有高可见度的反光背心。

（12）除接触网专业人员按规定检修接触轨设备外，其他任何人员，即使在接触过已经停电挂地线的情况下，也不得擅自接触、触摸接触轨及其附近。

（13）安装有接触轨的轨行区，须疏散乘客时，原则上接触轨应停电，做好安全防护后再有组织地疏散乘客。

（14）倒闸操作、验电、挂拆接地线和处理接触网（轨）上异物时，操作人员必须戴绝缘手套。

（15）带电更换低压熔断器时，操作人员要戴防护眼镜，站在绝缘垫上，并要使用绝缘柄钳或戴绝缘手套。

十、火灾事故的预防

（一）火灾

1. 火的概念

火是一种化学反应，是物质燃烧过程中散发出光和热的现象，是能量释放的一种方式。

火焰由焰心、中焰和外焰三个部分组成，由内向外温度依次增高。燃烧的发生必须同时具备三个条件：一是可燃物，如木材、汽油、液化石油气、纸张等；二是助燃物，如空气中的氧气；三是着火源，如明火(未熄灭的烟头等)、电火花、雷击等。只有上述三个条件同时具备，才可能发生燃烧。

燃烧根据其表现形式不同可分为蒸发燃烧、扩散燃烧、分解燃烧、表面燃烧、混合燃烧和阴燃。

(1) 蒸发燃烧：是指可燃性液体(如汽油、酒精等)蒸发产生了蒸气被点燃起火，它放出的热量进一步加热液体表面，从而促使液体持续蒸发，使燃烧继续下去。

(2) 扩散燃烧：是指可燃气体和空气分子互相扩散、混合，其混合浓度在爆炸范围以外，遇火源即能燃烧。

(3) 分解燃烧：是指在燃烧过程中可燃物首先遇热分解，分解产物和氧反应产生燃烧，如木材、煤、纸等固体可燃物的燃烧。

(4) 表面燃烧：是指燃烧在空气和固体表面接触部位进行的。例如，木材燃烧，最后分解不出可燃气体，只剩下固体炭。燃烧在空气和固体炭表面接触部分进行，它能产生红热的表面，不产生火焰。

(5) 混合燃烧：是指可燃气体与助燃气体在容器内或空间中充分扩散混合，其浓度在爆炸范围内，此时如果遇到火源会立即发生燃烧，这种燃烧在混合气所分布的空间中快速进行，所以称为混合燃烧。

(6) 阴燃：是指一些固体可燃物在空气不流通，加热温度低或可燃物含水多等条件下发生的只冒烟但无火焰的燃烧。

2. 火灾

燃烧如被妥善利用，可以造福人类；一旦失去控制，将会造成极大危害。火灾是指在时间和空间上失去控制的燃烧所造成的灾害。火灾的危害性非常大，主要表现在两个方面，即人员伤亡和财务损失。

A 类火灾：指固定物质火灾。这种物质通常具有有机物质性质，一般在燃烧时能产生灼热的余烬，如棉、麻、木材、煤、毛、纸张等火灾。

B 类火灾：指液体或可熔化的固体物质火灾，如煤油、柴油、原油、甲醇、乙醇、沥青、石蜡等火灾。

C 类火灾：指气体火灾，如煤气、天然气、甲烷、乙烷、丙烷、氢气等火灾。

D 类火灾：指金属火灾，如钾、钠、镁、铝镁合金等火灾。

E 类火灾：指物体带电燃烧的火灾。

F 类火灾：指烹饪器具内的烹饪物(如动、植物油脂)火灾。

公安部下发的《关于调整火灾等级标准的通知》中，将火灾分为特别重大火灾、重大火灾、较大火灾和一般火灾四个等级。

(1) 特别重大火灾：指造成30人以上死亡，或者100人以上重伤，或者1亿元以上直接财产损失的火灾。

(2) 重大火灾：指造成10人以上30人以下死亡，或者50人以上100人以下重伤，或者5000万元以上1亿元以下直接财产损失的火灾。

(3) 较大火灾：指造成3人以上10人以下死亡，或者10人以上50人以下重伤，或者1000万元以上5000万元以下直接财产损失的火灾。

(4) 一般火灾：指造成3人以下死亡，或者10人以下重伤，或者1000万元以下直接财产损失的火灾。

(二) 防火基础知识

所有的防火基础措施都是以防止燃烧的三个条件同时结合在一起为目的的。

1. 防火基本方法

控制可燃物，隔绝助燃物，消除着火源。

(1) 控制可燃物。如用难燃或不燃材料来替代使用易燃材料，对性质相互抵触的化学危险品采用分堆、分仓存放等。

(2) 隔绝助燃物。如对密封容器抽真空以排出容器内的氧气，在容器内充入惰性气体等。

(3) 消除着火源。如在易燃易爆场所严禁烟火，在有火灾危险的场所严格控制电焊气割等动火作业。

2. 化学危险品

所谓危险品，是指具有爆炸、易燃、毒害、腐蚀放射性等特性，在运输、储存、生产、经营使用和处置过程中，容易造成人身伤亡、财产损失或环境污染，需要特别保护的物品。其中的化学物品则称为化学危险品，如黄色炸药、烟花爆竹、枪弹、雷管、液化石油气、一氧化碳、石油气、氢气、氧气、煤气、汽油、酒精(乙醇)、丙酮、油漆类、松节油、染色剂、香蕉水、钠、钾、磷、锌粉、铝粉、高锰酸钾、亚硝酸钠、漂白粉、硝酸钠、敌敌畏、灭鼠药、敌百虫、氧化钾(钠)、钴(60)、夜光粉、硝酸、盐酸、磷酸等。

(三) 灭火基本知识

通常来说，火灾都有一个从小到大，逐步发展，直到熄灭的过程。火灾的过程一般可分为五个阶段，分别是初起、发展、猛烈、下降和熄灭。在火灾的初起阶段(一般为着火后5~7分钟)，扑救的最佳时机就是在燃烧面积不大，辐射热不强的时候，只要发现及时，用较少的人力和应急消防器材就能将火控制或扑灭。

灭火的基本方法是根据起火物质的燃烧状态，为破坏燃烧必须具备的基本条件而采取的些措施，主要有以下几种。

(1) 窒息灭火法。就是采取措施，阻止空气进入燃烧区，或用惰性气体降低空气中的含氧量，使燃烧物质因缺乏氧气而熄灭。如用湿棉被、湿麻袋覆盖在燃烧着的液化石油气瓶上。

（2）冷却灭火法。就是将灭火剂直接喷洒在可燃物上，使可燃物的温度降低到燃点以下，从而燃烧停止。用水扑救火灾的主要原理就是冷却灭火。

（3）隔离灭火法。就是将附近的可燃物质与正在燃烧的物品疏散或者隔离开，从而使燃烧停止。如拆除火源毗邻的易燃建筑物结构，建立阻止火势继续蔓延的空间地带。

（4）化学抑制灭火法。就是将化学灭火剂喷入燃烧区参与燃烧反应，终止链式反应而使燃烧反应停止。最常见的方法就是用灭火器向着火点喷射。

（四）城市轨道交通火灾的特点

城市轨道交通一般是在地下运行的，其与地上隔绝的时间较长，隔绝的空间较大，乘客人数也较多，因此，一旦发生事故将会非常难以营救，受到的损失也是巨大的，综合来说其有以下特点。

1. 疏散难度大

在火灾发生时，威胁人员生命安全的往往并不是明火，而是燃烧物体产生的大量烟雾和有毒气体。轨道交通的运行环境一般是比较封闭的，这些烟雾和有毒气体很难排出，而轨道交通的乘客也比较多，所以给疏散工作带来了很大困难。

（1）普通乘客在面对火灾时往往缺乏应对经验，很容易出现因情绪失控而影响逃生的现象。在紧张情况下，人们对外界的反应不够灵敏，并不能迅速意识到引导员给出的引导，进而导致踩踏事故的发生。

（2）物体燃烧时产生的烟雾和有毒气体会使人的视觉和呼吸受到影响，从心理层面上加大了疏散的难度。

（3）物体燃烧时产生的高温气浪也是阻碍疏散的主要因素。

（4）除了影响逃离人员的五感，物体燃烧时产生的烟雾和有毒气体也会影响引导灯光的亮度，对人员的疏散十分不利。

（5）物体燃烧时产生的烟雾和有毒气体在与正常空气接触的瞬间会产生很大的气流，对人员的疏散十分不利。

2. 救援困难

（1）燃烧时产生的烟雾和有毒气体使施救者不能及时辨明发生的位置。

（2）城市轨道交通工具一般是在地下运行的，乘客人数较多，但救生装备显然无法准备太多，况且施救者携带的氧气有限，并不能确定是否够被困者使用。

（3）与外界联系比较困难，地上地下配合不够。

3. 通信系统容易瘫痪

通信系统一般都是用电来保持运行的，因此无法承受明火和水流，通信系统的瘫痪会使地上地下在联络时出现信号不稳甚至无信号的现象。

（五）城市轨道交通火灾的种类

城市轨道交通火灾按发生火灾的地点分为车站火灾、列车火灾和控制中心火灾。

（六）造成城市轨道交通火灾事故的原因

（1）电气线路和电气设备故障导致的火灾。城市轨道交通车站（含城市轨道交通列车）内含有密集程度较高的电气线路和电气设备，这些电气线路和电气设备在运行中发生短路、过负荷、过热等故障是引发城市轨道交通火灾事故的重要因素。

(2) 人为因素导致的火灾。引发火灾的人为因素较多，例如工作人员违章操作、用火不慎，乘客携带易燃易爆危险品乘车、在城市轨道交通车站内吸烟、人为纵火等。

(3) 环境因素导致的火灾。主要包括城市轨道交通内部潮湿、高温、粉尘大、鼠害等因素。由于城市轨道交通内部通风不畅、隧道散热不良，这些原因导致城市轨道交通内部温度过高；隧道内漏水情况也较为普遍，地下湿气很难排出，致使地下空间湿度大；老鼠等小动物啃咬电缆电线。以上这些环境因素都可能造成电气设备和线路绝缘性能下降，造成电气设备短路，引发火灾。

(4) 与城市轨道交通车站合建的外来建筑物带来的危害因素，特别是处于中心闹市区的城市轨道交通车站，常常与地面商业建筑合建。由于商场、车库、写字楼等场所的风险管理和控制工作通常不由城市轨道交通企业控制，因此，较城市轨道交通运营本身而言相对薄弱，一旦发生火灾、爆炸及其他灾害，不仅可能对城市轨道交通的正常运营带来影响，严重时甚至可能造成城市轨道交通财产和人身安全方面的重大损失。对存在于此类商业经营场所的城市轨道交通车站而言，除城市轨道交通本身风险以外的各种风险(包括火灾和爆炸的风险)都不容忽视。

(七) 消防设备的分类及其使用方法

1. 灭火器

灭火器是一种轻巧便利、易于使用的灭火器材，是扑救初期火灾最常用的灭火设备。灭火器种类繁多，在城市轨道交通范围内使用的主要有二氧化碳灭火器、手提式干粉灭火器和泡沫灭火器三种。

(1) 二氧化碳灭火器。二氧化碳灭火器适用于扑救液体、气体、电气设备的初期火灾，如带电的电路、贵重设备、图书资料等。二氧化碳灭火器的型号有 MT2、MT3、MT4、MT7 四种；按开关方式分为两种，分别为手枪式和鸭嘴式。

(2) 手提式干粉灭火器。手提式干粉灭火器主要型号有 MF1、MF2、MF3、MF4、MF5、MF6、MF8、MF10 等，主要用来扑救 A 类火灾(固体火灾)、B 类火灾(液体火灾)、C 类火灾(气体火灾)和电气火灾。

(3) 机械泡沫和合成泡沫灭火剂。泡沫灭火器用来扑灭液体和固体火灾，不能扑灭电气火灾。

2. 城市轨道交通消火栓给水系统

城市轨道交通消火栓给水系统主要由消防水源(市政供水或消防水池)、消防水管、室内消火栓箱(包括水带、水枪、消防软管卷盘)和室外消火栓、消防水泵、消防水泵控制器等组成。

3. 自动喷水灭火系统

自动喷水灭火系统是按一定的间距和高度安装一定数量喷头的供水灭火系统、干式自动喷水灭火系统、预作用式自动喷水灭火系统等。安装自动喷水灭火系统的场所发生火灾时，该系统能自动喷水灭火并自动报警。在所有固定式灭火设备中，自动喷水灭火系统之所以能够广泛应用于可以用水灭火的场所，是因为其具备了使用范围最广、价格最低廉、工作性能稳定、灭火效果好的特点。

4. 气体灭火系统

气体灭火系统是指以气体作为灭火介质的灭火系统。根据灭火介质的不同，气体灭火系统可分为卤代烷1301气体灭火系统、二氧化碳气体灭火系统和烟烙尽(Inergen)气体灭火系统等。

气体灭火系统主要用于保护车站内火灾危险性较高的或重要的设备房，如高低压室、整流变电室、环控电控室、信号设备室、屏蔽门控制室等，部分主变电站、集中冷站的重要设备房也设有气体灭火系统。

气体灭火系统由药剂储存和喷放设备及报警和控制设备组成。药剂储存和喷放设备主要包括气体钢瓶、钢瓶固定支架、瓶头阀电磁启动器、瓶头阀手动启动器等；报警和控制设备主要包括火灾探测器、控制盘、手拉开关、紧急停止开关、手动/自动选择开关、警铃、蜂鸣器和闪灯、气体释放指示灯等。

气体灭火系统一般具有自动控制、手动控制和应急操作3种操作方式。

(1) 自动控制。气体灭火系统控制盘具有两个独立的区域探测回路，在自动控制状态下，当保护区域内某一回路报火警时，控制盘启动联动设备(如关闭防火阀、关闭风机等)并同时启动警铃，发出一级火灾报警信号给火灾自动报警系统(FAS)；当另一探测回路也报火警时，控制盘内蜂鸣器鸣响，并发出二级火灾报警信号给火灾自动报警系统，经过延时(30s)后，控制盘发出控制信号，启动对应区域的选择阀和对应主动气瓶上的电磁阀，将灭火药剂释放到保护区进行灭火，同时灭火区域门外的气体释放指示灯闪亮。

(2) 手动控制。有人到现场确认时，若发现确有火灾发生，则应通知保护区内的人员疏散，并关好门窗。若系统仍没喷气，则手动操作按下释放按钮；若手动按钮失灵，则到气瓶间开启对应火灾区域电磁选择阀上的手动启动器，同时开启对应区域主动气瓶瓶头的手动启动器。事故处理完毕后应进行系统复位。若火警属于误报，则应在按住“止喷”按钮的同时将开关打到手动状态，停止喷气，然后进行消音及系统复位、防火阀复位，使系统恢复正常状态。

(3) 应急操作。气体灭火系统还具有自我故障检测功能，将系统的故障通过显示面板报告给维护人员，由维护人员根据具体情况采取相应的措施，同时将故障信号发送到火灾自动报警系统。

5. 火灾自动报警系统

FAS是在火灾发生初期进行警告的装置，通常是与消防部门直接相连的，有人为操作和自动识别两种模式。

所有轨道交通系统中都离不开FAS的身影。在运行时，每一条线路的FAS都会连接到总部指挥中心的系统中，以便总部指挥中心对各部分的系统运行进行检测和管理，最终下达扑救命令并与消防部门进行合作。一方面通过安防监控设备对可能出现的火灾进行预测；另一方面实时检测报警系统本身是否存在问题，以免在火灾真正发生时不能起到警告作用而耽误了最佳营救时间，重点检测部件是阀门、水泵、消防栓，等等。一旦出现存疑的地方便立刻向总部指挥中心汇报，中心及时下达维修命令，保证报警系统能够及时有效地发挥作用。

其中，在城市轨道交通系统中用于放置安排报警系统的地方有：各个地铁站点、车辆内部、过冷装置附近、变压器位置、计算机控制中心、车辆操控系统，等等，并且将这些系统分成总部级别和分站级别。

总部级别主要是指位于总指挥中心的计算机控制中心、汇集各站报警信息的设备、数据保存中心，等等。总部级别实时接收各站点的情况，对于报警信息按照不同级别层层锁定，明确发生位置，并对每一次的报警信息进行整理归档。

分站级别主要是指每一个站内的报警设备(分为人工手动操作和自动识别两种)、站内的计算机控制中心、一键报警电话，等等。

6. 机电设备监控系统

机电设备监控系统是将环控、低压、照明、给排水、屏蔽门等设备以集中监控为目的而构成的综合自动化系统。机电设备监控系统实现了对现场机电设备运行状态进行实时集中监视、控制和报警，降低了设备操作的复杂性和操作难度，能够协调设备动作。机电设备监控系统通常由中央、车站、就地三级实现对相关设备的监视和控制。在消防功能方面，机电设备监控系统有如下功能。

(1) 接收火灾自动报警系统送来的火灾信息，控制车站相关设备执行设定的火灾模式如控制环控系统执行排烟模式，开启紧急疏散导向，切断三级电源。

(2) 列车发生火灾时，接收行车信号系统送来的列车区间停车位置信号，控制隧道通风系统进行排烟。

(八) 火灾自救与逃生方法

许多火灾事故中，有的人能幸运逃生，有的人却丧身火海，这固然与火势大小、起火地点、起火时间、建筑物内消防设施、扑救是否及时等因素有关，但被困人员在火场中积极自救、互救而成功逃生也是非常重要的。被困人员相应的自救能力的高低和自救知识的丰富与否是其是否能从火海中逃生的关键因素。除突发性爆炸和爆燃等火灾事故外，在绝大多数火灾现场中，被困人员是可以自救逃生的，因此，掌握一定的消防知识，增强自救意识，提高逃生技能，对每个人来说都是非常必要的。

1. 城市轨道交通车站火灾自救与逃生

无论列车上的工作人员还是城市轨道交通车站内的工作人员接收列车失火、冒烟信息或发现列车失火、冒烟后，都应防止发出带火或带烟的列车；列车驾驶员应保证车站站台侧车门、屏蔽门、安全门开启；副驾驶员、站台站务员现场确认，根据现场实际情况采取进一步行动；值班站长立即赶赴现场指挥。

在城市轨道交通地下车站时，停止邻站台乘客搭乘升降电梯并保持屏蔽门关闭，环控系统采用站台火灾模式进行排烟，即打开站台层排烟风阀、关闭站台层送风风阀，同时开启站厅层送风风阀、关闭站厅层排风风阀，形成站厅送风、站台排烟气流流向。

(1) 列车贯彻“救人第一，救人与灭火同步进行”的原则，积极施救。

(2) 火灾发生后，车站工作人员应首先做好乘客的疏散和救护工作。

(3) 把握起火初期的关键时间，在消防员到来之前积极组织灭火自救。

(4) 车站工作人员开展灭火自救工作时应注意做好个人防护。

（5）消防员到场后，灭火任务应交给消防员。

（6）当火势不可控制，可能危及自身生命安全时，车站工作人员应主动撤离。

（7）乘客在车站遇到火灾时，应服从车站工作人员指引，听从事故现场广播指挥，沿疏散标志指示方向出站逃生。

（8）车站发生火灾时，不可使用垂直升降电梯。

2. 城市轨道交通列车火灾自救与逃生

（1）列车在车站内发生火灾时的逃生。①乘客应保持镇静。②按压车厢内的紧急情况按钮或紧急通话器，告知驾驶员车厢内发生的情况。③在可能的情况下，使用车载灭火器灭火。④必要时可拉下列车车门紧急解锁手柄向两侧用力推开车门。⑤向站外方向疏散。

（2）列车在隧道内发生火灾时的逃生。①乘客应保持镇静。②按压车厢内的紧急情况按钮或紧急通话器，告知驾驶员车厢内发生的情况。③在可能的情况下，使用车载灭火器灭火。④列车将会尽可能运行到车站进行人员疏散，因此，乘客应听从列车广播的指挥，千万不要惊慌失措，不要乱动车厢内的其他设备。⑤在列车无法到达前方车站而又需要紧急疏散的情况下（因隧道内紧急疏散设计不同，各条线路的隧道内疏散方式是不同的），车厢内乘客应该听从列车广播的指挥，按照本线路的隧道内疏散方式疏散。

十一、伤害急救常识

在实际生产活动中，常常会发生一些人身伤亡事故，城市轨道交通系统也不例外。事故发生后现场急救队抢救伤者非常关键，如果现场急救正确及时，不仅可以争取抢救时间，挽救人的生命，而且可以降低事故的严重程度。

（一）触电伤害急救

触电事故往往是在一瞬间发生的，情况危急，不得有半点迟疑，时间就是生命。人体触电后，有的虽然心跳、呼吸停止了，但可能属于濒死或临床死亡，如果抢救正确及时，一般可以救活。触电者的生命能否获救，其关键在于能否迅速脱离电源和进行正确的紧急救护。

1. 脱离电源

当发生触电事故后，应当第一时间使触电者脱离电源，这是对触电者进行急救的关键。但在触电者未脱离电源前急救人员不可用手直接接触触电者，以防急救人员触电。为了使触电者脱离电源，急救人员应根据现场条件果断地采取适当的方法和措施。脱离电源的方法和措施一般有以下 3 种。

（1）低压触电脱离电源。①在低压触电附近有电源开关或插头，应立即将开关拉开或插头拔脱，以切断电源。②如电源开关离触电地点较远，可电线切断，切断电线时必须使用绝缘工具，同时必须切断电源侧电线，并应防止被切断的电线误触他人。③当带电低压导线落在触电者身上时，可用绝缘物体将导线移开，使触电者脱离电源。但不允许用任何金属棒或潮湿的物体去移动导线，以防急救者触电。④如果触电者身穿的衣服是干燥的，急救者可用随身干燥衣服、干围巾等将自己的手严格包裹，然后用包裹的手拉触电者干燥衣服，或用急救者的干燥衣物结在一起，拖拉触电者，使触电者脱离电源。⑤若触电者距离地面较远，应防止切断电源后触电者从高处摔下来造成外伤。

(2) 高压触电脱离电源。当发生高压触电时，首先应当迅速切断电源开关；如无法切断电源开关，应使用适合该电压等级的绝缘工具，使触电者脱离电源。急救者在抢救时，应对该电压等级保持一定的安全距离，以保证急救者的人身安全。

(3) 架空线路触电脱离电源。当有人在架空线路上触电时，应迅速拉开关，或用电话告知当地供电部门停电。如不能立即切断电源，可采用抛掷短路的方法使用电源侧开关跳闸。在抛掷短路线时，应防止电弧灼伤或断线危及人身安全。杆上触电者脱离电源后，用绳索将触电者送至地面。

2. 现场急救处理

当触电者脱离电源后，根据伤者的不同生理反应，急救者应进行现场急救处理。

(1) 触电者神志清醒，但感乏力、心慌、呼吸急促、面色苍白时，应将触电者躺平就地安静休息，不要让触电者走动，以减轻心脏负担，并应严密观察呼吸和脉搏的变化。若发现触电者脉搏过快或过慢应立即请医务人员检查治疗。

(2) 触电者神志不清、有心跳，但处于呼吸停止或极微弱的呼吸时，应及时用扶头抬额法使气道开放，并进行口对口人工呼吸。如不及时进行人工呼吸，将由于缺氧过久从而引起心脏停搏。

(3) 触电者神志丧失、心脏停搏，但有微弱呼吸时，应立即进行心肺复苏急救法。不能认为尚有极微弱的呼吸就只做胸外按压，因为这种微弱的呼吸起不到气体交换作用。

(4) 触电者心跳、呼吸均停止时，应立即进行心肺复苏急救，在搬移或送往医院途中仍应按心肺复苏规定进行急救。

(5) 触电者心跳、呼吸均停，并伴有其他伤害时，应迅速进行心肺复苏急救，然后再处理外伤。对伴有颈椎骨折的触电者，在开放气道时，不应使头部后仰，以免高位截瘫，因此应用托颌法。

(6) 当人遭受雷击时，由于雷电流将使心脏处及脑部产生一时性代谢静止和中枢性无呼吸，因此，受雷击者心跳、呼吸均停止时，应进行心肺复苏急救，否则将发生缺氧性心脏停搏而死亡。不能因为雷击者的瞳孔已放大，而不坚持用心肺复苏进行急救。

(二) 机械伤害急救

机械伤害造成的受伤部位可能遍及全身各个部位，有些机械伤害会造成人体多处受伤后果非常严重。

机械伤害急救基本要点：发生机械伤害事故后，现场人员要保持冷静，迅速对受伤者进行检查。意外伤害发生后，在接受专业医师治疗之前，一定要依照正确的医学理论，采用准确的医疗方法，给予伤者适当的应急处置，才能达到赢得时间、减少伤残、挽救生命的目的。

(三) 其他伤害的急救方法

1. 烧伤

引起的皮肤损伤烧伤的主要原因有火焰、沸液、电击、化学物质及放射等。烧伤的严重程度与烧伤面积大小及深度有密切联系。烧伤深度可分为三级：Ⅰ度、Ⅱ度、Ⅲ度。其中，Ⅰ度烧伤最轻，仅是表皮的烧伤，伤后皮肤红肿、灼痛，愈后无痕迹及色素沉着；Ⅱ度烧伤较重，伤及表皮和真皮，伤后皮肤出现水疱、红肿，创面有渗液、剧痛，愈后可短期遗有色素沉着或有瘢痕形成；Ⅲ度烧伤最重，伤及皮肤全层、皮下脂肪、肌肉及骨骼，受伤处皮肤呈焦炭，坏死，因神经烫坏无痛感，后期需进行植皮才能愈合，伤后呈瘢痕需修复。

2. 高空坠落

高空坠落伤是指人们日常工作或生活中，从高处坠落，受到高速的冲击力，使人体组织和器官遭到一定程度破坏而引起的损伤。高空坠落伤除有直接或间接受伤器官表现外，尚可有昏迷、呼吸窘迫、面色苍白和表情淡漠等症状，可导致胸、腹腔内脏组织器官发生广泛的损伤。高空坠落时，足或臀部先着地，外力沿脊柱传导到颅脑而致伤；由高处仰面跌下时，背或腰部受冲击，可引起腰椎前纵韧带撕裂，椎体裂开或椎弓根骨折，易引起脊髓损伤。脑干损伤时常有较重的意识障碍、光反射消失等症状，也可能有严重并发症的出现。

第四节　危险源的辨识与控制

一、城市轨道交通危险源的辨识

（一）危险源的辨识

危险源是指一个系统中具有潜在能量和物质释放危险的、可造成人员伤害、财产损失或环境破坏的、在一定的触发因素作用下可转化为事故的部位、区域、场所、空间、岗位、设备及其位置。它的实质是具有潜在危险的源点或部位，是事故爆发的源头，是能量、危险集中的核心，是能量传出来或爆发的地方。危险源存在于确定的系统中，不同的系统范围，危险源的区域也不同。

1. 危险源的构成要素

危险源的构成要素主要有潜在危险性、存在条件和触发因素。

(1) 危险源的潜在危险性是指一旦触发事故，可能带来的危害程度或损失大小，或者说危险源可能释放的能量强度或危险物质量的大小。

(2) 危险源的存在条件是指危险源所处的物理、化学状态和约束条件状况，例如，物质的压力和温度，化学稳定性，盛装压力容器的坚固性，周围环境障碍物等情况。

(3) 触发因素虽然不属于危险源的固有属性，但它是危险源转化为事故的外因，而且每种类型的危险源都有相应的敏感触发因素，如易燃、易爆物质，其敏感的触发因素就是热能；又如压力容器，其敏感触发因素就是压力升高。因此，一定的危险源总是与相应的触发因素相关联的。在触发因素的作用下，危险源转化为危险状态，继而转化为事故。

2. 危险辨识度

危险辨识度是确定危险源的存在并确定其特性的过程，其性质就是找出组织中存在的人的不安全行为、物的不安全状态、作业环境中存在的危害因素及管理缺陷。

（二）危险源分类

根据在事故发生发展过程中的作用分类，危险源分为两大类。

1. 第一类危险源

把生产过程中存在的，可能发生意外释放的能量（能源或能量载体）或危险物质称作第一类危险源，为了防止导致事故，必须采取措施约束、限制能量或危险物质，控制危险源。

2. 第二类危险源

在正常情况下，生产过程中的能量或危险物质受到约束和限制，不会发生意外释放，即不会发生事故，但是一旦这些约束或限制能量或危险物质的措施受到破坏或失效（故障），则将引发事故。导致能量或危险物质约束或限制措施破坏或失效的各种因素称作为第二类危险源，主要包括人的失误、物的故障和环境因素。

另外，还可以按照导致伤亡事故的直接原因分类。按照伤亡事故的直接原因可将危险源分为物理性危险源、化学性危险源、生物性危险源、心理或生理性危险源、行为性危险源、其他危险源六类。

（三）危险源的辨识方法

危险源辨识的方法很多，基本方法有：询问交谈、现场观察、查阅有关记录、获取外部信息、工作任务分析、安全检查表、危险与可操作性研究、事件树分析、故障树分析。

上述几种危险源辨识方法从着眼点和分析过程上，都有各自特点，也有各自的适用范围或局限性。所以，在辨识危险源的过程中，使用一种方法往往不足以全面辨识其所存在的危险源，必须综合地运用两种或两种以上方法。

在危险源辨识过程中，应考虑“三、三、七”的要求。所谓“三、三、七”是指三种状态，即正常、异常、紧急；三种时态，即过去、现在、未来；七种类型，即机械能、电能、热能、化学能、放射性、生物因素、人机工程因素（生理、心理）。

（四）城市轨道交通危险源的辨识

城市轨道交通危险源的辨识涉及员工的健康与安全、行车安全、设备安全、消防安全、交通安全、乘客及相关方安全、财产损失和列车延误等范畴。

1. 危险源辨识范围

危险源辨识范围包括城市轨道交通覆盖范围内的工作区域及其他相关范围内的生产经营活动、人员和设施等。根据城市轨道交通管理及其他活动情况，可分为以下类别。

(1) 按地点划分，可分为轨道交通沿线各车站、车辆段、控制中心（OCC）大楼、办公楼等。

(2) 按活动划分，可分为常规活动、非常规活动、潜在的紧急情况。

2. 划分危险源辨识对象

在各部门列出辨识范围内的活动或流程所涉及的所有方面后，应选用合适的设备分析法、工艺流程分析法或其他划分方法，根据事故类型划分危害事件，并根据以下过程划分危险源辨识对象。

（1）对车辆设备大修的活动，可按照其工艺流程分析法划分辨识对象。

（2）对设备维护及保养的活动，可按照设备分析法依据划分的设备作为危险源辨识对象，并结合活动实施过程划分。

（3）使用设备时可根据具体操作过程。

（4）根据采购、存放、检测设备的过程。

（5）根据行车组织、客运组织过程。

（6）针对每一危险源辨识对象，参考危险源事故类型表，辨识可能存在的事故/事件，并将其登记在危险源辨识与风险评价登记表中“危害事件”栏以及“事故类型”栏内。

二、城市轨道交通危险源的控制

（一）风险评价

风险评价是保证体系安全的一个关键环节，目的是对现阶段的危险源所带来的风险进行评价分级，根据评价分级结果有针对性地进行风险控制，从而取得良好的安全绩效，达到持续改进的目的。通常使用的风险评估方法一般有下列几种。

（1）作业条件危险性评价法。

（2）预先危害分析法。

（3）故障类型及影响分析法。

（4）风险概率评价法。

（5）危险可操作性研究法。

（6）事故树或事件树分析法。

（二）划分风险等级

根据风险评价的结果，可将风险分为 5 级：第 1 级，极其危险，不能继续作业；第 2 级，高度危险，需要立即整改；第 3 级，显著危险，需要整改；第 4 级，一般危险，需要注意；第 5 级：稍有危险，可容忍。

（三）风险控制措施

（1）对第 1 级和第 2 级的风险，一定要确定职业健康安全目标和制订职业健康安全管理方案。

（2）对第 3 级风险，视情况确定职业健康安全目标和制订职业健康安全管理方案。

（3）对第 1、2、3、4 级的风险，要编制运行控制程序，按程序进行管理。

（4）对第 5 级的风险可维持现有的风险控制措施。

（5）其他认为需要控制的风险则根据实际情况的需要制订管理方案。

（6）对于潜在的紧急风险，应编制应急准备和响应控制程序，按程序进行管理。

城市轨道交通运营系统的复杂性带来了运营风险的多变性。因此，运营风险管理必须常抓不懈，不断进行自我纠正，为广大员工和乘客提供良好的安全运营大环境。

第五节 安全分析与安全评价

一、城市轨道交通安全分析

(一) 事故树分析法

1. 事故树定义

事故树分析法(Fault Tree Analysis，FTA)是20世纪60年代以来迅速发展的系统可靠性分析方法。它采用逻辑方法，将事故因果关系形象地描述为一种有方向的“树”。把系统已发生或可能发生的事故(称为顶上事件)作为分析起点，将导致事故原因的事件按因果逻辑关系逐层列出，用树形图表示出来，构成一种逻辑模型，然后定性或定量地分析事件发生的各种可能途径及发生的概率，找出避免事故发生的各种方案并优选出最佳安全对策。事故树分析法生动、明晰，逻辑性强，它能对各种系统的危险性进行识别评价，既适用于定量分析，又能进行定性分析。

2. 事故树符号

事故树是由各种事件符号和与其连接的逻辑门符号组成的。现将最简单、最基本的符号介绍如下。

(1) 事件符号是用于记入各事件的符号。①矩形符号。矩形符号表示顶上事件或中间事件。将事件简明扼要地记入矩形框内。顶上事件必须清楚明了，不要过于抽象。例如，“发生行车险性事故”，对此，人们无法准确分析，而应当选择具体的事故，例如，可写成“某站发生列车冒进出站信号机”。②圆形符号。圆形符号表示基本原因事件。它可以是人的差错，也可以是机械故障环境因素等。它表示最基本事件，不能继续往下分析了，将事件扼要记入圆形符号内。③屋形符号。屋形符号表示正常事件，是系统正常状态下发生的正常事件。如“调车作业”“列车运行”等，将事件扼要记入符号内。④菱形符号。菱形符号表示省略事件，即表示事前不能分析，或者没有必要再分析下去的事件，将事件扼要记入菱形符号内。

(2) 逻辑门符号是连接各个事件，并表示事件之间逻辑关系的符号。①与门符号。与门符号表示它下面的输入事件 B_1、B_2同时发生的情况下，输出事件 A 才会发生的连接关系，两者缺一不可，表现为逻辑积的关系。②或门符号。或门符号表示它下面的输入事件 B_1或 B_2中任何一个事件发生，都可以使输出事件 A 发生，表现为逻辑和的关系。③条件与门。条件与门表示 B_1、B_2同时发生时，A 并不见得发生；只有在满足条件 α 的情况下，A 才发生。它相当于三个输入事件的与门。即 $A=B_1 \cdot B_2 \cdot \alpha$ 或 $A=B_1 \cap B_2 \cap \alpha$，将条件记入六边形内。④条件或门。条件或门表示 B_1或 B_2任何一个事件发生时，还必须满足条件 β，才有输出事件 A 发生，将条件记入六边形内。例如，“撞坏列车”是由于“作业失误”和“线路上有障碍物”两个原因造成的，这两个原因任何一个发生都有可能造成“撞坏列车”，但是必须满足“物件与列车接触”这个条件。所以用条件或门表示。⑤限制门。限制门是逻辑上的一种修正符号，即当输入事件 B 满足发生条件 α 时，才产生输出事件 A；相反，如果不满足，则不发生输出事件，其具体条件记入六边形内。⑥排斥或门。排斥或门连接下的 B_1、B_2两个事件，其中有一个发生，输出事件 A 便发生；但 B_1、B_2不可能同时发生，B_1、B_2是相互排斥的。

（3）转移符号。事故树规模很大时，需要将其某些部分画在别的纸上，或转移到其他部门，这就要用转移符号表示，其可分为转出符号和转入符号，以表示向何处转出和从何处转入。①转出符号。表示向其他部分转出，△内记入向何处转出的标记。②转入符号。表示从其他部分转入，△内记入从何处转入的标记。

3. 事故树分析法操作步骤

（1）熟悉分析系统。整个分析系统的流程包括：制造工艺、制造装备、运行状况、周遭影响、控制程序、保护设施，等等，只有熟悉和掌握了所有流程，才能更好地进行工作，并且可以实时分析类似问题发生的原因。

（2）确定分析对象系统和分析的对象事件（顶上事件）。对于顶上事件的确定有多种方式，比如实验、问题收集、归纳故障、结果影响，等等；对于对象系统需要明确的是起止内容、研究限度、不影响的内容。

（3）确定分析边界。对于一件事情的分析首先要确定研究的边界在哪里，也就是可以研究的内容是什么，特别是地铁运输领域，这是一个比较复杂的工程，具有施工对象及使用工具系统庞大的特点，如果不对每一个过程进行分类，一旦发生事故，进行排查时将会非常麻烦。

（4）确定系统事故发生概率和事故损失的安全目标值。

（5）调查事件原因。一旦确定事故之后，需要进行原因排查，对可能出现问题的地方仔细检查，重点需要排查的是设备问题、人员操作是否得当、外部影响，等等，将所有可能造成问题的部分都一一列出，绘制成事故树。

（6）确定不予考虑的事件。尽管事故树需要尽量将所有可能的影响因素都一一列出，但实际上这是不可能的。对于一些发生概率几乎为零的事件，是不需要列出的，比如一些极端恶劣天气，此类不需要列出的事件要事前提醒。

（7）确定分析的深度。分析的深度是需要事前说明的，要根据具体事故确定合适的深度。分析得太浅可能发生遗漏，分析得太深会耗费过多时间和精力。

（8）编制事故树。从影响因素最大的顶上事件开始，一级一级地列出所有需要解决的事件，并根据这些事件之间的联系进行事故树绘制，形成一对一的关系。

（9）定性和定量分析。针对每一个事故的性质和发生概率进行分析，得到最小割集、径集，最重要的放在最前面，分别计算发生概率和影响深度。

（10）结论。当遇到的事故超出预期时，需要从顶上事件开始一层一层进行排查，对于所有事件计算出其出现的概率，沿着最小径集研究出解决措施，按照事件重要程度列出先后，得出最终结果。

4. 事故树分析法的特点

（1）在事故分析中，顶上事件可以是已发生的事故，也可以是预想的事故。通过分析找出原因，采取对策加以控制，从而起到预测和预防事故的作用。

（2）事故树分析法可以用于定性分析，求出危险因素对事故影响的大小；也可以用于定量分析，由各危险因素的概率计算出本事故发生的概率，然后从数量上说明是否能满足预定目标值的要求，从而确定采取措施的重点和轻、重、缓、急顺序。

（3）采用演绎的方法分析事故的因果关系，找出每个系统中各种固有的潜在危险因素，为安全设计、采取安全技术措施和安全管理要点提供依据。

（4）能简洁形象地表示出事故和各原因之间的因果关系及逻辑关系。

（5）可选择最感兴趣的事故作为顶上事件进行分析。

（6）分析人员必须非常熟悉对象系统，只有具有丰富的实践经验，才能准确和熟练地应用分析方法；但往往会出现不同的分析人员编制的事故树和分析结果不同的现象。

（7）复杂系统的事故树往往很庞大，分析和计算的工作量较大。

（8）进行定量分析时必须知道本事故树中各事件的故障数据，如果这些数据不准确，定量分析就不可能进行。

（二）安全检查表法

1. 安全检查表法的定义

安全检查表(Safety Checklist Analysis，SCA)是依据相关的标准和规范，对系统中已知的危险类别、设计缺陷以及与一般工艺设备、操作、管理有关的潜在危险性和有害性进行判别检查。为了避免检查项目遗漏，事先把检查对象分割成若干系统，以打分或提问的形式将检查项目列表，这种表就称为安全检查表。它是系统安全工程的一种最基础、最简便、应用最广泛的系统危险性评价方法。目前，安全检查表在我国不仅用于查找系统中各种潜在的事故隐患，还对各检查项目给予量化，用于进行系统安全评价。

2. 安全检查表的编制依据

（1）国家和地方的有关安全法规、规定、规程、规范和标准，行业、企业的规章制度、标准及企业安全生产操作规程。

（2）国内外行业、企业事故统计案例以及经验教训。

（3）行业及企业安全生产的经验，特别是本企业安全生产的实践经验，引发事故的各种潜在不安全因素及杜绝或减少事故发生的成功经验。

（4）系统安全分析的结果，是指为防止重大事故的发生而采用事故树分析方法，对系统进行分析得出能导致引发事故的各种不安全因素的基本事件，作为防止事故控制点源列入安全检查表中。

3. 安全检查表编制步骤

要编制一个既能够符合客观实际，又可以全面分析、识别系统危险性的安全检查表，首先要组成一个编制小组，其成员应包括熟悉系统各方面的专业人员。其主要步骤如下。

（1）熟悉系统。包括系统的功能、结构、工艺流程、主要设备、操作条件、布置和已有的安全消防设施。

（2）搜集资料。搜集有关的安全法规、标准、制度及该系统以前发生过事故的资料，上述资料都是编制安全检查表的重要根据。

（3）划分单元。按结构或者功能将系统划分成若干个子系统或单元，逐一分析潜在的危险因素。

（4）编制检查表。针对危险因素，按照有关法规和相关标准规定，参照以前事故的教训和本单位的经验确定安全检查表的检查要点、内容和为达到安全指标应在设计中采取的措施，然后按照一定的要求编制检查表。

（5）编制复查表。其内容应包括危险、有害因素明细，是否落实了相应对策措施，能否达到预期的安全指标要求，遗留问题及解决办法和复查人等。

4. 编制检查表应注意事项

编制安全检查表力求系统完整，不漏掉任何可能导致事故的危险关键因素，因此，编制安全检查表应注意以下问题。

（1）检查表内容要重点突出，简繁适当，有启发性。

（2）各类检查表的项目和内容，应针对不同被检查对象有所侧重，分清各自职责内容，尽量避免重复。

（3）检查表的每一部分内容要定义明了、准确，易于操作。

（4）检查表的项目和内容应随工艺的改造、设备的升级、环境的变化和生产异常情况的出现而不断修订、变更和完善。

（5）凡可能导致事故的一切不安全要素都应列出，以保证各种不安全要素能及时被发现或消除。

5. 应用检查表注意事项

应用安全检查表时，需要注意的问题主要有以下几个。

（1）检查表有各种各样的分类，每一种表格都有着对应的用处，尤其是一些专用表，要特别注意与普通表区分开来。普通表的内容一般是固定的，对于设备系统的检查程序通常是千篇一律的；对于某个设备或者某个系统整体或者其中某些零部件进行检查时，需要编制专用表，检查内容应更详细具体。

（2）检查时应该聘用专业的安全检查人员，不同级别的检查范围应该对应有不同级别的安全检查人员，检查之后应该对所检结果签字负责。

（3）检查表的应用应该列入工厂日常工作之中，而不是偶尔兴起才进行的工作。应该出台相关文件，将检查表的具体应用日期和方法等明确规定。

（4）仅仅出具检查表是不够的，得到最终检查结果并进行分析才是最终目标。在检查活动进行之时，对简单问题可以就地修改；对于比较复杂的问题可以先记录在案，然后反映给有关部门进行解决。

（5）填写检查表时要做到仔细认真，对于表中的每一项都要进行填写，并依照固定格式进行排列，这样才能为后续修改提供可参照的结果。

（三）专家评议法

1. 专家评议法的定义

专家评议法是一种邀请专家参加，根据事物的过去、现在发展趋势，进行积极的创造性思维活动，对事物的未来进行分析和预测的方法。

2. 专家评议法的分类

（1）专家评议法。专家评议法是根据一定规则组织相关专家进行积极的创造性思维，对具体问题共同探讨、集思广益的评价方法。

（2）专家质疑法。专家质疑法需要进行两次会议。第一次会议是专家对具体的问题进行直接谈论，第二次会议则是专家对第一次会议提出的设想进行质疑。

3. 专家评议法的步骤

（1）明确具体分析、预测的问题。

（2）组成专家评议分析和预测小组。小组应由预测专家、专业领域专家、推断思维能力强的演绎专家等组成。

（3）举行专家会议，对提出的问题进行分析、讨论和预测。

（4）分析和归纳专家会议的结论。

4. 专家评议法的特点和适应范围

专家评议法简单易行，比较客观，所邀请的专家在专业理论上造诣较深、实践经验丰富，而且由于有专业、安全、评价、逻辑方面的专家参加，将专家的意见运用逻辑推理的方法进行综合与归纳，这样所得的结论一般是比较全面和正确的。特别是专家质疑法通过正反两方面的讨论，对问题了解得更深入、全面和透彻，所形成的结论性意见更科学、更合理。但是，由于要求参加评议的专家有较高的水平，并不是所有的工程项目都适用这个方法。

专家评议法适用于类比工程项目、系统和装备的安全评价，它可以充分发挥专家丰富的实践经验和理论知识。专项安全评价经常采用专家评议法，运用该方法，可以将问题研究和讨论得更深入、更透彻，并得出具体执行意见和结论，便于进行科学决策。

（四）预先危险性分析法

1. 定义

预先危险性分析（Preliminary Hazard Analysis，PHA）又称初步危险分析。预先危险性分析是系统设计期间危险分析的最初工作，也可运用它对运行系统的最初安全状态进行检查，是对系统进行的第一次危险分析。通过这种分析找出系统中的主要危险，对这些危险进行估算，并要求安全工程师控制它们，从而达到可接受的系统安全状态。

2. 预先危险性分析步骤

（1）通过经验判断、技术诊断或其他方法调查确定危险源（即危险因素存在于哪个子系统中），对所需分析系统的生产目的、物料、装置及设备、工艺过程、操作条件以及周围环境等，进行充分详细的了解。

（2）根据过去的经验教训及同类行业生产中发生的事故或灾害情况，根据对系统的影响、损坏程度，类比判断所要分析的系统中可能出现的情况，查找能够造成系统故障、物质损坏和人员伤亡的危险性，分析事故或灾害可能的类型。

（3）对确定的危险源分类，制成危险性分析表。

（4）转化条件，即研究危险因素转化为危险状态的触发条件和危险状态转化为事故（或灾害）的必要条件，进一步采取对策措施，并检验对策和措施的有效性。

（5）进行危险性分级，排列出重点和轻、重、缓、急次序，以便处理。

（6）制定事故或灾害的预防性对策措施。

3. 预先危险性分析的等级划分

为了评判危险、有害因素危险等级以及它们对系统破坏性的大小，预先危险性分析法给出了各类危险性的划分标准。这种方法将危险性划分为4个等级。

（1）安全级。不会造成人员伤亡及系统损坏。

（2）临界级。处于事故的边缘状态，暂时还不至于造成人员伤亡或系统损坏。

（3）危险级。会造成人员伤亡和系统损坏，要立即采取防范措施。

（4）灾难性级。造成人员重大伤亡及系统严重破坏的灾难性事故，必须予以果断排除并进行重点防范。

4. 预先危险性分析的结果

预先危险性分析的结果一般采用表格的形式列出。表格的格式和内容可根据实际情况确定。

5. 预先危险性分析的特点及适用范围

（1）预先性危险分析的特点。预先危险性分析是进一步进行危险分析的先导，是一种宏观概略定性分析方法，可以改进。

（2）预先危险性分析的适用范围。预先危险性分析适用于在固有系统中采取新的方法，接触新的物料、设备和设施的危险性评价。该方法一般在项目的发展初期使用。当只希望进行粗略的危险和潜在事故情况分析时，也可以用PHA对已建成的装置进行分析。

（五）故障假设分析法

1. 故障假设分析法的定义

故障假设分析法是对某一生产过程的创造性分析方法。使用这种方法时，要求人员应对工艺熟悉，通过提出一系列"如果……怎么办?"的问题来发现可能和潜在的事故隐患，从而对系统进行彻底的检查。

该方法包括检查设计、安装、技术改造或操作过程可能产生的偏差。要求评价人员对工艺规程熟知，并对可能导致事故的设计偏差进行整合。

2. 故障假设分析法的步骤

所谓故障假设分析法，就是对现场出现的情况进行分析，然后对造成这种情况的原因进行排查，最后按照规定将解决方案逐一列来，其中需要包括的内容有出现的情况、可能的原因、解决方法以及避免方法。

按照分析过程的先后顺序可以分为：准备工作、分析结果、填写表格。

（1）准备工作。①确定参与人数。②确定分析对象。③确定需要使用的参考资料。

（2）分析结果。①首先要对发生故障的周边环境进行了解，对可能存在的问题进行估测，在分析讨论会上要请相关岗位的工作人员对故障相关流程进行简要且全面的叙述，尽量详细到每一个细节，以及装备所配套的安全设施是否完好。②具体解决的方法是按照问题发生时的操作程序进行梳理，不断提出可能存在的问题并给出几种解决方法，多次讨论后得出最终答案。

3. 故障假设分析法的特点及适用范围

这是一种十分有效的查找问题的方法，因此受到许多企业的青睐，适用对象的性质也不受限制。

首先对可能出现的问题进行估计，这样可以使安全手册更加全面，因为仅凭以往经验是无法得到一个全面的故障分析表的，分析表可以使这种方法更加科学，二者之间相互补充、相互影响，结合使用能够获得十分可靠的故障预测结果。

故障假设分析法比较灵活，适用范围很广，可以用于工程、系统的任何阶段。

故障假设分析法提倡思考潜在的事故和后果，它弥补了基于经验的安全检查表编制时经验的不足；同时，检查表能够使故障假设分析方法更加系统化。因此，出现了安全检查表分析法与故障假设分析法一起使用的分析方法，以便发挥各自的优点，互相取长补短。

二、安全评价

安全评价(Safety Evaluation)也称“危险评价”“风险评价”，是一种探明系统危险、寻求安全对策的方法和技术。安全评价是安全系统工程的一个重要组成部分，是以实现工程、系统安全为目的的，应用安全系统工程原理和方法，对工程、系统中存在的危险及有害因素进行辨识与分析，判断工程、系统发生事故和职业危害的可能性及其严重程度，提出安全对策建议，为制定防范措施和管理决策提供科学依据。力求在制定必要的安全措施前，掌握系统内可能的危险种类、危险程度和危险后果，并对其进行定量、定性的分析，从而制定有效的危险控制措施。安全评价可用事故率评价指标，也可用工效学方法评价，如通过业务分析、实验方法、模拟法、可靠性测定和动作时间研究等进行评价。

(一) 安全评价的内容

最早提出对企业进行安全评价的国家是美国，安全评价法是从20世纪中叶美国空军的评价方法中脱胎而来的。美国空军从系统工程方面来进行研究，之后又有许多企业创造了各种研究方法。比如道化学公司，它的研究方法是基于安全风险指数进行的。

安全评价的形式主要有：事前评价、事后评价、现状评价。

1. 安全预评价

安全预评价即事前评价。首先，工厂会收到一份对即将进行的工作的可能性进行分析的报告；其次，工厂针对前人或者其他公司的经历对可能的风险进行了解，采用各种分析方法，对于风险的种类、性质、影响因素和最终造成后果的严重程度进行分析；最后，针对上述问题，从不同的角度(比如技术层面、管理层面、安全设备等)给出解决方案，形成一个初步的安全守则规范。这在一开始就警示操作人员注意安全和应对措施，待项目完工之后，这些守则规范还可作为下一次开展项目时或者其他领域、公司进行活动的依据，也是安全管理、检测单位主要的考察对象。

2. 安全验收评价

安全验收评价即事后评价，在工程项目完成之后、正式使用之前进行。其主要评价目标是对系统、设备、控制等方面，以及对工程应用管理的情况进行评价，重点关注试运行期间发生的一些问题，对出现的问题进行归类、分析，并逐一提供解决方法以供参考。具体到轨道交通情况，可以为最后的使用提供可靠意见，以及当正式运行时出现安全系数不足的情况时，给予弥补和完善的建议。最终目标都是使轨道交通能够正常并且安全地运行。

3. 安全现状综合评价

安全现状综合评价即现状评价，主要在正式使用之后进行。通过系统、设备、控制等方面的评价管理，对系统已经出现或者可能出现的问题进行预估，根据其重要程度进行排序，根据事件缓急来迅速高效地找到解决方法，以便使系统处于一定的安全水平之上。

（二）安全评价的特点

安全评价方法不同于以往的安全分析方法和管制方法，它具有比较独特的地方，具体内容如下。

1. 确立了系统安全的观点

在现代社会，每一个系统都是由各种功能的子系统结合而成的，机械化的普及使得这些系统可以完成各种各样复杂的工作，但这些工作的复杂性也导致了整个系统的复杂性。要使整个系统能够安全有效地进行工作，就必须保证每一个子系统都能安全有效地进行工作，其中最为重要的是各个子系统之间的连接部分，它们往往十分微小且精确度非常高，一旦出现问题将会很难排除和解决，并且整个系统的顺利运转使得我们不能只关注其中的一个子系统，而是要为全局进行服务，这样才能获得成功。

2. 开发了事故预测技术

以往的安全分析方法总是承担着“事后诸葛亮”的角色，也就是说总是在事故发生之后才进行排查并给出解决方法。理论上来说这种方法并非不可，但现实中事故一旦发生，造成的后果往往是不可估计的，因此，就要求我们在事前就有一定的预测，对于可能出现的风险进行识别，尽量将其消灭在“萌芽”状态，如此才能减少损失。

3. 对安全进行定量描述

定量即计算出事故发生的概率，将事故转化成具体的数字，更加直观。这种安全分析方法诚然是对以往方法的一个创新和改进，但其依据还是从以往经验中获得的，所以，之前的分析方法也是不能被排除的。

（三）安全评价的意义

城市轨道交通运营安全评价的目的是贯彻我国的基本安全方针，即“安全第一、预防为主”，提高城市轨道交通运营系统的本质安全程度和安全管理水平，减少和控制城市轨道交通运营系统中存在的危险和有害因素，降低城市轨道交通运营系统的安全风险，预防事故发生，保护企业的财产安全及人员的健康和生命安全。安全评价可有效地预防事故的发生，减少财产损失和人员伤亡，主要表现在以下几个方面。

（1）安全评价是安全管理的一个重要组成部分。

（2）有助于政府安全监督管理部门对生产经营单位的安全生产实行宏观控制。

（3）有助于安全投资的合理选择。

（4）有助于提高安全生产经营单位的安全水平，实现“三个”转变，即：①变事后处理为事先预测预防；②变纵向单一管理为全面系统管理；③变经验管理为目标管理。

（5）有助于生产经营单位提高经济效益。

（四）安全评价的程序

安全评价分为准备工作、实施评价和编写评价报告 3 个阶段。

1. 准备工作

应包括以下内容：①确定本次评价的对象和范围，编制施工安全评价计划。②准备有关工程施工安全评价所需的相关法律法规、标准、规章、规范等资料。③评价组织方应提交相关材料，说明评价目的、评价内容、评价方式、所需资料(包括图纸、文件、档案、数据)的清单、拟开展现场检查的计划，及其他需要各单位配合的事项。④被评价方应提前准备好评价组织方需要的资料。

2. 实施评价

应包括以下内容：①对相关单位提供的工程施工技术和管理资料进行审查。②按事先拟定的现场检查计划，查看工程施工项目部的安全管理、施工技术的安全实施、施工环境的安全管理以及监控预警的安全控制工作是否到位以及是否符合相关法规、规范的要求，并按本标准的相关规定进行评价和打分。③进行安全评价总分计算和安全水平划分。④在上述工作的基础上，评价组织方提出安全评价结论，编写安全评价报告。

3. 编写评价报告

应符合以下规定：①评价报告内容应全面，条理应清楚，数据应完整，提出建议应可行，评价结论应客观公正；文字应简洁、准确，论点应明确，利于阅读和审查。②评价报告的主要内容包括：评价对象的基本情况、评价范围和评价重点、安全评价结果及安全管理水平、安全对策意见和建议，施工现场问题照片以及明确整改时限。③安全评价报告宜采用纸质载体，辅助采用电子载体。

(五) 安全生产监督与检查

安全检查的基本任务是发现和查明各种危险和隐患，督促整改，监督各项安全规章制度的实施，制止违章指挥、违章作业。

1. 安全检查的原则

(1) 领导检查与群众检查相结合。

(2) 企业自查与上级督查相结合。

2. 安全检查的形式

(1) 职工自查。

(2) 对口互查。

(3) 综合检查。

(4) 专业检查(每年不少于2次)。

(5) 节假日检查。

(6) 季节性检查。

(7) 日常检查(包括岗位自查和管理人员巡查)。

(8) 夜间抽查。

(六) 安全评价结论

1. 评价结论的编写原则

(1) 做到概括性、条理性强，且文字表达精准。

(2) 客观公正、观点明确。

2. 评价结论的主要内容

(1) 评价结论分析。①设备装置和附件方面。②人力资源和管理制度方面。③物质物料和材质材料方面。④方法工艺和作业操作。⑤生产环境和安全条件。

(2) 评价结果归类及重要性判断。对评价结果进行分类整理，并按严重程度和发生频率，分别将结果排序列出。

(3) 评价结论的主要内容。①结果分析。②评价结论。③持续改进方向。

(七) 安全评价技术文件

1. 安全预评价报告

(1) 报告内容。①概述。②生产工艺简介和主要危险、有害因素分析。③安全预评价方法和评价单元。④定性、定量安全评价。⑤安全对策措施。⑥预评价结论及意见。

(2) 报告格式。①封面。②预评价单位资格证书影印。③目录。④编制说明。⑤前言。⑥正文。⑦附件。⑧附录。

2. 安全验收评价报告

安全验收评价是检验和评判“三同时”落实效果的工具。

(1) 安全验收评价报告的工作流程。①前期准备过程。②危险识别过程。③安全评价过程。④安全控制过程。⑤综合论证过程。

(2) 安全验收评价报告的作用。①为企业服务，帮助企业筛查事故隐患，落实整改措施，以达到安全要求。②为政府安全生产监督管理部门服务提供建设项目安全验收的依据。

(3) 安全验收评价的工作程序。①前期准备。②制订安全验收评价计划。③安全验收评价现场检查及评价。④编写安全验收评价报告。⑤安全验收评价报告的评审。

(4) 安全验收评价报告方法。一般采用安全检查表法。

(5) 安全验收评价计划书的基本内容。①安全验收评价的主要依据。②建设项目概况。③主要危险、有害因素及相关作业场所分析。④安全验收评价的重点。⑤安全验收评价方法的选择。⑥安全验收评价用安全检查表的编制。

(6) 安全验收评价报告的主要内容。①概述。②主要危险、有害因素识别。③总体布局及常规防护设施措施评价。④易燃、易爆场所评价。⑤有害因素、安全控制措施评价。⑥特种设备监督检查记录评价。⑦强制检测设备情况检查。⑧电气设备安全评价。⑨机械伤害防护设施评价。⑩工艺设施安全连锁有效性评价。

3. 安全现状评价报告

(1) 评价原理。安全现状评价原理遵循“控制风险水平，力求安全”的原则，即风险=后果×可能性。

(2) 评价模式的建立和评价方法的选择。①选择定性评价和定量评价相结合的模式。②针对生产单元运行情况及工艺设备的特点，采用预先危险性分析法进行危险性预评测。③采用定量计算的方法(道化学法、蒙德法等)进行固有危险计算，同时采用补偿降低危险等级，求得达到安全状态的要求；也可采用安全检查表及事故树方法，确定生产单元处于何种状态。④根据系统评价，得出主要隐患整改措施及分机作业评价结论。

(3) 安全现状评价报告的特殊要求。安全现状评价报告的内容要求比预评价更详尽、更具体，特别是对危险性分析要求较高时。因此，安全检查表的编制要求懂工艺和操作的专家参与完成，评论组的专业分析能力应涵盖评价范围内的专业内容。

结　语

对于城市轨道交通来说，由于其自身具备了社会属性和经济属性，因此轨道交通往往都是城市交通发展战略的重点，一直被社会各界认为是城市交通体系的骨干力量。因此，我国政府提出“科学制定城市轨道交通技术路线，规范建设标准，有序推进轻轨、地铁、有轨电车等城市轨道交通网络建设”的政策，并将城市轨道交通装备列为战略性新兴产业创新发展工程。

在此背景下，城市轨道交通规划设计与施工建设过程中要注重对新技术的探索与应用。同时，安全是人类最基本的需要之一，安全问题是人类生存和发展活动中永恒的主题。也就是说，城市轨道交通的安全管理工作应当落实到位，建立完善的法规、规范技术、完善应急方案等，从而切实保障车辆和乘客安全。

参 考 文 献

[1] 中华人民共和国住房和城乡建设部．城市轨道交通技术规范[M]．北京：中国计划出版社，2009.
[2] 蔡国强．城市轨道交通信息技术[M]．北京：北京交通大学出版社，2012.
[3] 耿幸福，宁斌．城市轨道交通运营安全[M]．北京：人民交通出版社，2014.
[4] 黄卫，谭庆琏，施仲衡．中国城市轨道交通新技术[M]．北京：中国科学技术出版社，2007.
[5] 江苏省住房和城乡建设厅．城市轨道交通工程常见质量问题控制指南[M]．北京：中国建筑工业出版社，2015.
[6] 李慧玲，刘冰．城市轨道交通安全管理[M]．北京：人民交通出版社，2011.
[7] 林祝顺，阎国强．城市轨道交通系统[M]．上海：上海科学技术出版社，2012.
[8] 刘伯鸿．城市轨道交通车辆段信号技术[M]．成都：西南交通大学出版社，2012.
[9] 刘卡丁．城市轨道交通系统安全保障体系研究与应用[M]．北京：中国建筑工业出版社，2011.
[10] 刘晓娟，张雁鹏，汤自安．城市轨道交通智能控制系统[M]．北京：中国铁道出版社，2008.
[11] 刘志钢，谭复兴．城市轨道交通安全工程概论[M]．北京：中国铁道出版社，2010.
[12] 马国龙．城市轨道交通安全管理[M]．成都：西南交通大学出版社，2011.
[13] 马海志．城市轨道交通勘测技术新进展[M]．北京：中国建筑工业出版社，2015.
[14] 马驷，饶咏．城市轨道交通运营管理[M]．长沙：中南大学出版社，2015.
[15] 米秀杰，王刚．城市轨道交通供电技术与应用[M]．北京：北京理工大学出版社，2016.
[16] 上海申通地铁集团有限公司．城市轨道交通建设和运营技术[M]．上海：同济大学出版社，2008.
[17] 上海申通地铁集团有限公司轨道交通培训中心．城市轨道交通车辆技术[M]．北京：中国铁道出版社，2011.
[18] 上海申通地铁集团有限公司轨道交通培训中心．城市轨道交通通信技术[M]．北京：中国铁道出版社，2012.
[19] 上海申通地铁集团有限公司轨道交通培训中心．城市轨道交通线路技术[M]．北京：中国铁道出版社，2011.
[20] 宋有成，宋有国，冯渤副．城市轨道交通公共安全知识[M]．上海：上海科学技术出版社，2005.
[21] 王青林．城市轨道交通通信与信号系统[M]．北京：人民交通出版社，2012.
[22] 上海申通地铁集团有限公司轨道交通培训中心．城市轨道交通信号技术[M]．北京：中国铁道出版社，2012.
[23] 王艳辉，祝凌曦．城市轨道交通运营安全管理方法与技术[M]．北京：北京交通大学出版社，2011.
[24] 王燕梅．城市轨道交通信号与通信系统[M]．北京：中央广播电视大学出版社，2011.
[25] 魏晓东．城市轨道交通自动化系统与技术[M]．北京：电子工业出版社，2004.
[26] 颜景林．城市轨道交通设备[M]．成都：西南交通大学出版社，2012.
[27] 杨和平，徐耀德．城市轨道交通工程安全风险管理体系构建指南[M]．北京：中国建筑工业出版社，2015.
[28] 佚名．城市轨道交通运营安全问题的思考[M]．北京：社会科学文献出版社，2013.
[29] 于福权．城市轨道交通运营安全与应急处理[M]．北京：北京理工大学出版社，2015.
[30] 张开冉．城市轨道交通安全[M]．北京：科学出版社，2013.
[31] 张莹，陶艳．城市轨道交通供电技术[M]．北京：人民交通出版社，2010.
[32] 中国土木工程学会城市轨道交通技术推广委员会．中国城市轨道交通新技术．第3集[M]．北京：中国科学技术出版社，2009.
[33] 中国土木工程学会城市轨道交通技术推广委员会．中国城市轨道交通新技术[M]．北京：中国科学技术出版社，2006.
[34] 朱丹．城市轨道交通工程概论[M]．北京：人民交通出版社，2012.